国家电工电子教学基地系列教材

U0749236

Multisim 10 计算机仿真及应用

许晓华　何春华　主　编

谭新全　王　海　副主编
孔宪才　张步青

陈晓敏　主　审

清华大学出版社
北京交通大学出版社
·北京·

内 容 简 介

本书结合高等学校计算机、电子信息、机电类专业的电路分析、模拟电子技术、数字电子技术、高频电子技术中的有关知识，系统介绍了 Multisim 10 仿真软件对各种电路的仿真分析方法、步骤和结果。

本书内容全面、实例丰富、图文并茂、实践性强、重点突出。本书将界面和知识的讲解形象化，系统性强、具有很强的实用性。

本书适合电类各专业本、专科学生使用，也可作为广大读者学习电路设计方法及辅助软件的参考用书。

图书在版编目（CIP）数据

Multisim 10 计算机仿真及应用／许晓华，何春华主编. — 北京：清华大学出版社；北京交通大学出版社，2011.9（2025.9 重印）

（国家电工电子教学基地系列教材）

ISBN 978-7-5121-0703-8

Ⅰ. ① M…　Ⅱ. ① 许…　② 何…　Ⅲ. ① 电子电路-计算机仿真-应用软件，Multisim 10-高等学校-教材　Ⅳ. ① TN702

中国版本图书馆 CIP 数据核字（2011）第 169877 号

责任编辑：韩素华

出版发行：清 华 大 学 出 版 社　　邮编：100084　　电话：010-62776969
　　　　　北京交通大学出版社　　邮编：100044　　电话：010-51686414
印 刷 者：北京华宇信诺印刷有限公司
经　　销：全国新华书店
开　　本：185 mm×230 mm　　印张：18.5　　字数：409 千字
版　　次：2011 年 9 月第 1 版　　2025 年 9 月第 7 次印刷
书　　号：ISBN 978-7-5121-0703-8/TN·79
定　　价：49.00 元

本书如有质量问题，请向北京交通大学出版社质监组反映。对您的意见和批评，我们表示欢迎和感谢。

投诉电话：010-51686043，51686008；传真：010-62225406；E-mail：press@bjtu.edu.cn。

前　言

　　随着电子科学技术的发展，电子设计自动化（Electronic Design Automation，EDA）已经成为科技发展的时代潮流。各专业的高校生利用 EDA 工具进行模拟实验和设计，加深对所学内容的理解和掌握；工程师们在设计生产电子产品时，借助 EDA 技术已成为首选方案。Multisim 10 以其界面友好、功能强大和实用性强受到电类各专业师生和工程师们的青睐。对电子电路设计人员来说，熟练运用 EDA 软件，将极大地提高工作效率。为此，用人单位希望毕业生在校期间掌握相关工具的使用方法和技巧，能够实现毕业到单位的零距离上岗。

　　本书介绍的 Multisim 10 是这个系列软件目前较新版本，就该版本增加的一些新功能和特性，并紧密结合实用电路，由浅入深地讲解了 Multisim 10 的使用方法和设计思路，极大方便了读者进行电路的设计与仿真。使读者在学习软件使用的同时，也掌握了电子电路设计的思路，本书也适用于对复杂电路系统的分析和设计。

　　全书共 10 章，前 2 章介绍 Multisim 10 的特点、仿真环境。第 3 章介绍 Multisim 10 的各种虚拟仪器，这些虚拟仪器是 Multisim 10 的特色所在。第 4 章介绍了 Multisim 10 仿真特点和仿真分析过程、仿真分析参数的设置、各种仿真分析方法、如何进行仿真后处理等。第 5 章通过一实例介绍了 Multisim 10 设计和开发电子电路系统的一般步骤和方法。第 6～9 章分别介绍 Multisim 10 在电路分析、模拟电子技术、数字电子技术、高频电子技术中的应用。第 10 章介绍了在 Multisim 10 仿真环境中设计和开发电子电路综合设计的一般步骤和方法。

　　本书内容全面，实例丰富，系统性强，具有很强的实用价值。第 5～9 章，选用了大量的典型电路，给出了仿真分析过程和结果，并对仿真过程中的一些现象予以深入分析。本书作者结合电子电路的教学和研究项目，将 Multisim 10 用于电子电路仿真分析，取得了较好的效果。为了方便教学和读者学习，本书每章编有小结和习题，习题内容力求突出重点和基本要求。

　　本书由青岛大学许晓华、何春华共同主编；青岛大学谭新全、王海，中国科学院海洋研究所孔宪才，中国科学院自动化研究所张步青任副主编；青岛大学陈晓敏担任主审。于燕君、项小玲、管叶青、栾辉、姚玉玲等参与了编写及书稿的校对工作。在本书的编撰过程中，参考了大量的电子电路、电路设计与仿真等方面的书籍和技术资料，在此对原作者一并表示感谢。由于编者水平有限，书中疏漏之处在所难免，敬请读者批评指正，谢谢！

编　者
2011 年 7 月

目 录

第1章 绪论 ……………………………………………………………………………… 1

1.1 EDA 技术概述 ……………………………………………………………………… 1

1.1.1 EDA 发展 ……………………………………………………………………… 1

1.1.2 EDA 技术的特点 …………………………………………………………… 2

1.1.3 EDA 的应用状况 …………………………………………………………… 2

1.2 Multisim 软件的产生和发展 ………………………………………………… 3

1.3 Multisim 10 软件的功能 ……………………………………………………… 4

本章小结 ………………………………………………………………………………… 5

第2章 Multisim 10 的集成环境 ……………………………………………………… 6

2.1 Multisim 10 的操作界面 ……………………………………………………… 6

2.1.1 Multisim 10 的基本元素 …………………………………………………… 6

2.1.2 Multisim 10 的菜单栏 ……………………………………………………… 7

2.1.3 Multisim 10 系统工具栏 …………………………………………………… 7

2.1.4 设计工具栏 ………………………………………………………………… 8

2.1.5 所用元器件列表栏 ………………………………………………………… 8

2.1.6 器件库工具栏 ……………………………………………………………… 8

2.1.7 仪器库工具栏 ……………………………………………………………… 9

2.1.8 设计工具箱 ………………………………………………………………… 9

2.1.9 电路工作区 ………………………………………………………………… 10

2.1.10 电子表格视窗 …………………………………………………………… 10

2.1.11 状态栏 …………………………………………………………………… 11

2.2 Multisim 10 的菜单栏 ………………………………………………………… 12

2.2.1 File（文件）菜单 ………………………………………………………… 12

2.2.2 Edit（编辑）菜单 ………………………………………………………… 12

2.2.3 View（视图）菜单 ………………………………………………………… 13

2.2.4 Place（放置）菜单 ……………………………………………………… 14

2.2.5 MCU（微控制器）菜单 ………………………………………………… 15

2.2.6 Simulate（仿真）菜单 ………………………………………………… 15

2.2.7 Transfer（文件输出）菜单 …………………………………………… 16

2.2.8 Tools（工具）菜单 ……………………………………………………… 16

　　　　2.2.9　Reports（报告）菜单 ···17
　　　　2.2.10　Options（选项）菜单 ···17
　　　　2.2.11　Window（窗口）菜单 ···17
　　　　2.2.12　Help（帮助）菜单 ···17
　　2.3　Multisim 10 的界面定制 ···18
　　　　2.3.1　定制软件操作界面 ···18
　　　　2.3.2　定制右键菜单 ···19
　　　　2.3.3　定制电路文件工作界面 ···19
　　2.4　创建仿真电路 ···20
　　　　2.4.1　创建电路文件 ···20
　　　　2.4.2　创建仿真电路 ···20
　　2.5　元器件编辑 ···24
　　　　2.5.1　元器件编辑入门 ···24
　　　　2.5.2　元器件编辑器的使用 ···24
　本章小结 ··30
　习题 ··30
第 3 章　Multisim 10 的虚拟仪器 ···32
　　3.1　虚拟仪器简介 ···32
　　3.2　虚拟仪器的应用 ···32
　　　　3.2.1　数字万用表 ···33
　　　　3.2.2　函数信号发生器 ···34
　　　　3.2.3　瓦特表 ···35
　　　　3.2.4　示波器 ···37
　　　　3.2.5　波特图仪 ···40
　　　　3.2.6　数显频率计 ···43
　　　　3.2.7　字信号发生器 ···45
　　　　3.2.8　逻辑分析仪 ···47
　　　　3.2.9　逻辑转换仪 ···50
　　　　3.2.10　伏安特性分析仪 ···53
　　　　3.2.11　失真分析仪 ··54
　　　　3.2.12　频谱分析仪 ··57
　　　　3.2.13　端口网络分析仪 ···59
　　　　3.2.14　安捷伦仪器简介 ···61
　　　　3.2.15　泰克（Tektronix）数字示波器 ···67
　　　　3.2.16　测量探针 ··69

本章小结 ·· 71

习题 ·· 71

第 4 章　Multisim 10 的仿真分析 ·· 72

4.1　Multisim 10 的仿真特点 ·· 72

4.2　Multisim 10 的仿真分析过程 ··· 73

4.3　Multisim 10 的仿真参数设置 ··· 73

4.4　Multisim 10 的仿真分析 ·· 74

4.4.1　直流工作点分析 ·· 74

4.4.2　交流分析 ·· 79

4.4.3　瞬态分析 ·· 81

4.4.4　傅里叶分析 ··· 82

4.4.5　噪声分析 ·· 85

4.4.6　噪声系数分析 ·· 87

4.4.7　失真分析 ·· 88

4.4.8　直流扫描分析 ·· 90

4.4.9　灵敏度分析 ··· 92

4.4.10　参数扫描分析 ··· 94

4.4.11　温度扫描分析 ··· 97

4.4.12　极点—零点分析 ·· 99

4.4.13　传递函数分析 ·· 102

4.4.14　最坏情况分析 ·· 103

4.4.15　蒙特卡罗分析 ·· 105

4.4.16　导线宽度分析 ·· 108

4.4.17　批处理分析 ·· 109

4.4.18　用户自定义分析 ··· 113

本章小结 ··· 113

习题 ··· 114

第 5 章　电路设计与仿真实作 ··· 116

5.1　Multisim 10 基本操作 ·· 116

5.1.1　打开、新建和保存 ·· 116

5.1.2　完整电路图的组成 ·· 117

5.2　Multisim 10 设计和开发电子电路系统的一般步骤和方法 ······················· 117

5.2.1　创建电路文件 ··· 117

5.2.2　设置电路界面 ··· 118

5.2.3　电路图选项的设置 ·· 120

5.2.4 Default 对话框 ·· 122

5.2.5 编辑标题块 ·· 122

5.2.6 放置元器件 ·· 124

5.2.7 连接线路和放置节点 ·· 129

5.2.8 放置输入/输出端 ··· 130

5.2.9 连接仪器仪表 ·· 131

5.2.10 运行仿真 ·· 131

5.2.11 保存电路文件 ··· 132

本章小结 ··· 132

习题 ··· 132

第 6 章 Multisim 10 在电路分析中的应用 ··· 135

6.1 节点分析法的仿真分析 ··· 135

6.1.1 用 DC Operating Point 分析法分析节点电压 ··· 135

6.1.2 用虚拟器直接测量各节点电压 ··· 137

6.2 叠加定理的仿真分析 ·· 137

6.3 戴维南等效电路的仿真分析 ··· 138

6.4 电路过渡过程的仿真分析 ·· 141

6.4.1 一阶电路的过渡过程 ··· 141

6.4.2 二阶电路的过渡过程 ··· 142

6.5 电路谐振的仿真分析 ·· 144

6.5.1 RLC 串联谐振电路的工作原理 ··· 144

6.5.2 RLC 串联谐振电路的仿真分析 ··· 145

6.6 最大功率传输的仿真分析 ·· 147

6.6.1 最大功率传输的工作原理 ··· 147

6.6.2 最大功率传输的仿真分析 ··· 148

6.7 三相电路的仿真分析 ·· 149

6.7.1 对称三相电路的电压 ··· 150

6.7.2 三相电路的功率 ··· 151

6.8 网络函数的仿真分析 ·· 152

6.9 二端口电路的仿真分析 ··· 154

6.9.1 二端口电路的 Z 方程和 Z 参数 ··· 155

6.9.2 二端口电路的 Y 方程和 Y 参数 ··· 156

本章小结 ··· 157

习题 ··· 158

第 7 章　Multisim 10 在模拟电子技术中的应用 ································· 162

　7.1　单管共射放大电路的仿真分析 ······································· 162

　　　7.1.1　单管共射放大电路 ··· 162

　　　7.1.2　单管共射放大电路静态工作点的分析 ······················· 163

　　　7.1.3　单管共射放大电路动态分析 ····································· 167

　7.2　负反馈放大器电路 ·· 172

　　　7.2.1　负反馈放大器电路工作原理 ····································· 172

　　　7.2.2　负反馈对失真的改善作用 ······································· 173

　　　7.2.3　负反馈对频带的扩展 ··· 175

　7.3　共集电极电路 ·· 175

　　　7.3.1　共集电极电路工作原理 ··· 175

　　　7.3.2　射极跟随器的瞬态特性分析 ····································· 177

　7.4　差动放大器 ·· 178

　　　7.4.1　差动放大器电路结构 ··· 178

　　　7.4.2　差动放大器的静态工作点分析 ··································· 179

　　　7.4.3　差模电压放大倍数和共模电压放大倍数 ······················· 180

　　　7.4.4　共模抑制比 CMRR ·· 181

　7.5　低频功率放大器 ·· 182

　　　7.5.1　低频功率放大器工作原理 ······································· 182

　　　7.5.2　低频功率放大器电路的主要性能指标 ························· 184

　7.6　集成运算放大电路仿真分析 ··· 185

　　　7.6.1　理想运算放大器的基本特性 ····································· 186

　　　7.6.2　比例运算电路 ··· 186

　　　7.6.3　积分与微分电路 ··· 188

　7.7　滤波器电路特性分析 ··· 191

　　　7.7.1　一阶有源低通滤波器 ··· 191

　　　7.7.2　二阶有源低通滤波器 ··· 194

　　　7.7.3　二阶有源高通滤波器 ··· 195

　　　7.7.4　二阶有源带通滤波器 ··· 196

　7.8　直流稳压电源电路分析 ··· 197

　　　7.8.1　桥式整流滤波电路 ··· 197

　　　7.8.2　稳压电路 ··· 199

　本章小结 ··· 202

　习题 ··· 202

第 8 章　Multisim 10 在数字电子技术中的应用 ································ 205
　8.1　数值比较器 ··· 205
　　8.1.1　数值比较器的功能 ·· 205
　　8.1.2　数值比较器的仿真分析 ·· 206
　8.2　集成门电路 ··· 207
　　8.2.1　集成逻辑门 ·· 207
　　8.2.2　与非门 ·· 207
　　8.2.3　集成逻辑门的仿真分析 ·· 209
　8.3　常用的组合逻辑电路仿真分析 ······································· 210
　　8.3.1　编码器 ·· 210
　　8.3.2　译码器 ·· 212
　　8.3.3　竞争冒险现象及其消除 ·· 214
　8.4　触发器的仿真分析 ··· 215
　　8.4.1　D 触发器的仿真分析 ·· 216
　　8.4.2　JK 触发器的仿真分析 ·· 217
　　8.4.3　用 D 型触发器组成抢答器 ······································ 219
　8.5　常用时序逻辑电路的仿真分析 ··· 219
　　8.5.1　寄存器和移位寄存器的应用 ····································· 220
　　8.5.2　二进制同步计数器 ··· 221
　　8.5.3　任意 N 进制计数器 ·· 223
　8.6　555 电路的应用 ··· 225
　　8.6.1　555 电路的功能 ··· 226
　　8.6.2　用 555 定时器构成时基振荡发生器 ······························ 226
　　8.6.3　用 555 定时器构成占空比可调的多谐振荡器 ······················ 227
　　8.6.4　用 555 定时器构成的单稳态触发器 ······························ 229
　8.7　A/D 和 D/A 转换器的仿真分析 ··· 230
　　8.7.1　A/D 转换器 ··· 230
　　8.7.2　D/A 转换器 ··· 231
　本章小结 ··· 232
　习题 ·· 232
第 9 章　Multisim 10 在高频电子技术中的应用 ································ 235
　9.1　LC 并联谐振回路仿真分析 ··· 235
　　9.1.1　LC 并联谐振电路的基本原理 ····································· 235
　　9.1.2　LC 并联谐振回路仿真分析 ······································· 237
　9.2　小信号谐振放大器仿真分析 ··· 238

  9.2.1 小信号谐振放大器的工作原理 ·· 238

  9.2.2 小信号谐振放大器仿真分析 ·· 239

 9.3 LC 正弦波振荡电路的仿真分析 ·· 241

  9.3.1 LC 正弦波振荡电路的工作原理 ·· 242

  9.3.2 LC 正弦波振荡电路的仿真分析 ·· 243

 9.4 高频功率放大器仿真分析 ·· 244

  9.4.1 高频功率放大器的工作原理 ·· 244

  9.4.2 高频功率放大器的调谐与调整 ·· 245

  9.4.3 高频功率放大器仿真分析 ·· 246

 9.5 相乘器电路仿真分析 ·· 248

  9.5.1 相乘器的基本概念 ·· 248

  9.5.2 低电平调幅电路 ·· 248

  9.5.3 高电平调幅电路 ·· 250

  9.5.4 抑制载波的双边带调幅电路 ·· 251

 9.6 调幅信号的解调电路 ·· 252

  9.6.1 同步检波 ·· 252

  9.6.2 二极管峰值包络检波器 ·· 254

 9.7 混频电路 ·· 255

 本章小结 ·· 257

 习题 ·· 257

第 10 章 基于 Multisim 10 的应用实例设计 ····································· 259

 10.1 病房呼叫系统的设计 ·· 259

  10.1.1 病房呼叫系统的设计要求 ·· 259

  10.1.2 病房呼叫系统电路设计 ·· 260

  10.1.3 病房呼叫系统仿真设计 ·· 261

 10.2 平交道口交通控制器的设计 ·· 261

  10.2.1 交通控制器的设计原则 ·· 261

  10.2.2 交通控制器电路设计 ·· 263

  10.2.3 交通控制器仿真设计 ·· 264

 10.3 阶梯波发生器 ··· 264

  10.3.1 阶梯波发生器原理框图 ·· 265

  10.3.2 阶梯波发生器原理图 ·· 265

  10.3.3 阶梯波发生器仿真设计 ·· 267

 10.4 数字电子钟的设计 ·· 269

  10.4.1 数字电子钟的电路结构 ·· 269

10.4.2　计数器电路的设计 270
10.4.3　显示器 274
10.4.4　数字电子钟系统的组成 274
10.4.5　整机电路安装调试 274
10.5　单片机仿真电路设计 275
10.5.1　8051单片机的结构 275
10.5.2　单片机仿真电路设计 276
10.5.3　单片机显示电路设计 278
10.5.4　单片机显示电路仿真过程 281
本章小结 282
习题 282
参考文献 283

第 1 章

绪　　论

1.1　EDA 技术概述

1.1.1　EDA 发展

电子设计自动化（Electronic Design Automation，EDA）技术是 20 世纪 90 年代初在计算机辅助设计（CAD）技术基础上发展而来的。EDA 是指以计算机为工作平台，融合了电子技术和计算机技术，进行电子线路与系统的自动化设计技术。

EDA 技术是现代电子工程领域的新兴技术和发展趋势，并随着微电子技术和计算机信息技术的发展而日益成熟，目前已经渗透到集成电路和电子系统设计的各个环节。利用 EDA 工具，工程设计人员可以从概念、算法等开始设计电子系统，将电子产品设计中的电路设计、性能分析、IC 版图或 PCB 版图设计等整个过程，在计算机上自动处理完成。EDA 技术依托先进的计算机技术和相关应用软件，能最大限度地提高电子线路或系统的设计质量和效率，从而节省人力、物力和开发成本，极大地缩短开发周期。

EDA 技术的发展经历了计算机辅助设计（CAD）、计算机辅助工程（CAE）、电子系统设计自动化（EDA）3 个阶段。

1. 计算机辅助设计 CAD 阶段

20 世纪 60 年代之前，电子产品的硬件系统大都采用分立元件搭建。随着集成电路的出现和应用，硬件系统设计进入到 CAD 发展的初级阶段，该阶段的硬件设计大量选用中、小规模标准集成电路。

20 世纪 70 年代，采用 MOS 工艺、可编程逻辑技术制作的器件已经问世，并用于集成电路版图编辑、PCB 布局布线等工作。由于传统的手工布图方法无法满足产品复杂性的要求，更不能满足工作效率的要求，就产生了一些单独的软件工具，主要有印制电路板（PCB）布线设计、电路模拟、逻辑模拟及版图的绘制等，这种应用计算机进行辅助设计的时期，就是计算机辅助设计 CAD 阶段。

2. 计算机辅助工程 CAE 阶段

20 世纪 80 年代，CMOS（互补场效应管）工艺、FPGA（Field Programmable Gate Array）技术及硬件描述语言 HDL（Hardware Description Language）的出现为 EDA 技术奠定了基础。工具软件和技术逐步完善和发展，在设计方法、设计工具和集成化方面得到了很大的进步。各种 EDA 软件及元器件库齐全，且不同功能的设计工具之间的兼容性得到了很大的改善。逐步实现了把具有不同设计功能的软件互相结合，形成了技术齐全，性能较高的 EDA 软件。利用这些工具，工程设计人员能在产品制作之前预知产品的功能与性能，能生成产品制造文件，使设计阶段对产品性能的分析前进了一大步，这就是计算机辅助工程设计 CAE 阶段。

3. 电子系统设计自动化 EDA 阶段

20 世纪 90 年代，硬件描述语言的标准得到确立，集成电路设计工艺步入了超深亚微米阶段，百万门大规模可编程逻辑器件的面世，促进了电子技术领域全方位融入 EDA 技术。为了满足不同用户提出的对电路系统的要求，最好的办法是由用户自己设计芯片，让他们把想设计的电路直接设计在自己的专用芯片上，这就是电子系统设计自动化 EDA 阶段。

EDA 阶段可编程逻辑器件飞速发展，微电子厂家可以为用户提供各种规模的可编程逻辑器件，工程设计人员能利用 EDA 软件设计出各种功能的电子系统。

1.1.2　EDA 技术的特点

EDA 技术的特点具体归纳为以下几点。

（1）采用"自顶向下（Top-Down）"的设计程序，从而确保设计方案整体的合理和优化，避免"自底向上（Bottom-Up）"设计过程使局部优化、整体结构较差的缺陷。

（2）用软件的方式设计硬件，可自动完成硬件系统设计。

（3）系统可现场编程，使设计便于交流、保存、修改和重复使用，能够实现在线升级。

（4）自动化程度高，设计过程中可根据需要完成各种仿真、纠错和调试，使设计者能早期发现结构设计上的错误，避免设计工作的浪费。

（5）整个系统可集成在一个芯片上，体积小、功耗低、可靠性高。支持多人同时并行地进行电子系统的设计和开发。

1.1.3　EDA 的应用状况

目前计算机辅助设计已普遍应用。一台电子产品的设计过程，从概念的确立，到包括电路原理、PCB 版图、单片机程序、FPGA 的构建及仿真、外观界面、热稳定分析、电磁兼容分析在内的物理级设计，再到 PCB 钻孔图、自动贴片、焊膏漏印、元器件清单、总装配图等生产所需资料全部在计算机上完成。EDA 技术借助计算机存储容量大、运行速度快的特点，可对设计方案进行人工难以完成的模拟评估、设计检验、设计优化和数据处理等工作。EDA 已经成为集成电路、印制电路板、电子整机系统设计的主要技术手段。如美国 NI 公司（美国国家仪器公司）的 Multisim 10 软件就是这方面很好的一个工具。而且 Multisim 10 计算机仿真与虚拟仪器技术（LABVIEW 10）可以很好地解决理论教学与实际动手实验相脱节的这一老大难问题。工程技术人员可以很好、很方便地把刚刚学到的理论知识用计算机仿真真实地再现出来。

常用的 EDA 工具软件有 Multisim、SPICE/PSPICE、MATLAB、Protel、Altium Designer 等，这些工具软件都有较强的功能，可用于几个方面的设计，例如，很多软件都可以进行电路设计与仿真，同时也可以进行 PCB 自动布局布线，可输出多种网表文件与第三方软件接口。这些 EDA 软件均有各自的特点，彼此很难取代。相比较来说，Multisim 经过多年的发展和完善，其功能强大，使用简单，特别适用于电子电路的仿真及电路系统设计。

1.2 Multisim 软件的产生和发展

20 世纪 80 年代加拿大 Interactive Image Technologies 公司（简称 IIT 公司）推出 EWB 5.0（Electronics Workbench），EWB 5.0 的界面形象直观，操作方便，分析功能强大，易学易用，早在 20 世纪 90 年代就在我国得到迅速推广，受到电子行业技术人员的青睐。跨入 21 世纪初，加拿大 IIT 公司在保留原版本优点的基础上，增加了更多功能和内容，特别是改进了 EWB 5.0 软件虚拟仪器调用有数量限制的缺陷。将 EWB 软件更新换代推出 EWB 6.0 版本，并取名 Multisim （意为多重仿真），也就是 Multisim 2001 版本。2003 年升级为 Multisim 7.0 版本，电子仿真软件 Multisim 7.0 功能相当强大，它有十分丰富的电子元器件库，可供用户调用组建仿真电路进行实验；它提供 18 种基本分析方法，可供用户对电子电路进行各种性能分析；它还有多达 17 台虚拟仪器仪表和一个实时测量探针，可以满足一般电子电路的测试和实验，是加拿大 IIT 公司在开拓电子仿真软件领域中的一个里程碑。之后加拿大 IIT 公司又推出了 Multisim 8.0，Multisim 8.0 与 Multisim 7.0 相比并没有大的改进。

2005 年以后，美国国家仪器公司（National Instrument，NI）合并了加拿人 IIT 公司，NI 公司于 2006 年初首次推出 Multisim 9.0 版本。

NI 公司推出的 Multisim 9.0 版本与以前加拿大 IIT 公司推出的 Multisim 7.0 版本有着本质上的区别。虽然它的界面、元件调用方式、搭建电路、虚拟仿真、电路基本分析方法等还是沿袭了 EWB 的优良传统，但软件的内容和功能已大不相同。比如它的元件工具条中增加了单片机和三维先进的外围设备，另外，在 Multisim 9.0 基本界面右边虚拟仪器工具条下方增加了 4 台 LabVIEW 采样仪器，它们分别是：麦克风、播放器、信号发生器和信号分析仪。

2007 年年初，美国 NI 公司又推出新的 NI Multisim 10 版本。在原来的 Multisim 前冠以 NI，启动画面右上角有美国国家仪器公司的徽标和英文 "NATIONAL INSTRUMENTSTM" 字样。在安装 NI Multisim 10 软件的同时，也同时安装了与之配套的制版软件 NI Ultiboard 10，并且两个软件位于同一路径下面，给工程技术人员提供了极大的方便。

1.3　Multisim 10 软件的功能

Multisim 10 是美国国家仪器公司下属的 Electronics Workbench Group 推出的交互式 SPICE 仿真和电路分析软件，Multisim 10 界面形象直观、操作方便、易学易用、提供了多种测量仪器和强大仿真分析功能，庞大元件库为电子电路的板极设计和仿真提供保障和便利。Multisim 10 可以设计、测试和演示各种电子电路，包括电路分析、模拟电路、数字电路、射频电路及微控制器和接口电路等。可以对被仿真的电路中的元器件设置各种故障，如开路、短路和不同程度的漏电等，从而观察不同故障情况下的电路工作状况。在进行仿真的同时，软件还可以存储测试点的所有数据，列出被仿真电路的所有元器件清单，以及存储测试仪器的工作状态、显示波形和具体数据等。

Multisim 10 的基本功能列举如下。

1. 丰富的元器件库

Multisim 10 为用户提供了数万种真实元器件和虚拟元器件。

真实元器件有型号、参数（不可修改）、封装，可以制作 PCB 板。

虚拟元器件是该类器件的代表，参数可修改，无封装，只能用于仿真，不可制作 PCB 板。

2. 多种类的虚拟仪器仪表

Multisim 10 软件提供了多种常用仪器仪表，用于测试电路性能参数及波形，结果准确直观。同一种仪器使用数量不受限制，所提供的安捷伦仪器面板像真实仪器一样，用这些仪器像在实验室一样，可方便地测试电路的性能参数及波形。在 Multisim 8 基础上增加了 Lab VIEW Instrument（Lab VIEW 仪器）。这些仪器的设置和使用与真实的一样，动态交互显示。除了 Multisim 提供的默认的仪器外，还可以创建 Lab VIEW 的自定义仪器，使得图形环境中可以灵活地进行可升级的测试、测量及控制应用程序的仪器。

3. 多种类型的仿真分析

Multisim 10 可以进行：直流工作点分析、交流分析、瞬态分析、噪声分析、噪声系数分析、失真分析、灵敏度分析、傅里叶分析等十多种分析，分析结果以表格或波形直观地显示出来，有些分析在实验室是无法完成的，为用户设计分析电路提供了极大的方便。

4. 提供了与其他软件交换信息的接口

Multisim 10 提供了与国内外流行的印刷电路板设计自动化软件 Protel 及电路仿真软件 PSpice 之间的文件接口，也能通过 Windows 的剪贴板把电路图送往文字处理系统中进行编辑排版。Multisim 10 可以打开 PSpice 所建立的 Spice 网络表文件。也可将 Multisim 10 建立的电路原理图转换为网络表文件，提供给 Ultiboard、Protel、Orcad 等 EDA 工具软件进行 PCB 版图的设计。还可以提供给 MathCAD、Execl 等软件进行进一步处理，以获得更多的信息。支持 VHDL 和 Verilog HDL 语言的电路仿真与设计。

5. 强大的 MCU 模块

在 Multisim 10 中，支持的单片机有 Intel/Atmel 的 8051、8052 及 Microchip 的 PIC16F84、PIC16F84A，可扩展数据存储器 RAM、程序存储器 ROM，支持 C 语言和汇编语言编程。

6. 具有丰富的 Help 功能

Multisim 10 有丰富的 Help 功能，其 Help 系统不仅包括软件本身的操作指南，更重要的是包含有元器件的功能解释，Help 中这种元器件功能解释有利于使用 EWB 进行 CAI 教学。

本 章 小 结

本章介绍了 EDA 技术的起源、发展、特点和应用。介绍了 Multisim 软件的功能和产生发展。常用的 EDA 软件包括 Multisim、SPICE/PSPICE、MATLAB、Protel、Altium Designer 等，这些 EDA 软件均有各自的特点，彼此很难取代。相比较来说，Multisim 经过多年的发展和完善，其功能强大，使用简单，特别适用于电子电路的仿真及电路系统设计。

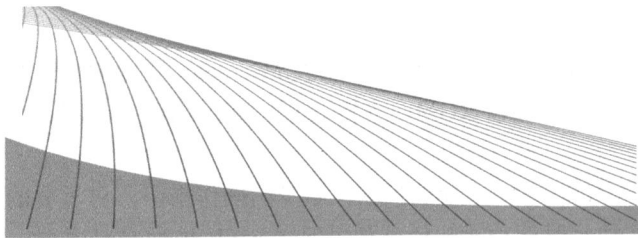

第 2 章

Multisim 10 的集成环境

2.1 Multisim 10 的操作界面

2.1.1 Multisim 10 的基本元素

利用 Multisim 10 进行电路设计和仿真分析的所有操作,都是在其基本界面的电路工作窗口中进行的。在基本界面上直接或间接地列出了所有的操作菜单、直接展示了最常用的工具栏,不经常使用的工具栏也很容易提取、直接列出所有的元器件库栏和虚拟仪器。因此,了解基本界面上各种操作命令、工具栏、元器件库栏及虚拟仪器的功能和操作方法,是学习 Multisim 10 的前提。掌握和熟练地运用这些操作,是进行电路设计和仿真分析的基本技能。

打开 Multisim 10 后,其基本界面如图 2-1 所示。

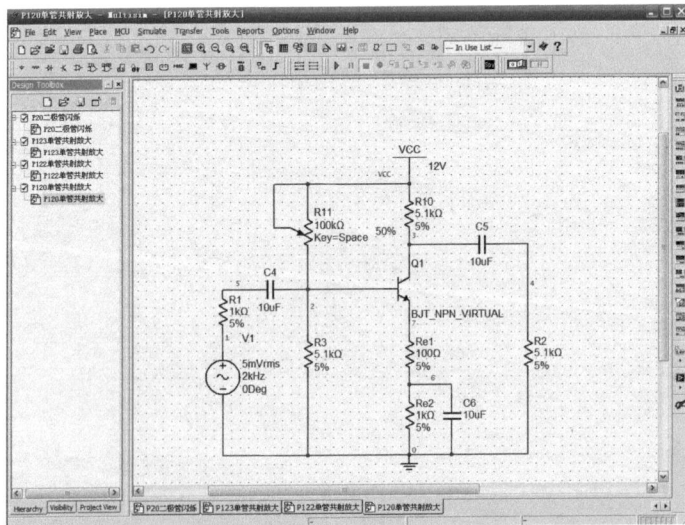

图 2-1　基本界面

从图 2-1 可以看出，Multisim 10 的主窗口如同一个实际的电子实验台。屏幕中央区域最大的窗口就是电路工作区，在电路工作区上可将各种电子元器件和测试仪器仪表连接成实验电路。电路工作窗口上方是菜单栏、工具栏。从菜单栏可以选择电路连接、实验所需的各种命令。工具栏包含了常用的操作命令按钮。通过鼠标器操作即可方便地使用各种命令和实验设备。电路工作窗口两边是元器件栏和仪器仪表栏。元器件栏存放着各种电子元器件，仪器仪表栏存放着各种测试仪器仪表，用鼠标操作可以很方便地从元器件和仪器库中提取实验所需的各种元器件及仪器、仪表到电路工作窗口并连接成实验电路。

Multisim 10 的基本界面主要包括菜单栏、系统工具栏、视图工具栏、设计工具栏、所用元器件列表栏、器件库工具栏、仪器库工具栏、设计工具箱、电路工作区、电子表格视窗、状态栏和仿真开关等。下面对各部分加以介绍。

2.1.2　Multisim 10 的菜单栏

Multisim 10 的菜单栏如图 2-2 所示，包含 12 个菜单，提供了本软件几乎所有的功能命令。分别为文件（File）菜单、编辑（Edit）菜单、视图（View）菜单、放置（Place）菜单、微控制器（MCU）菜单、仿真（Simulate）菜单、文件输出（Transfer）菜单、工具（Tools）菜单、报告（Reports）菜单、选项（Options）菜单、窗口（Window）菜单和帮助（Help）菜单。

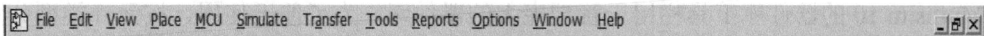

图 2-2　菜单栏

2.1.3　Multisim 10 系统工具栏

Multisim 10 的系统工具栏如图 2-3 所示。自左至右分别为：新建文件、打开文件、打开安装路径下的自带实例、保存当前文件、打印当前文件、查找、剪切、复制、粘贴、撤销、恢复。

图 2-3　系统工具栏

Multisim 10 的屏幕工具栏（视图工具栏）如图 2-4 所示。分别为对电路窗口进行全屏显示、放大、缩小、放大选择区域、以合适比例显示。

图 2-4　视图工具栏

2.1.4 设计工具栏

Multisim 10 的设计工具栏如图 2-5 所示。设计工具栏是 Multisim 10 重要工具栏，使用它可打开关闭工程设计窗口、打开关闭电路图数据表、元器件数据库管理、创建元器件、开始停止仿真分析、仿真分析选择、仿真分析数据后处理、设定检查规则等。

图 2-5 设计工具栏

2.1.5 所用元器件列表栏

当前电路所用元器件列表栏如图 2-6 所示。单击下拉箭头，列出当前电路所使用的全部元件，可以进行检查，单击某个元件便可重复使用。

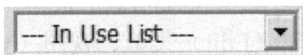

图 2-6 当前电路所用元器件列表栏

2.1.6 器件库工具栏

Multisim 10 的器件库工具栏用于管理庞大的器件库，为了便于使用，按元件类型分别放到 18 个分器件库中，同一类型的元件放置在同一个分器件库中，如图 2-7 所示。

图 2-7 器件库工具栏

各分器件库所包含的器件如下。

Sources：电源库，包括交直流电压源、电流源及各种信号源，还包含有接地端。

Basic：基本元件库，包括电阻、电感、电容、开关、变压器等，基本器件库中的虚拟元器件的参数是可以任意设置的，非虚拟元器件的参数是固定的，但可以选择。

Diodes：二极管库，包括二极管、稳压管、变容二极管、晶闸管等，二极管中的虚拟器件的参数是可以任意设置的，非虚拟元器件的参数是固定的，但可以选择。

Transistors：晶体管库，包括 NPN、PNP 双极管、场效应管，晶体管库中的虚拟器件的参数是可以任意设置的，非虚拟元器件的参数是固定的，但可以选择。

Analog：模拟元件库，包括比较器、运算放大器等，模拟集成电路库中的虚拟器件的参数是可以任意设置的，非虚拟元器件的参数是固定的，但可以选择。

TTL：TTL 数字集成电路器件库，包括 74 系列各种 TTL 门电路。

CMOS：CMOS 数字集成电路器件库，包括各种 COMS 门电路。

Misc Digital：各种数字元件库，包含有 DSP、FPGA、CPLD、VHDL 等多种非标准数字元件。

Mixed：数模混合集成电路器件库，包含有 ADC/DAC、555 定时器等多种数模混合集成电路器件。

Indicators：指示器件库，包括电压表、电流表、数码管、指示灯等。

Power Componend：电源器件库，包含有三端稳压器、PWM 控制器等多种电源器件。

Misc：其他器件库，包括晶体振荡器、滤波器、光电耦合器、电子管等。

Advanced Peripherals：键盘显示器库，包含有键盘、LCD 等多种器件。

RF：射频器件库，包括高频电感、电容、射频三极管、传输线、射频 FET、微带线等多种射频元器件。

Electro Mechanical：机电类器件库，包括马达、开关、变压器、继电器等多种机电类器件。

MCU Module：微控制器库，包含有 8051、PIC 等多种微控制器。

Hierarchrcal Block：放置模块电路。

BUS：放置总线。

2.1.7　仪器库工具栏

Multisim 10 的仪器库工具栏如图 2-8 所示。该工具栏提供了 18 种虚拟仪器。有些仪器价值昂贵，一般实验室是见不到的，还有些虚拟仪器是没有实物的。

图 2-8　仪器库工具栏

这些仪器包括数字万用表（Multi-meter）、函数信号发生器（Function Generator）、瓦特表（又名功率表，Wattmeter）、双通道示波器（2 Channel Oscilloscope）、四通道示波器（4 Channel Oscilloscope）、波特图仪（Bode Plotter）、频率计（FreqCounter）、字信号发生器（Word Generator）、逻辑分析仪（Logic Analyzer）、逻辑转换器（Logic Converter）、IV 特性测量仪（IV Analyzer）、失真度测量仪（Distortion Analyzer）、频谱分析仪（Spectrum Analyzer）、网络分析仪（Network Analyzer）、安捷伦函数发生器（Agilent Function Generator）、安捷伦数字万用表（Agilent Multi-meter）、安捷伦示波器（Agilent Oscilloscope）、泰克示波器（Tektronix Oscilloscope）、测量探针（Measurement Probe）、采样仪器（LabVIEW Instruments）、电流取样探极（Current Probe）。

2.1.8　设计工具箱

设计工具箱用来管理原理图的不同组成元素。设计工具箱由 3 个不同的选项卡组成，分别为层次化（Hierachy）选项卡、可视化（Visibility）选项卡和工程视图（Project View）选项卡，如图 2-9 所示。下面介绍各选项卡的功能。

（1）"层次化"选项卡：该选项卡包括了所设计的各层次电路，页面上方的 5 个按钮从左到右分别为新建原理图、打开原理图、保存、关闭当前电路图和（对当前电路、层次化电路和多页电路）重命名。

（2）"可视化"选项卡：由用户决定工作空间的当前选项卡显示哪些层。

（3）"工程视图"选项卡：显示所建立的工程，包括原理图文件、PCB 文件、仿真文件等。

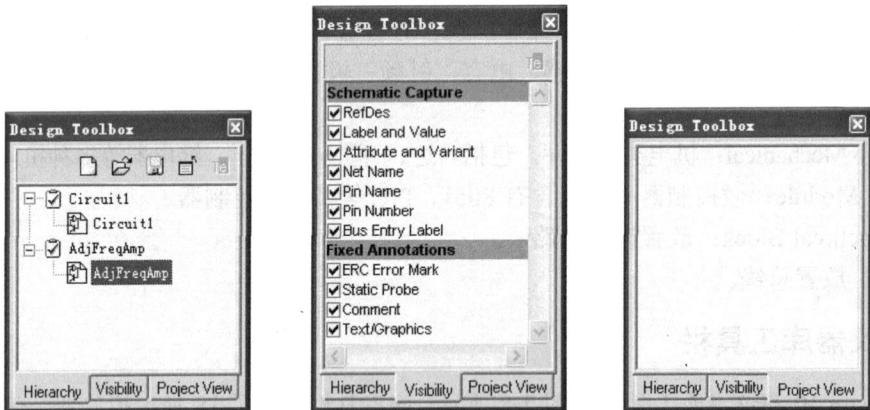

（a）"层次化"选项卡　　　（b）"可视化"选项卡　　　（c）"工程视图"选项卡

图 2-9　设计工具箱

2.1.9　电路工作区

在电路工作区中可进行电路的编制绘制、仿真分析及波形数据显示等操作，如果有需要，还可以在电路工作区内添加说明文字及标题框等。

2.1.10　电子表格视窗

在电子表格视窗可方便查看和修改设计参数，如元件的详细参数、设计约束和总体属性等。电子表格视窗包括 4 个选项卡，如图 2-10 所示。下面介绍各选项卡的功能。

（1）Results 选项卡：该选项卡可显示电路中元件的查找结果和 ERC 校验结果。

（2）Nets 选项卡：该选项卡上方有 9 个按钮，它们的功能分别为：找到并选择指定网点；将当前列表以文本格式保存到指定位置；将当前列以 CSV（Comma Separate Values）格式保存到指定位置；将当前列表以 Excel 电子表格的形式保存到指定位置；按已选栏数据的升序排列数据；按已选栏数据的降序排列数据；打印已选表项中的数据；复制已选表项中的数据到剪切板；显示当前设计所有页面中的网点。

（3）Components 选项卡：该选项卡上方有 10 个按钮，它们的功能分别为：找到并选择指定元件；将当前列表以文本格式保存到指定位置；将当前列表以 CSV（Comma Separate Values）格式保存到指定位置；将当前列表以 Excel 电子表格的形式保存到指定位置；按已选栏数据的升序排列数据；按已选栏数据的降序排列数据；打印已选表项中的数据；复制已选表项中的数据到剪切板；显示当前设计所有页面中的元件；替换已选元件。

（4）PCB Layers 选项卡：显示 PCB 层的相关信息。

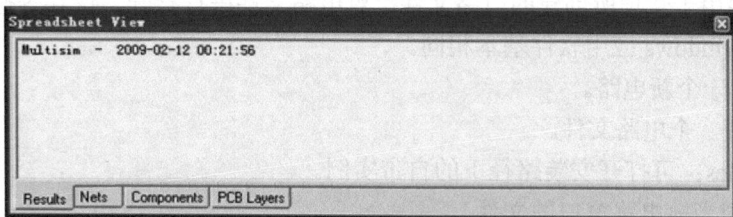

（a）Results 选项卡

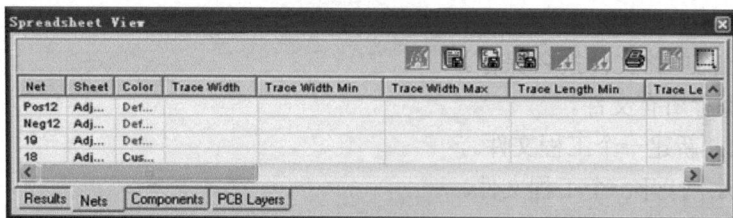

（b）Nets 选项卡

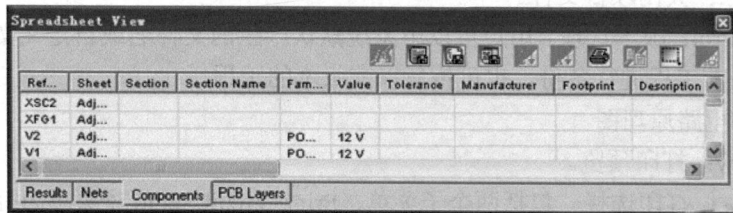

（c）Components 选项卡

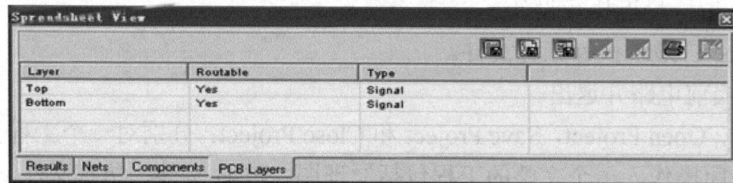

（d）PCB Layers 选项卡

图 2-10　电子表格视窗

2.1.11　状态栏

状态栏用于显示有关当前操作及鼠标所指条目的相关信息。

2.2 Multisim 10 的菜单栏

2.2.1 File（文件）菜单

该菜单主要用于管理所创建的电路文件，对电路文件进行打开、保存等操作，其中大多数命令和一般 Windows 应用软件基本相同。

New：创建一个新电路。

Open：打开一个电路文件。

Open Samples：可打开安装路径下的自带实例。

Close：关闭当前电路窗口的文件。

Close All：关闭所有文件。

Save：保存当前电路窗口文件。

Save As：当前电路文件换名保存。

Save All：保存所有文件。

New Project：新建一个工程文件。

Open Projecs：打开一个工程文件。

Save Project：保存项目文件到存盘。

Close Project：关闭项目文件。

Version Control：版本管理。用户可以用系统默认产生的文件名或自定义文件名作为备份文件的名称对当前工程进行备份，也可恢复以前版本的工程。

Print：打印电路原理图。

Print Preview：打印预览。

Print Options：打印选择，包括两个子菜单，Print Circuit Setup 子菜单为打印电路设置选项；Print Instruments 子菜单为打印当前工作区内仪表波形图选项。

Recent Circuits：最近执行设计。

Recent Project：最近执行工程文件。

Exit：关闭当前电路并退出。

New Project，Open Project，Save Project 和 Close Project：分别对一个工程文件进行创建、打开、保存和关闭操作。一个完整的工程包括原理图、PCB 文件、仿真文件、工程文件和报告文件。

2.2.2 Edit（编辑）菜单

Edit（编辑）菜单下的命令主要用于在绘制电路图的过程中，对电路和元件进行各种编辑操作。一些常用操作，如复制、粘贴等和一般 Windows 应用程序基本相同。

Undo：撤销前一次操作。

Redo：恢复前一次操作。

Cut：将选中的内容剪切到粘贴板。

Copy：将选中的元器件、电路或文本复制到粘贴板。

Paste：将放置在粘贴板中的内容粘贴到电路窗口指定位置。

Delet：永久地删除选中的元器件、仪器或文本，可以用 Undo 有限恢复。

Select All：选中当前窗口的所有元件和仪表。

Delete Multi-Page：从多页电路文件中删除指定页。执行该项操作一定要小心，尽管使用撤销命令可恢复一次删除操作，但删除的信息无法找回。

Paste as Subcircuit：将剪贴板中已选的内容粘贴成电子电路形式。

Find：搜索当前工作区内的元件，选择该项后可弹出对话框，其中包括要寻找元件的名称、类型及寻找的范围等。

Graphic Annotation：图形注释选项，包括填充颜色、类型、画笔颜色、类型和箭头类型。

Order：安排已选图形的放置层次。

Assign to Layer：将已选的项目安排到注释层。

Layer Setting：设置可显示的对话框。

Orientation：设置元件的旋转角度。

Title Block Position：标题块位置。

Edit Symbol/Title Block：对已选定的图形符号或工作区内的标题框进行编辑。在工作区内选择一个元件，选择该命令，编辑元件符号，弹出"元件编辑"窗口，在这个窗口中可对元件各引脚端的线型、线长等参数进行编辑，还可以自行添加文字和线条等；选择工作区内的标题框，选择该命令，弹出"标题框编辑"窗口，可对选中的文字、边框或位图等进行编辑。

Font：对已选项目的字体进行编辑。

Comment：对已有的注释项进行编辑。

Forms/Questions：格式/问题。

Properties：打开一个已被选中元件的属性对话框，可对其参数值、标识值等信息进行编辑。

2.2.3　View（视图）菜单

View（视图）菜单下常用命令及功能如下。

Full Screen：全屏显示。

Parent Sheet：层次。

Zoom In：放大。

Zoom Out：缩小。

Zoom Area：放大面积。

Zoom Fit to Page：以合适比例显示。

Zoom to magnification：按比例放大到适合的页面。

Zoom Selection：放大选择。

Show Grid：显示栅格。

Show Border：显示图纸边框。

Show Page Bounds：显示图纸边界。

Ruler bars：显示标尺。

Status Bar：显示状态条。

Design Toolbox：显示工程工具箱。

Spreadsheet View：显示电子数据表。

Circuit Description box：显示电路描述窗口。

Toolbars：设置工具栏是否显示。

Show Comment/Probe：显示或关闭注释/标注。

Grapher：打开图形窗口。

2.2.4　Place（放置）菜单

Place（放置）菜单提供在电路工作窗口内放置元件、连接点、总线和文字等命令，Place 菜单中的常用命令及功能如下。

Component：放置元件。

Junction：放置节点。

Wire：放置连接线。

Bus：放置总线。

Connectors：放置连接端子。

New Hierarchical Block：创建新模块。

Hierarchical Block From File：放置模块文件。

New Subcircuit：创建子电路。

Replace by Subcircuit：替换子电路。

Multi-Page：设置多页。

Merge Bus：合并总线。

Bus Vector Connect：总线矢量连接。

Comment：添加注释。

Text：放置文本文字。

Graphics：放置图形。

Title Block：放置标题块。

Place Ladder Rungs：放置梯形母线。

2.2.5 MCU（微控制器）菜单

MCU（微控制器）菜单提供在电路工作窗口内 MCU 的调试操作命令，MCU 菜单中的常用命令及功能如下。

No MCU Component Found：没有创建 MCU 器件。

Debug View Format：调试模式。

Show Line Numbers：显示行编号。

Pause：暂停。

Step into：单步调试。

Step over：跨过。

Step out：离开。

Run to cursor：运行到指针。

Toggle breakpoint：设置断点。

Remove all breakpoint：删除所有的断点。

2.2.6 Simulate（仿真）菜单

Simulate（仿真）菜单提供电路仿真设置与操作命令，Simulate 菜单中的常用命令及功能如下。

Run：运行仿真。

Pause：暂停仿真。

Stop：停止仿真。

Instruments：选择仪器仪表。

Interactive Simulation Settings：仿真参数设置。

Digital Simulation Settings：仿真数字模型设置。

Analyses：选择电路仿真分析项目。

Postprocessor：后处理器设置和运行。

Simulation Error Log/Audit Trail：仿真错误记录/查找仿真错误。

Xspice Command Line Interface：Xspice 命令输入窗口。

Auto Fault Option：自动设置电路故障。

VHDL Simulation：VHDL 语言程序仿真。

Dynamic Probe Properties：动态探针属性。

Reverse Probe Direction：反向探针方向。

Clear Instrument Data：清除仪器数据。

Use Tolerances：使用公差。

2.2.7 Transfer（文件输出）菜单

Transfer（文件输出）菜单中常用命令及功能如下。

Transfer to Ultiboard 10：将电路图传送给 Ultiboard 10。

Transfer to Ultiboard 9 or earlier：将电路图传送给 Ultiboard 9 或其他早期版本。

Export to PCB Layout：输出 PCB 设计图。

Forward Annotate to Ultiboard 10：创建 Ultiboard 10 注释文件。

Forward Annotate to Ultiboard 9 or earlier：创建 Ultiboard 9 或其他早期版本注释文件。

Backannotate from Ultiboard：修改 Ultiboard 注释文件。

Highlight Selection in Ultiboard：加亮所选择的 Ultiboard。

Export Netlist：输出网表。

2.2.8 Tools（工具）菜单

Tools（工具）菜单的常用命令及功能如下。

Run log script：运行 log 脚本。

Component Wizard：元件创建向导。

Database：数据库。

Variant Manager：变量管理器。

Set Active Variant：设置动态变量。

Circuit Wizards：电路创建向导。

Rename/Rcnumber Components：元件重新命名/编号。

Replace Components：元件替换。

Update Circuit Components：更新电路元件。

Update HB/SC Symbols：更新 HB/SC 符号。

Electrical Rules Check：电气规则检验。

Clear ERC Markers：清除 ERC 标志。

Toggle NC Markers：设置 NC 标志。

Symbol Editor：符号编辑器。

Title Block Editor：工程图明细表比较器。

Description Box Editor：描述箱比较器。

Edit Labels：编辑标签。

Capture Screen Area：抓图范围。

Show Breadboard：显示实验电路板。

Education Web Page：打开 Education 网站。

2.2.9　Reports（报告）菜单

Reports（报告）菜单提供材料清单等 6 个报告命令，Reports 菜单中的常用命令及功能如下。

Bill of Materials：元器件列表清单。

Component Detail Report：元件详细报告。

Netlist Report：网表报告。

Cross Reference Report：相互参照报告。

Schematic Statistics：电路统计报告。

Spare Gates Report：空闲门报告。

2.2.10　Options（选项）菜单

Options（选项）菜单中常用命令及功能如下。

Global Preferences：全局参数设置。

Sheet Properties：电路图属性设置。

Global Restrictions：全局限制设置。

Circuit Restrictions：电路限制设置。

Customize User Interface：定制用户界面。

Simplified Version：Multisim 主窗口的简单形式。

2.2.11　Window（窗口）菜单

Window（窗口）菜单中的命令及功能如下。

New Window：建立新窗口。

Close：关闭窗口。

Close All：关闭所有窗口。

Cascade：多个电路窗口层叠排列。

Tile Horizontal：多个电路窗口水平平铺。

Tile Vertical：多个电路窗口垂直平铺。

Windows：窗口选择。

2.2.12　Help（帮助）菜单

Help（帮助）菜单为用户提供在线技术帮助和使用指导，Help 菜单中的命令及功能如下。

Multisim Help：帮助主题目录。

Component Reference：元器件帮助主题索引。

Release Notes：版本注释。

Check For Updates：更新校验。

File Information：当前文件信息。

Patents：专利权。

About Multisim：有关 Multisim 10 的说明。

2.3　Multisim 10 的界面定制

界面定制是指用户利用软件提供的功能，进行定制界面以符合自己的学习和工作需求方便。Multisim 10 向用户提供了 3 种定制 Multisim 界面的功能。

（1）定制软件操作界面：自定义工具栏、状态条、工作窗口等设置。

（2）定制右键菜单：和所有 Windows 应用软件一样，Multisim 10 也具有右键菜单功能。Multisim 10 提供了编辑右键菜单内容的功能，读者可以使用此功能，按照自己的习惯方便地来进行自定义右键菜单。

（3）定制电路文件工作界面：读者可以按照自己的方便或需求，自定义电路颜色、页尺寸、符号系统和打印设置等。

2.3.1　定制软件操作界面

Multisim 10 定制软件操作界面的方法有以下两种。

（1）打开主菜单中的 Options 菜单，选中菜单内有关界面操作的选项，设定操作界面的内容和显示方式。

（2）在主菜单或主工具栏中右击，在弹出的快捷菜单中选择 Customize 定制用户界面命令，打开图 2-11 所示的 Customize 对话框，然后在 Toolbars 选项卡中设定。

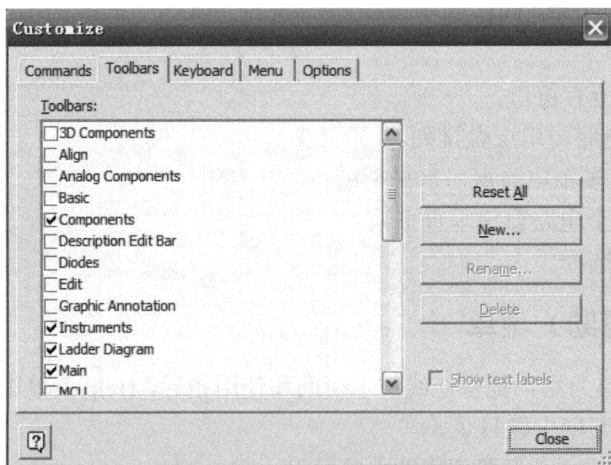

图 2-11　Customize 对话框

2.3.2　定制右键菜单

在主菜单或主工具栏中右击，在弹出的快捷菜单中选择 Customize | Menu，在 Context Menus（菜单名目）选项组中进行设置，如图 2-12 所示。编辑步骤如下。

（1）选择需编辑的菜单。

（2）对所弹出的右键菜单进行命令删除或更改操作。

（3）如果需要添加命令，打开 Commands（命令）选项卡，找到需要添加的命令后，将其拖动到右键菜单中即可。

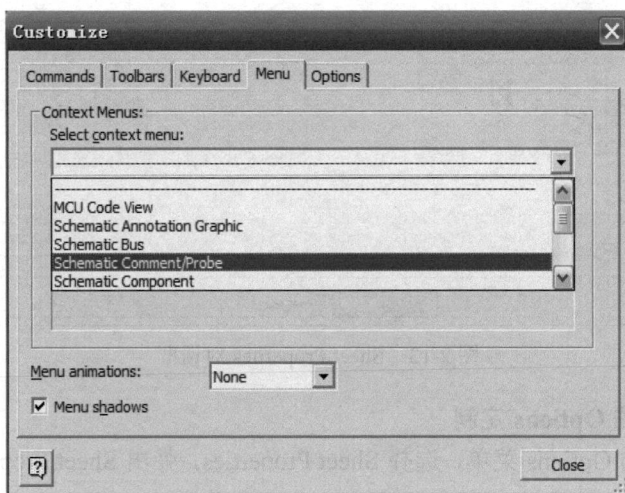

图 2-12　Menu 选项卡

2.3.3　定制电路文件工作界面

Multisim 10 定制电路文件工作界面的方法有 3 种，具体如下。

1. 由主菜单中的 Edit 定制

单击 Edit | Properties，弹出 Sheet Properties 对话框，如图 2-13 所示。其中，在 Circuit 选项卡中的 Show 选项可设置在电路图上显示参数、标识等文本的内容。在 Color 选项中可设置电路图形和背景的颜色。在 Workspace 选项卡中进行设置电路图的尺寸和格式。在 Wiring 选项卡中设置需要在电路图上显示的电路连线的路径；在 Font 选项卡中可设置在电路图上显示的参数、标识等文本的字体和字型。如果不做定制，只是改变当前电路的显示，则在设定之后，取消选中 Save as default 复选框。

2. 打开右键菜单定制

打开电路编辑器窗口内右键菜单，选择 Properties，弹出 Sheet Properties 对话框，进行相关操作。

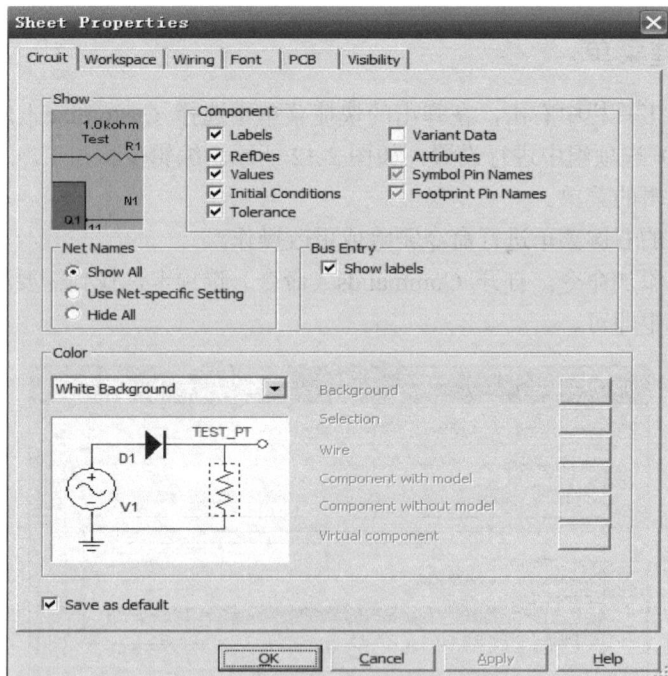

图 2-13　Sheet Properties 对话框

3. 由主菜单中的 Options 定制

打开主菜单中的 Options 菜单，选择 Sheet Properties，弹出 Sheet Properties 对话框，进行相关操作。

2.4　创建仿真电路

用 Multisim 10 进行仿真分析时，首先要创建仿真电路。本节以简单二极管闪烁电路为例，介绍创建仿真电路的一般步骤。

2.4.1　创建电路文件

打开 Multisim 10，它会自动建一个名为"Circuit1"的空白电路文件。或者单击系统工具栏中的"新建文件"按钮，创建一个名为"Circuit1"的空白电路文件。用户使用 File 菜单中的 Save as 命令，保存文件时可以更换路径、重命名该文件。

2.4.2　创建仿真电路

1. 在电路窗口内放置元器件

在 Multisim 10 环境中，选择主菜单中的 Place | Component 命令，或单击元器件库工具栏

中的任意一个按钮,均会弹出一个名为 Select a Component 的窗口,如图 2-14 所示。在 Database 下拉列表框中选择 Master Database,在 Group 下拉列表框中选择 Sources,在 Component 列表框中选择 DC_POWER 后,单击 OK 按钮,窗口关闭,出现活动图标,将此图标移至电路图中比较合适的位置,单击 OK 按钮完成放置操作。打开不同的元器件库,执行所需要元器件的取放操作。如元器件的摆放方向不合适,可右击该元器件,在弹出的快捷菜单中选择 Flip Horizontal、Flip Vertical、90 Clockwise 或 90 CounterCW 命令,可对元器件进行水平翻转操作、垂直翻转操作、顺时针 90°旋转操作,逆时针 90°旋转操作,也可使用 Ctrl 等键实现旋转操作。Ctrl 等键的定义标在菜单命令的旁边。所有元器件都按要求放置,直至元器件放置工作完成。

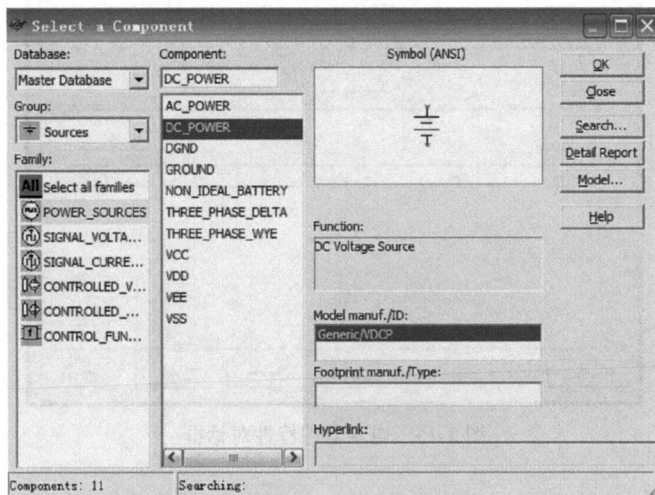

图 2-14　Select a Component 窗口

2. 选中元器件

编辑电路时,需对元器件进行移动、旋转、删除、设置参数等操作。这就要先选中该元器件。要选中某个元器件可单击该元器件。被选中的元器件的四周出现 4 个蓝色小方块,定义电路工作区为白底,这样便于识别。对选中的元器件可以进行复制、移动、旋转、删除、设置参数等操作。另外用鼠标拖曳形成一个矩形区域,可以同时选中在该矩形区域内包围的一组元器件。要取消某一个元器件的选中状态,只需单击电路工作区的空白部分即可。

3. 元器件的移动

单击元器件(左键不松手),拖曳该元器件即可移动。要移动一组元器件,必须先用前述的矩形区域方法选中这些元器件,然后用鼠标左键拖曳其中的任意一个元器件,则所有选中的部分就会一起移动。元器件被移动后,与其相连接的导线就会自动重新排列。选中元器件后,也可使用箭头键使之做微小的移动。

4. 元器件的复制、删除

对选中的元器件进行复制、移动、删除等操作,可以右击或使用菜单 Edit | Cut、Edit | Copy

和 Edit | Paste、Edit | Delete 等命令实现元器件的剪切、复制、粘贴、删除等操作。

5. 元器件标签、编号、数值、模型参数的设置

在选中元器件后，双击，或选择菜单命令 Edit | Properties，会弹出相关的对话框，可供输入数据。器件特性对话框具有多种选项可供设置，包括 Label（标识）、Display（显示）、Value（数值）、Fault（故障设置）、Pins（引脚端）、Variant（变量）等内容。如电容器件特性对话框，如图 2-15 所示。

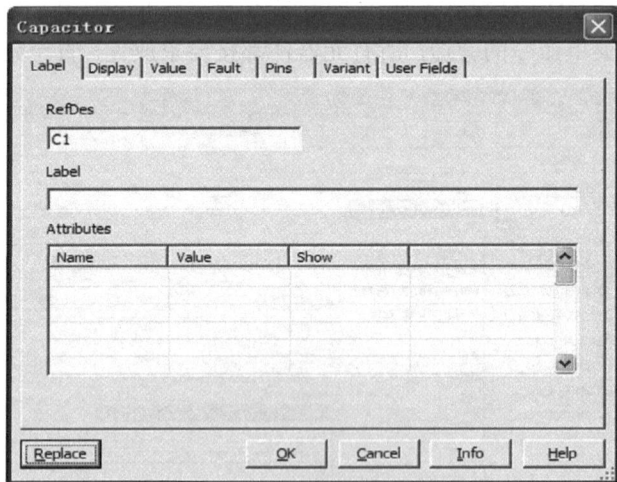

图 2-15　电容器件特性对话框

1）Label（标识）

用于设置元器件的 Label（标识）和 RefDes（编号）。RefDes 由系统自动分配，必要时可以修改，但必须保证编号的唯一性。注意连接点、接地等元器件没有编号。在电路图上是否显示标识和编号可由 Options 菜单中的 Global Preferences（设置操作环境）的对话框设置。

2）Display（显示）

用于设置 Label、RefDes 的显示方式。该对话框的设置与 Options 菜单中的 Global Preferences 对话框的设置有关。如果遵循电路图选项的设置，则 Label、RefDes 的显示方式由电路图选项的设置决定。

3）Fault（故障）

设置元器件的隐含故障。例如，在三极管的故障设置对话框中，E、B、C 为与故障设置有关的引脚号，对话框提供 Leakage（漏电）、Short（短路）、Open（开路）、None（无故障）等设置。

4）改变元器件的颜色

将元器件设置为不同的颜色。要改变元器件的颜色，用鼠标指向该元器件，右击，可以出现快捷菜单，如图 2-16 所示。选择 Change Color 选项，出现颜色选择框，然后选择合适的颜色即可。

6. 元器件连线

Multisim 10 提供了自动与手工两种连线方式。所谓自动连线，就是用户按线路方向，依次单击要连线的两个元器件的管脚，由 Multisim 10 选择管脚间最好的路径自动完成连线操作，它可以避免连线通过元器件时和元器件重叠；手工连线由用户控制线路走向，操作时通过拖动连线，按用户自己设计的路径，单击来确定路径转向并完成连线。连线完毕后，还可手动调整线路的布局。完成连线后的电路如图 2-17 所示。

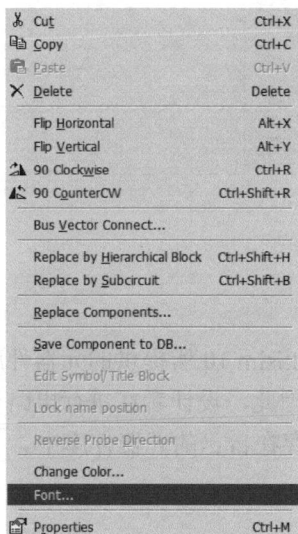

图 2-16　单击右键菜单　　　　　　　　　图 2-17　二极管闪烁电路

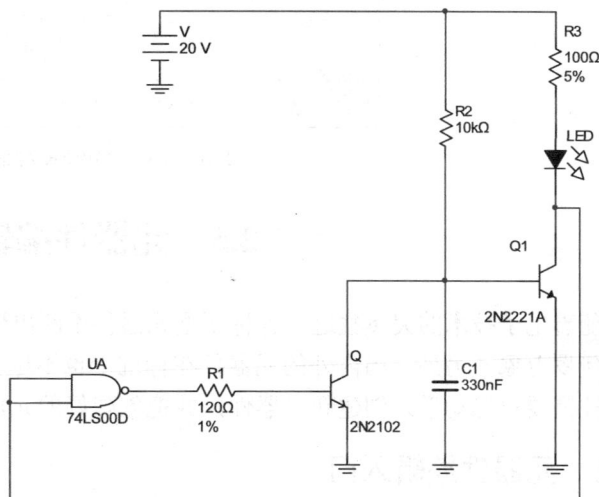

7. 设置元器件参数

连线后的电路，还要进行设置元器件参数。如果电路使用的是元器件库中已有规格的元器件，则可直接使用默认参数。如果不是，就要对元器件参数重新设置。

如电路中使用的直流电源 V1 的默认电压是 12 V，通过操作可将电压设为 5 V。首先，右击该元器件或双击该元器件图标，弹出快捷菜单，选择 Properties 命令，弹出 DC_POWER 对话框，如图 2-18 所示。然后，打开 Value 选项卡，将 Voltage 框中的数字改为 5。最后，单击 OK 按钮完成所需设置。按照同样的方法，可以对其他元件的参数进行相应设置。

8. 定制并保存电路文件

（1）设置图纸规格：在 Workspace 选项卡中设定电路图的尺寸和格式。

（2）设置图纸显示：在 Circuit 选项卡中设定图纸和元器件的显示方式。

（3）设计图纸标题栏：首先选择 Place | Title Block 命令，在 Multisim 10 自带的 10 种标题栏模板中，取一种放在图纸上；再选择 Edit | Title Block Position 命令，定位标题栏；然后

双击标题栏进行内容编辑。最后将文件存盘。

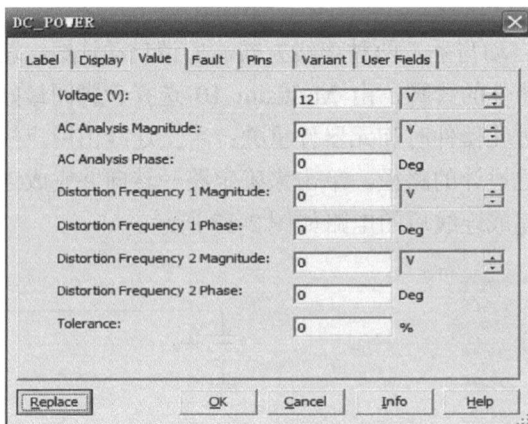

图 2-18　DC_POWER 对话框

2.5　元器件编辑

随着电子技术的突飞猛进，各种新型元器件不断出现，Multisim 10 所提供的元器件库不可能包罗万象，另外，国内外的元器件在标准上也不尽相同，因此，设计者在进行电路设计时往往需要自己动手来创建新元器件，并把创建好的元器件保存在自己的元器件库中。

2.5.1　元器件编辑入门

Multisim 10 提供了一个功能强大的元器件编辑器，设计者可修改和创建 Master 库中提供的任何元器件。设计者也可以重新创建一个新的元器件，存放在自己的 User 库或 Corporate 库中。设计者使用元器件编辑器，可对元器件的 4 类信息进行编辑或修改。

（1）一般信息（General）：名称、描述、制造商、图标、所属类及电特性。

（2）符号（Symbol）：原理图中元器件的图形表述。

（3）模型（Model）：仿真时，代表元器件实际操作的有关信息，对进行仿真的器件来说是必须设置的。

（4）管脚图（Footprint）：包含此元器件从原理图输出到 PCB 布线软件时所需的封装信息。

2.5.2　元器件编辑器的使用

设计者可以使用创建元器件向导（Component Wizard）创建或编辑新元器件，也可以使用数据库管理器（Database Manager）中的元器件属性（Component Properties）对话框，对已有元器件进行编辑和存取。

需要注意的是，Multisim 10 是不允许在主数据库（Master Database）中编辑元器件的，用户需要将要修改的元器件复制到公共数据库（Corporate Database）或用户数据库（User Database）中，才可以依据自己的要求制作所需的元器件。

2.5.2.1　使用创建元器件向导创建或编辑新元器件

使用创建元器件向导创建新元器件。

（1）单击主工具栏中的创建元器件按钮，或选择 Tools | Component Wizard 命令，打开元器件向导 Step 1 对话框，如图 2-19 所示。

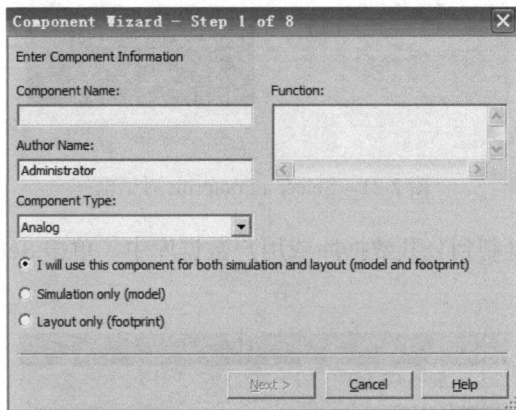

图 2-19　创建元器件向导第 1 步

需注意的是，图中显示的 8 个操作步骤，是在选中第一个单选框（model and footprint）时所需的；如果选中第二个单选框（model），只需要 7 个操作步骤；如果选中第三个单选框（footprint），就只需要 6 个操作步骤了。

（2）单击 Next 按钮，打开 Step 2 对话框，如图 2-20 所示。

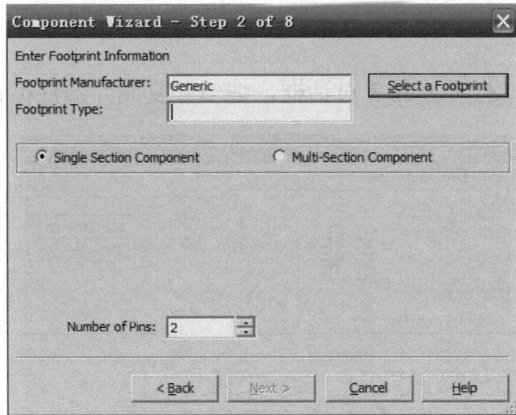

图 2-20　创建元器件向导第 2 步

（3）单击 Select a Footprint 按钮，打开 Select a Footprint 对话框，如图 2-21 所示。

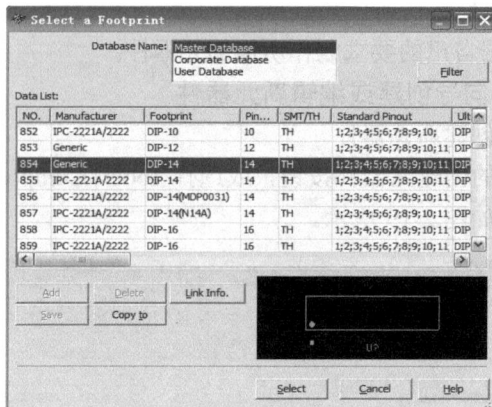

图 2-21　Select a Footprint 对话框

（4）选择 DIP-14，复制到公共数据库或用户数据库中，单击 Select 按钮，返回到 Step 2 对话框，如图 2-22 所示。

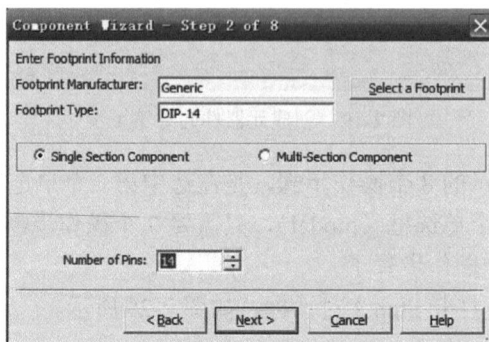

图 2-22　选择了 Footprint Type 后界面

（5）单击 Next 按钮，打开 Step 3 对话框，编辑或复制元器件标识，如图 2-23 所示。

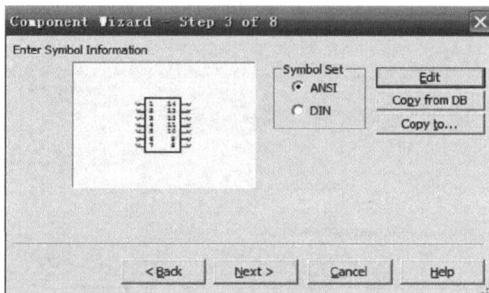

图 2-23　创建元器件向导第 3 步

（6）单击 Next 按钮，打开 Step 4 对话框，设置管脚参数，如图 2-24 所示。

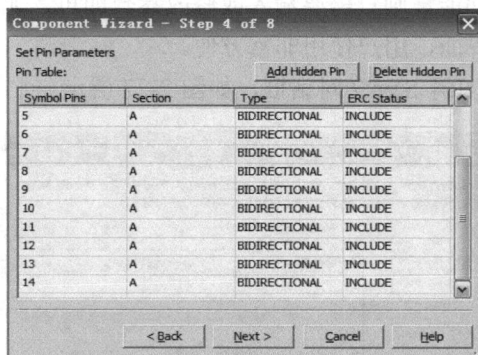

图 2-24　创建元器件向导第 4 步

（7）单击 Next 按钮，打开 Step 5 对话框，设置映射信息，如图 2-25 所示。

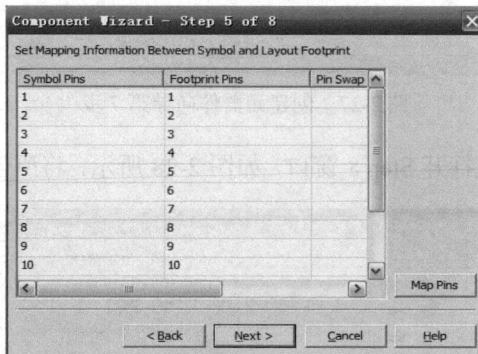

图 2-25　创建元器件向导第 5 步

（8）单击 Next 按钮，打开 Step 6 对话框，选择仿真模型，如图 2-26 所示。

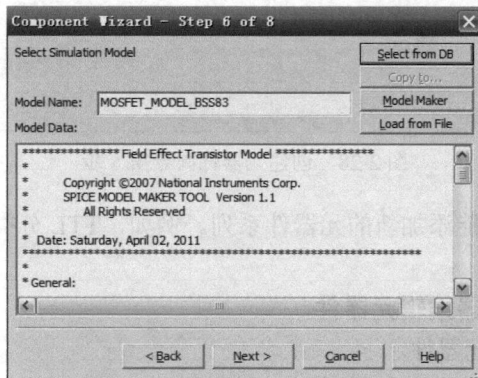

图 2-26　创建元器件向导第 6 步

要注意的是，如果使用 Load from File 功能，则必须事先编写模型文件；而要使用 Select from DB 或 Model Maker 功能，则只需要输入或修改参数即可。尤其是 Model Maker 功能，提供了简捷、直观的操作界面，用户使用非常方便。

（9）单击 Next 按钮，打开 Step 7 对话框，如图 2-27 所示。

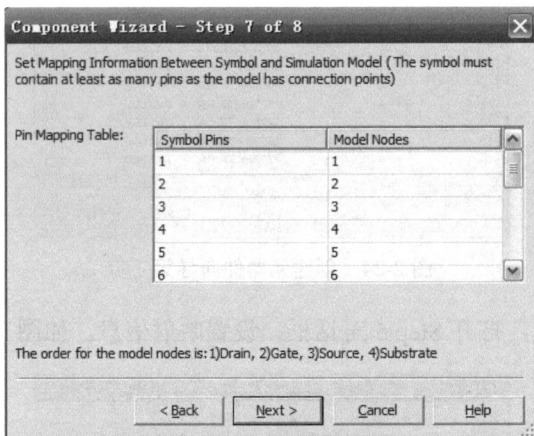

图 2-27　创建元器件向导第 7 步

（10）单击 Next 按钮，打开 Step 8 窗口，如图 2-28 所示，将所创建元器件加入元器件库。

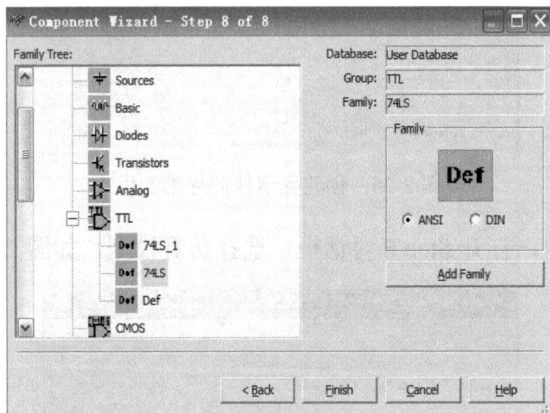

图 2-28　创建元器件向导第 8 步

先使用 Add Family 功能添加新的元器件系列。例如，TTL 分类下添加 74LS 系列。添加完成后再将元器件存入。

2.5.2.2　使用数据库管理器编辑元器件

用数据库管理器编辑元器件。

（1）单击主工具栏中的 Database Manager（数据库管理器）按钮，也可选择 Tools | Database

Manager 命令，弹出 Database Manager（数据库管理器）窗口。如图 2-29 所示。

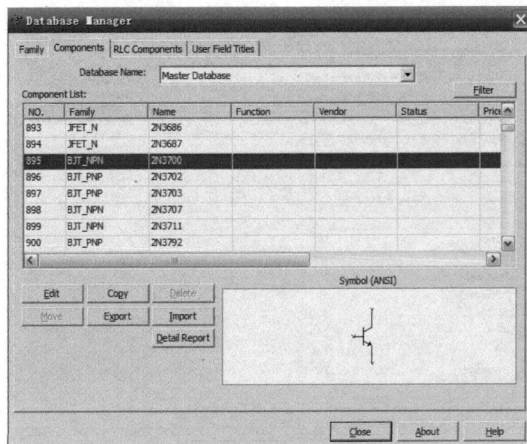

图 2-29　数据库管理器窗口

（2）选择所需修改的元器件，将其复制到 User Database 中，然后进行编辑。如图 2-30 所示。要注意的是，如果是创建新元器件，可以在 Component List 的 Name 列中，将复制过来的元器件名更改为新建元器件的名称。

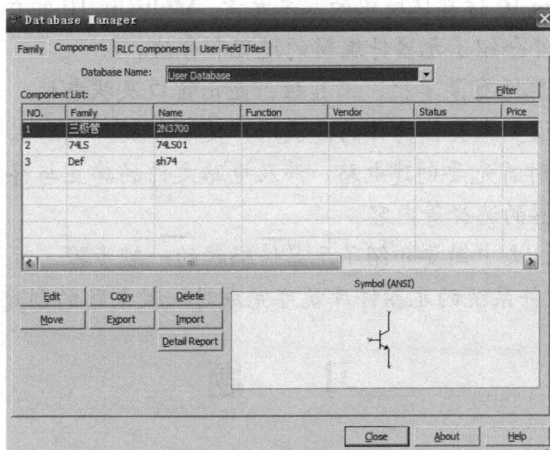

图 2-30　Database Manager 窗口

（3）单击 Edit 按钮，出现 Component Properties 窗口，如图 2-31 所示。用户可以在该窗口中修改和编辑元器件的所有参数。完成相应的操作后，单击 ok 按钮，返回管理器。

（4）单击 Close 按钮，关闭管理器窗口，结束操作。

由以上分析可知，最简捷的创建新元器件的方式，还是通过修改元器件库里与新元器件相似的元器件来创造新元器件。

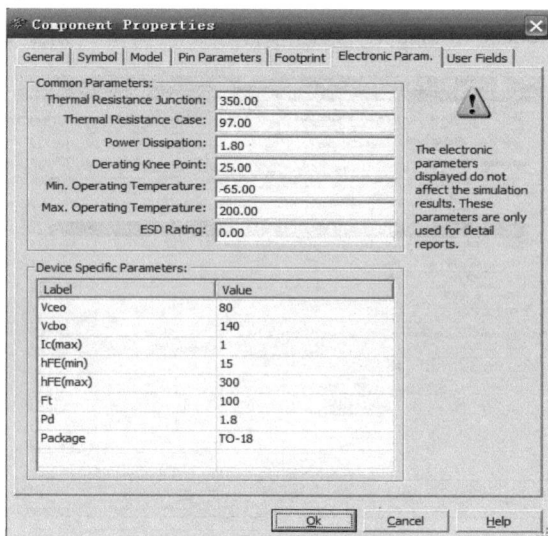

图 2-31　Component Properties 窗口

本 章 小 结

本章讲述了 Multisim 10 仿真环境中的基本元素、Multisim 10 的界面定制、基本电路的创建和仿真分析步骤，另外介绍了元器件编辑的过程和方法。

Multisim 10 的集成环境有菜单栏、工具栏、显示窗口及状态栏。其中，工具栏的所有操作都可通过菜单实现，设置工具栏的目的是使用户使用方便。状态栏可适时显示窗口的有关信息。Multisim 10 仿真时首先要创建电路，涉及电路文件的建立与存储、器件的选择及参数设置、电路连接、仪器的选择等内容。

对于元器件的编辑，文中简要介绍了元器件编辑的一般步骤。对于大多数设计者来说，应用 Multisim 10 仿真软件系统的元器件库就可完成对一般电路的创建和仿真分析。

习 题

1. 试用两种不同的方法打开 Multisim 10。
2. 熟悉窗口操作的方法。
3. 打开 Multisim 10，修改图纸大小和颜色，放置元器件，实现元器件的选取、复制和粘贴。
4. 如何设置元器件参数？
5. 用创建元器件向导编辑元器件。
6. 用两种不同的方法打开和隐藏设计工具箱和电子表格视窗。

7. 虚拟元件和实用元件在元件库中有什么区别？

8. 如何在仿真时对开关进行开、关操作？

9. 如何把设计的电路图粘贴到 Word 文件中？

10. 如何改变元件的放置位置方向（水平翻转、垂直翻转、90°翻转）？

11. 如何放置节点？

12. 如何放置元件？

13. 如何在元件中连线？

14. 怎样更改元件？

15. 怎样连接总线？

16. 仿真电路中不能缺少的元件是什么？

17. 仿真电路出现错误应采取什么措施？

18. 如何在元件库中找到电阻、电感、开关、电位器、二极管、三极管、电源、地、灯、指示灯、变压器、电压表及电流表。

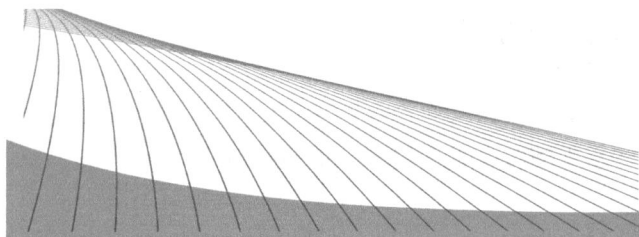

第 3 章

Multisim 10 的虚拟仪器

3.1 虚拟仪器简介

对电路进行仿真运行，通过对运行结果的分析，判断设计是否正确合理，是 EDA 软件的一项主要功能。Multisim 10 的仿真分析功能中，有一种与真实实验完全类似的方式，就是可以从仪器工具栏中提取各种虚拟仪器，采用与真实仪器相同的使用方法，连接于创建的电路。然后，打开仿真开关，即可进行各种特定功能的仿真分析。这是与其他 EDA 软件最大的区别，也是最受电子教育界推崇的特点。

虚拟仪器的使用是 Multisim 10 仿真软件最具特色的功能之一。Multisim 10 的虚拟仪器仪表，大多与真实仪器仪表相对应，虚拟仪器仪表面板与真实仪器仪表相面板类似，而且虚拟仪器的操作也与真实仪器非常相似。电路在仿真分析时，电路的运行状态和结果要通过测试仪器来显示。在工作窗口内的虚拟仪器有两个显示界面：添加到电路中的仪器图标和进行操作显示的仪器面板。用户可以用鼠标将仪器面板拖动到电路窗口的任何位置。

Multisim 10 允许在一个电路中同时使用多个相同的虚拟仪器，只不过它们的仪器标识不同。Multisim 10 提供的虚拟仪器有数字万用表、函数信号发生器、双通道示波器等常规电子仪器，还有波特图仪、失真度仪、频谱分析仪等非常规仪器。用户可根据需要测量的参数选择合适的仪器，将其拖到电路窗口，并与电路连接。在仿真运行时，就可以完成对电路参数的测量，用起来几乎和真的一样。由于仿真仪器的功能是软件化的，所以具有测量数值精确、使用灵活方便等优点。

3.2 虚拟仪器的应用

Multisim 10 中提供了多种在电子线路分析中常用的仪器。这些虚拟仪器仪表的参数设置、使用方法和外观设计与实验室中的真实仪器基本一致。在 Multisim 10 中单击 Simulate | Instruments 后，便可以使用它们。虚拟仪器工具栏如图 3-1 所示。其虚拟仪器工具栏可通过

View | Toolbars | Instruments 命令，在电路窗口中显示或隐藏。

图 3-1　虚拟仪器工具栏

1. 仪器的选用与连接

（1）仪器选用。从仪器库中将所选用的仪器图标用鼠标拖放到电路工作区即可，类似元器件的拖放。

（2）仪器连接。将仪器图标上的连接端（接线柱）与相应电路的连接点相连，连线过程类似元器件的连线。

2. 仪器参数的设置

（1）设置仪器仪表参数。双击仪器图标即可打开仪器面板。可以用鼠标操作仪器面板上的相应按钮及参数设置对话窗口来设置数据。

（2）改变仪器仪表参数。在测量或观察过程中，可以根据测量或观察结果来改变仪器仪表参数的设置，如示波器、逻辑分析仪等。

3.2.1　数字万用表

数字万用表（Mulitimeter）可以用来测量交流电压（电流）、直流电压（电流）、电阻及电路中两节点的分贝损耗。其量程也可自动调整。

单击 Simulate | Instruments | Multimeter 后，有一个万用表虚影跟随鼠标移动在电路窗口的相应位置，单击，完成虚拟仪器的放置。如图 3-2（a）所示，双击该图标得到数字万用表参数设置控制面板，如图 3-2（b）所示。该面板的各个按钮的功能如下所述。

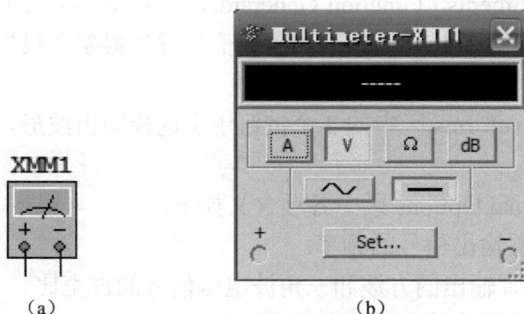

图 3-2　数字万用表的图标和面板

图 3-2（b）中上半部分的黑色条形框用于测量数值的显示。下半部分为测量类型的选取栏。

（1）A：测量对象为电流。

（2）V：测量对象为电压。

（3）Ω：测量对象为电阻。

（4）dB：将万用表切换到分贝显示。

（5）～：数字万用表的测量对象为交流参数。

（6）—：数字万用表的测量对象为直流参数。

（7）+：对应数字万用表的正极。

（8）－：对应数字万用表的负极。

（9）Set：单击该按钮，弹出参数设置对话框窗口，可以设置数字万用表的电流表内阻、电压表内阻、欧姆表电流及测量范围等参数。参数设置对话框如图 3-3 所示。

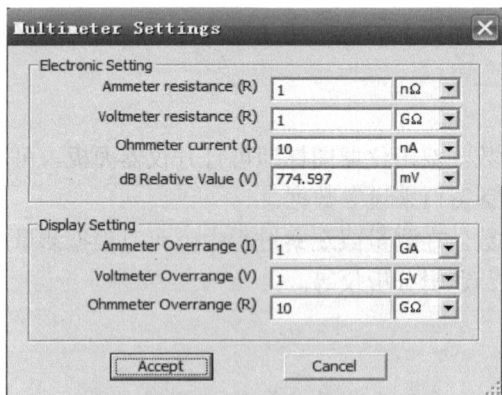

图 3-3　数字万用表参数设置对话框

3.2.2　函数信号发生器

函数信号发生器是可提供正弦波、三角波、方波 3 种不同波形信号的电压信号源。

单击 Simulate | Instruments | Function Generator，得到图 3-4（a）所示的函数信号发生器图标。双击该图标，得到图 3-4（b）所示的函数信号发生器参数设置控制面板。该控制面板的各个部分的功能如下。

图 3-4（a）所示 Waveforms 区中的 3 个按钮用于选择输出波形，分别为正弦波、三角波和方波。

图 3-4（b）所示 Signal Options 区中各项含义如下。

（1）Frequency：设置输出信号的频率。

（2）Duty Cycle：设置输出的方波和三角波电压信号的占空比。

（3）Amplitude：设置输出信号幅度的峰值。

（4）Offset：设置输出信号的偏置电压，即设置输出信号中直流成分的大小。

（5）Set Rise/Fall Time：设置上升沿与下降沿的时间（仅对方波有效）。

（6）+：波形电压信号的正极性输出端。

（7）－：波形电压信号的负极性输出端。

（a）　　　　　　　　　　　（b）

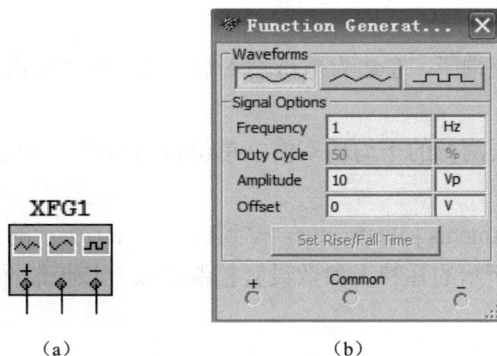

图 3-4　函数信号发生器的图标和面板

（8）Common：公共接地端。

函数信号发生器的输出波形、工作频率、占空比、幅度及直流偏置，可用鼠标来选择波形选择按钮和在各窗口设置相应的参数来实现。

函数信号发生器的图标上有+、GND、− 3 个输出端子，与外电路连接时输出电压信号。连接规则如下。

（1）连接+和 GND 端子，输出正极性信号，幅值等于信号发生器的有效值。

（2）连接−和 GND 端子，输出负极性信号，幅值等于信号发生器的有效值。

（3）连接+和−端子，输出的幅值等于信号发生器的有效值的两倍。

（4）同时连接+、GND、− 3 个输出端子，则输出两个幅度相等、极性相反的信号。

下面以图 3-5 所示的仿真电路为例来说明函数信号发生器的应用。在本例中，函数信号发生器用来产生幅值为 10 V，频率为 1 kHz 的交流信号，并用万用表测量函数信号发生器产生的交流信号。测量结果如图 3-6 所示。

注意：在图 3-6 所示电路中，万用表所测量的交流信号的频率值不能过低，否则万用表无法进行测量。

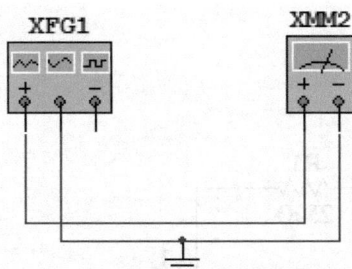

图 3-5　函数信号发生器的应用　　　　　　图 3-6　测量结果

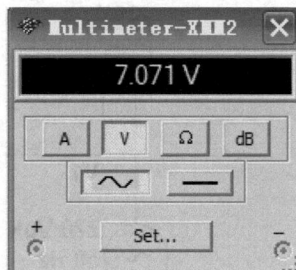

3.2.3　瓦特表

瓦特表（Wattmeter，又名功率表）用于测量电路的功率。它可以测量电路的交流或直流功率。

瓦特表图标中有两组端子，左边为电压输入端，应与被测电路并联；右侧为电流输入端，应与被测电路串联。

面板上面屏幕显示所测得的平均功率值，单位自动调整。下面的 Power Factor 屏幕显示功率因数，数值在 0～1。

单击 Simulate | Instruments | Wattmeter，得到图 3-7（a）所示的瓦特表图标。双击该图标，便可以得到图 3-7（b）所示的瓦特表参数设置控制面板。该控制面板很简单，主要功能如下所述。

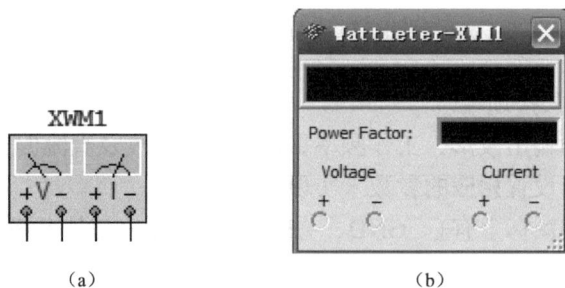

图 3-7　瓦特表的图标和面板

图 3-7（b）上半部分的黑色条形框用于显示所测量的功率，即电路的平均功率。

（1）Power Factor：功率因数显示栏。

（2）Voltage：电压的输入端点，从"+"、"−"极接入。

（3）Current：电流的输入端点，从"+"、"−"极接入。

下面在图 3-8 所示的仿真电路中，应用瓦特表来测量复阻抗的功率及功率因数。在图 3-8 中，使用了一个复阻抗 $Z=A+jB$。其中的复阻抗是 RL 电路的复阻抗，实部 A 为 250 Ω，虚部 B 为 490 Ω。

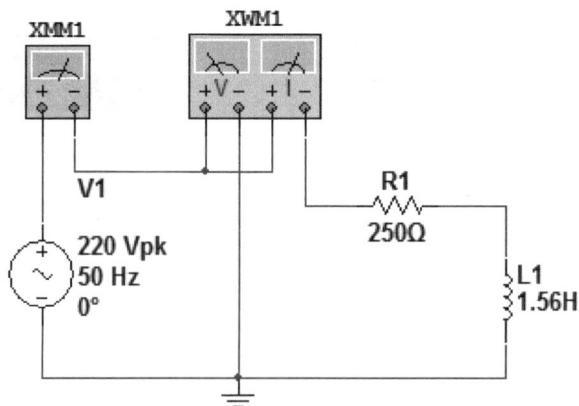

图 3-8　瓦特表的应用

单击 Simulate | Run，开始仿真。得到的结果如图 3-9 所示。

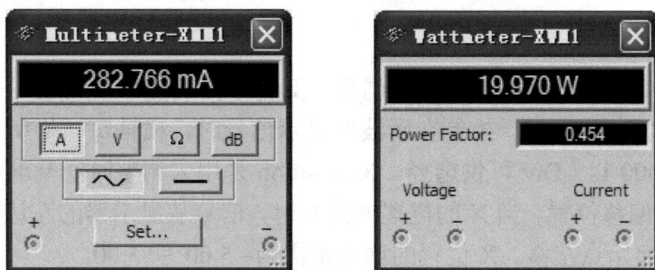

图 3-9　仿真结果

从图 3-9 中可以看到，瓦特表的有功功率为 19.970 W，电路的功率因数为 0.454，电路电流的有效值为 282.766 mA。仿真结果的数值与理论计算的数值基本一致。

3.2.4　示波器

3.2.4.1　双通道示波器

示波器（Oscilloscope）是电子实验中应用最普遍的仪器，用于观察信号波形和测量信号的幅度、周期及频率等参数。

双通道示波器有 A、B 两个通道，可同时观察和测量两路信号，与真实示波器不同的是，其接地线可以接，也可以不接。Ext Trig 为外触发输入端。

选择 Simulate | Instruments | Oscilloscope，得到图 3-10 所示的示波器图标。双击该图标，得到图 3-11 所示的双通道示波器参数设置控制面板。该控制面板主要功能如下。

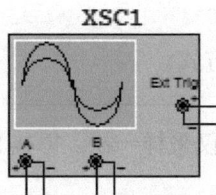

图 3-10　示波器图标

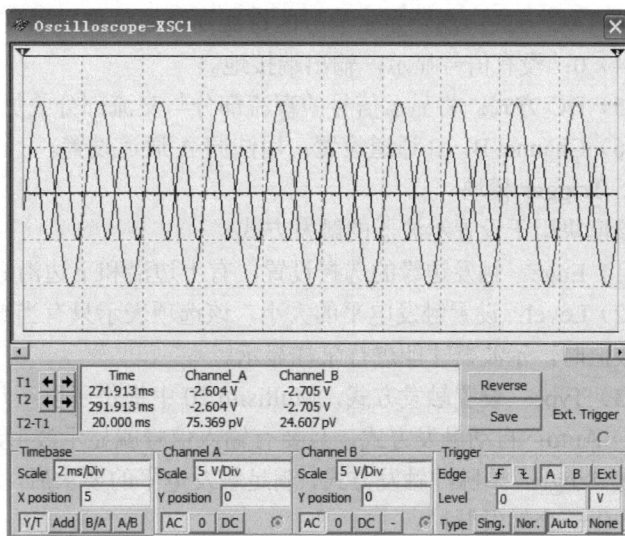

图 3-11　双通道示波器参数设置控制面板

双通道示波器的面板控制设置与真实示波器的设置基本一致，一共分成 4 个模块的控制设置。

1. Timebase 模块

该模块主要用来进行时基信号的控制调整。其各部分功能如下所述。

（1）Scale：X 轴刻度选择。控制在示波器显示信号时，横轴每一格所代表的时间。其基准为 1 fs / Div～1 000 Ts / Div 可供选择。X position 是用来调整时间基准的起始点位置，即控制信号在 X 轴的偏移位置。当 X 的位置调到 0 时，信号从显示器的左边缘开始，正值使起始点右移，负值使起始点左移。X 位置的调节范围为−5.00～+5.00。

（2）Y/T 按钮：选择 X 轴显示时间刻度且 Y 轴显示电压信号幅度的示波器显示方法。

（3）Add：选择 X 轴显示时间及 Y 轴显示的电压信号幅度为 A 通道和 B 通道的输入电压之和。

（4）B/A 或 A/B：选择将 A 通道信号作为 X 轴扫描信号，B 通道信号施加于 Y 轴上；而 A/B 与 B/A 相反。以上这两种方式可用于观察李萨育图形。

2. Channel 模块

该模块用于双通道示波器输入通道的设置。

（1）Channel A：A 通道设置。

（2）Scale：Y 轴的刻度选择。控制在示波器显示信号时，Y 轴每一格所代表的电压刻度。可以根据输入信号大小来选择 Y 轴刻度值的大小，使信号波形在示波器显示屏上显示出合适的幅度。Y position：用来调整示波器 Y 轴方向的原点。当 Y 的位置调到 0 时，Y 轴的起始点与 X 轴重合，如果将 Y 轴位置增加到 1.00，Y 轴原点位置从 X 轴向上移一大格，Y 轴位置的调节范围为−3.00～+3.00。改变 A、B 通道的 Y 轴位置有助于比较或分辨两通道的波形。

（3）AC 方式：滤除显示信号的直流部分，仅仅显示信号的交流部分。

（4）0：没有信号显示，输出端接地。

（5）DC 方式：将显示信号的直流部分与交流部分叠加后进行显示。

（6）Channel B：B 通道设置；用法同 A 通道设置。

3. Trigger 模块

该模块用于设置示波器的触发方式。

（1）Edge：触发边缘的选择设置，有上边沿和下边沿等选择方式。

（2）Level：设置触发电平的大小，该选项表示只有当被显示的信号幅度超过右侧文本框中的数值时，示波器才能进行采样显示。

（3）Type：设置触发方式，Multisim 10 中提供了以下几种触发方式。

① Auto：自动触发方式，只要有输入信号就显示波形。

② Single：单脉冲触发方式，满足触发电平的要求后，示波器仅仅采样一次。每按 Single 一次产生一个触发脉冲。

③ Normal：只要满足触发电平要求，示波器就采样显示输出一次。

4. 示波器显示波形读数

要显示示波形读数的精确值时，可用鼠标将垂直光标拖到需要读取数据的位置。显示屏幕下方的方框内，显示光标与波形垂直相交点处的时间和电压值，以及两光标位置之间的时间、电压的差值。

T1 对应着 T1 的游标指针，T2 对应着 T2 的游标指针。单击 T1 右侧的左右指向的两个箭头，可以将 T1 的游标指针在示波器的显示屏中移动。T2 的使用同理。当波形在示波器的屏幕稳定后，通过左右移动 T1 和 T2 的游标指针，在示波器显示屏下方的条形显示区中，可以显示 T1 和 T2 游标指针所对应的时间和相应时间所对应的 A/B 波形的幅值。通过这个操作，可以简要测量 A/B 两个通道的各自波形的周期和某一通道信号的上升和下降时间。在图 3-11 中 Ext Trigger 表示触发信号输入端，"–"表示示波器的接地端。在 Multisim 10 中，"–"端不接地也可以使用示波器。

单击"Reverse"按钮可改变示波器屏幕的背景（由黑色改为白色）。单击"Save"按钮可按 ASCII 码格式存储波形读数。

示波器应用举例：在 Multisim 10 的仿真电路窗口中建立图 3-12 所示的仿真电路。将函数信号发生器 XFG1 设置为正弦波发生器，幅值为 5 V，频率为 1 kHz。将函数信号发生器 XFG2 设置为正弦波发生器，幅值为 10 V，频率为 500 Hz。

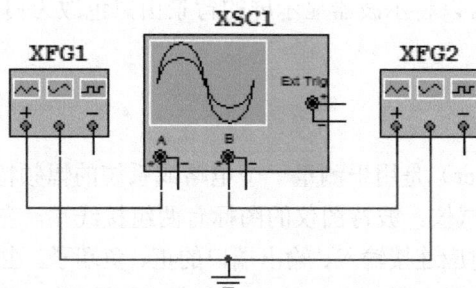

图 3-12　示波器仿真电路

单击 Simulate | Run 开始仿真。结果参见图 3-11。

3.2.4.2　四通道示波器

四通道示波器（4 Channel Oscilloscope），可以同时对 4 路信号进行观察和测量。因而在对 3 路以上信号进行对比观察和测量时，更为方便。

单击 Simulate | Instruments | Four-channel Oscilloscope，得到图 3-13 所示的四通道示波器图标（及连接两信号发生器）。双击该图标并进行调整，得到图 3-14 所示的四通道示波器参数设置控制面板及波形图。该控制面板主要功能如下所述。

从图 3-14 中可以看出，四通道示波器的面板布局、功能和设置与两通道示波器基本一致，不同的仅是通道切换。在 Channel A 区右边有一个 4 挡转换开关的旋钮，默认位置为 A，将鼠标移到旋钮上，在靠近外围字母的位置单击，旋钮的标识指针即指向相应的字母，频道名称随即相应改变。即可对该频道进行参数设置，设置完成后，再切换至其他通道。

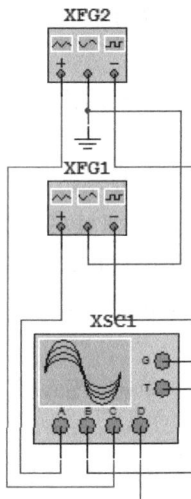

图 3-13 四通道示波器图标

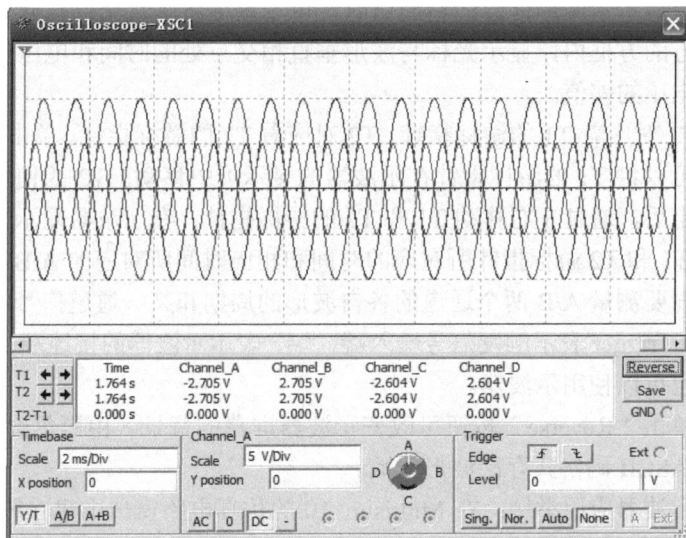

图 3-14 四通道示波器参数设置控制面板

其中，Reverse 按钮可以将示波器显示屏的背景由黑色改为白色。Save 按钮用于保存所显示波形。

3.2.5 波特图仪

波特图仪（Bode Plotter）是用于测量一个电路或系统的幅频特性和相频特性的仪器，类似于实验室的频率特性测试仪。波特图仪的图标有两组接线端，左边接被测电路输入端，右边接输出端。连接时分别对应连接输入、输出端口的正、负端子。由于波特图仪内部无信号源，所以在使用时，必须在电路输入端示意性地接一个交流信号源，但不需进行任何参数设定。

单击 Simulate | Instruments | Bode Plotter，得到图 3-15 所示的波特图仪图标。双击该图标，得到图 3-16 所示的波特图仪内部参数设置控制面板。该控制面板中央分为以下 4 个部分。

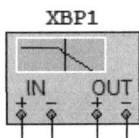

图 3-15 波特图仪图标

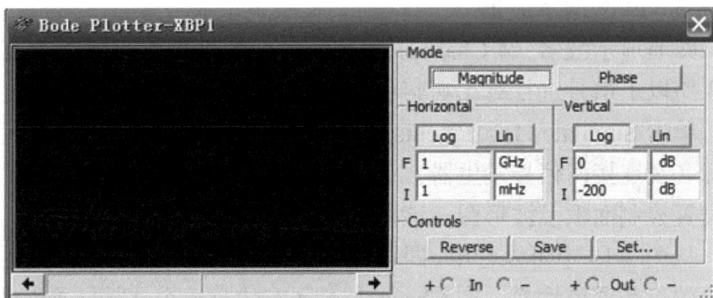

图 3-16 波特图仪面板

1. Mode

该区域是输出方式选择区。

（1）Magnitude：用于显示被测电路的幅频特性曲线。

（2）Phase：用于显示被测电路的相频特性曲线。

2. Horizontal

该区域是水平坐标（X 轴）的频率显示格式设置区，水平轴总是显示频率的数值。

（1）Log：水平坐标采用对数的显示格式。

（2）Lin：水平坐标采用线性的显示格式。

（3）F：水平坐标（频率）的最大值；I：水平坐标（频率）的最小值。

3. Vertical

该区域是垂直坐标的设置区。

（1）Log：垂直坐标采用对数的显示格式；Lin：垂直坐标采用线性的显示格式。

（2）F：垂直坐标（频率）的最大值；I：垂直坐标（频率）的最小值。

4. Controls

该区是输出控制区。

（1）Reverse：将示波器显示屏的背景色由黑色改为白色。

（2）Save：保存显示的频率特性曲线及相关的参数设置。

（3）Set：设置扫描的分辨率。

坐标数值的读数要得到特性曲线上任意点的频率、增益或相位差，可用鼠标拖动读数指针（位于波特图仪中的垂直光标），或者用读数指针移动按钮来移动读数指针（垂直光标）到需要测量的点，读数指针（垂直光标）与曲线交点处的频率和增益或相位角的数值显示在读数框中。

分辨率设置 Set 按钮用来设置扫描的分辨率，单击 Set 按钮，出现分辨率设置对话框，数值越大分辨率越高。Save 按钮用于保存测量结果。

在波特图仪内部参数设置控制面板的最下方有 In 和 Out 两个按钮。它们分别对应图 3-15 中的 In 和 Out 两个接口。In 是被测量信号输入端口，"+" 和 "–" 信号分别接入被测信号的正端和负端；Out 是被测量信号输出端口，"+" 和 "–" 信号分别接入仿真电路的正端和负端。

波特图仪使用举例：创建仿真电路如图 3-17 所示，提取波特图仪图标，将其输入、输出端子分别与电路连接。打开仿真开关，过一会儿再将其关闭。

双击波特图仪图标，将其面板打开。在 Horizontal 区，调节 F 的单位为 MHz。在 Horizontal 区，调节 I 的单位为 Hz。在 Vertical 区，调节 F 的数值为 20。在 Vertical 区，调节 I 的数值为–100。屏幕显示就是该电路的幅频特性曲线，如图 3-18 所示。在 Controls 区，单击 Reverse 按钮可反转显示屏背景颜色。

从屏幕左侧读数指针拖至曲线最高点，单击屏幕下面两端的黑箭头，可以精确调节指针的位置。屏幕下面左侧显示指针处的频率，右侧显示指针处的增益。

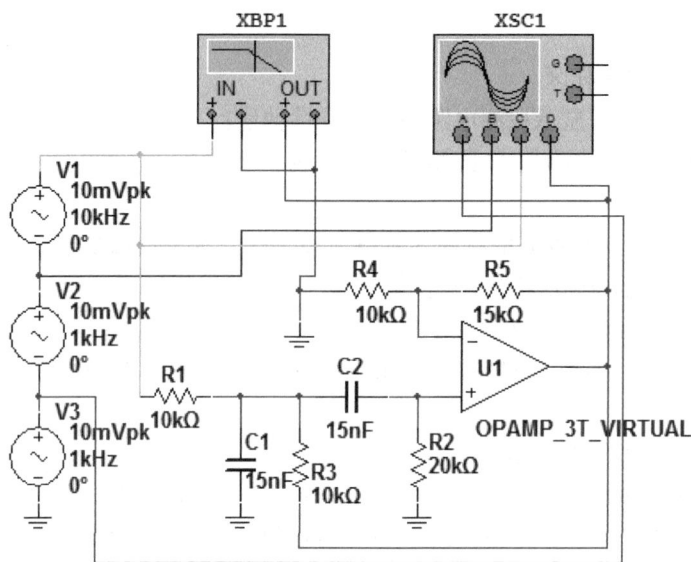

图 3-17 波特图仪使用举例

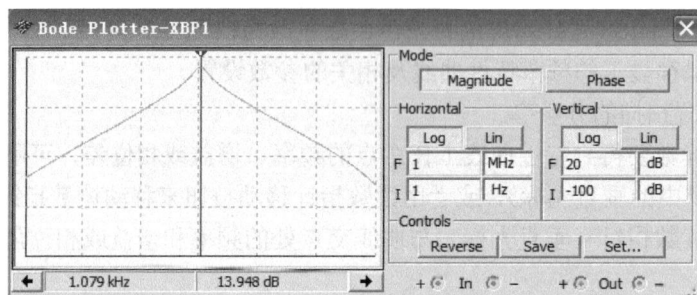

图 3-18 图 3-17 所示电路的幅频特性

单击 Phase 按钮，显示转换为相频特性曲线。在 Vertical 区，调节 F 的数值为 180。在 Vertical 区，调节 I 的数值为-180。这就是该电路的相频特性曲线。如图 3-19 所示。

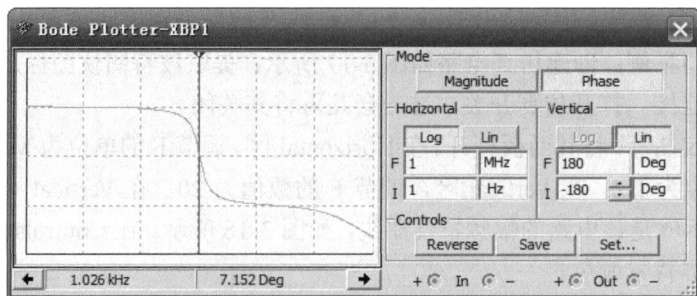

图 3-19 图 3-17 所示电路的相频特性

3.2.6　数显频率计

数显频率计（Frequency Counter）是电子实验中的常用仪器之一，该仪器与真实的频率计一样，可以用来测量数字信号的频率、周期、相位及脉冲信号的上升沿和下降沿。

单击 Simulate | Instruments | Frequency Counter，得到图 3-20（a）所示的频率计图标。双击该图标，便可以得到图 3-20（b）所示的频率计内部参数设置控制面板。上方为数据显示屏幕，该控制面板中央共分 5 个部分。

（1）Measurement 区：参数测量区。

① Freq：用于测量频率。

② Period：用于测量周期。

③ Pulse：用于测量正/负脉冲的持续时间。

④ Rise/Fall：用于测量上升沿/下降沿的时间。

（2）Coupling 区：用于选择电流耦合方式。

① AC：选择交流耦合方式。

② DC：选择直流耦合方式。

（3）Sensitivity（RMS）区：主要用于灵敏度的设置。

（4）Trigger Level 区：主要用于灵敏度的设置。

（5）Slow Change Signal 区：用于动态地显示被测的频率值。

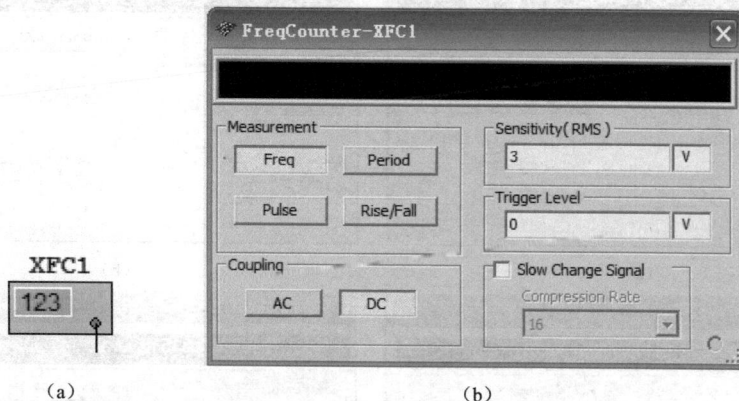

图 3-20　数显频率计的图标和面板

数显频率计使用举例：创建仿真电路如图 3-21 所示，提取频率计图标，连接于电路输出端。打开仿真开关，过一会儿再将其关闭。双击频率计图标，将其面板打开。Measurement 区的 Freq 按钮，默认为按下状态，显示被测信号的频率。按下 Period 按钮，显示被测信号周期。按下 Pulse 按钮，左侧显示正脉冲时间，右侧显示负脉冲时间。按下 Rise/Fall 按钮，左侧显示上升沿时间，右侧显示下降沿时间。其运行结果如图 3-22 所示。

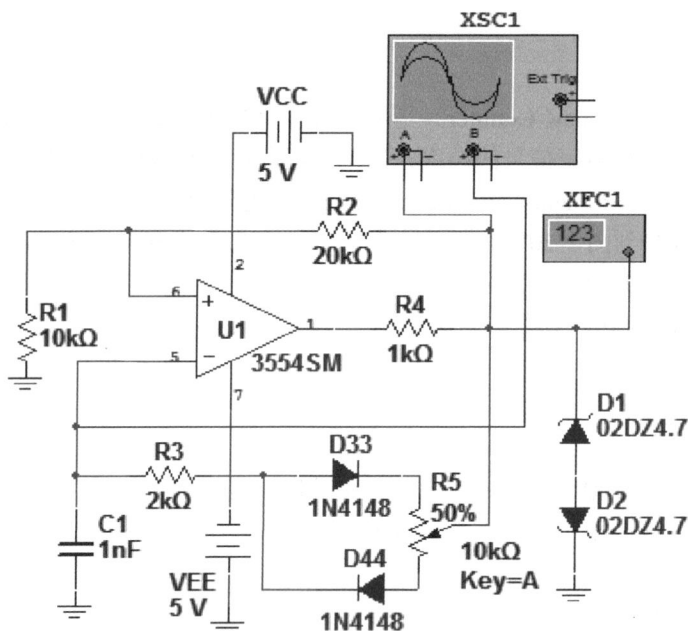

图 3-21 数显频率计使用举例

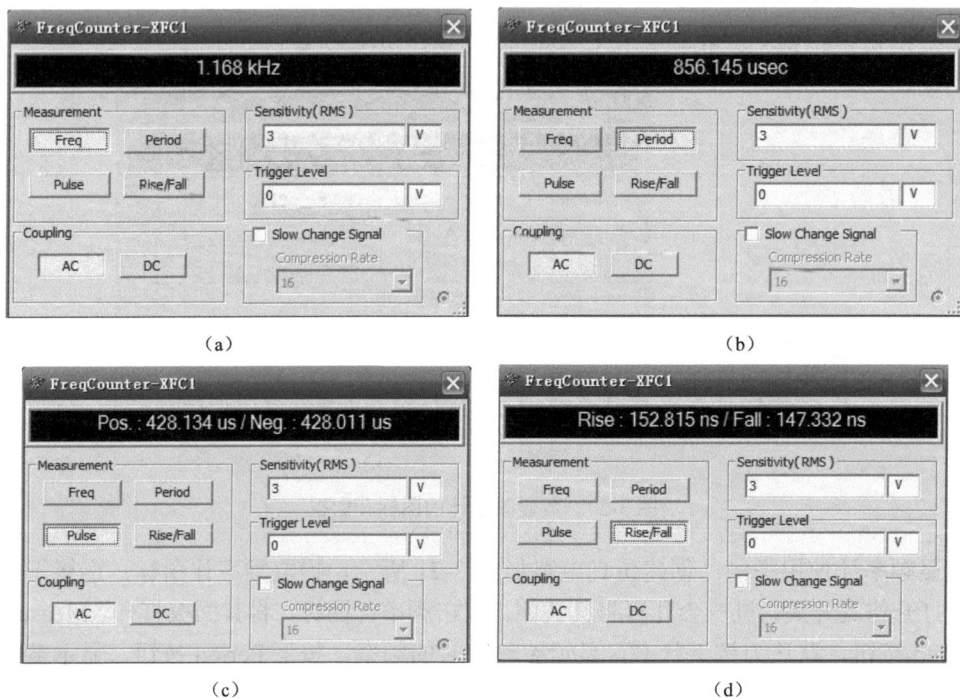

（a）

（b）

（c）

（d）

图 3-22 图 3-21 数显频率计使用举例频率参数测量

3.2.7　字信号发生器

字信号发生器（Word Generator）是一个最多能够产生 32 位同步数字逻辑信号的仪器，用于对数字电路进行测试，是一个通用的数字输入编辑器，也称为数字逻辑信号源。

单击 Simulate | Instruments | Word Generator，得到图 3-23（a）所示的字信号发生器的图标。字信号发生器的图标左侧有 0～15 共 16 个输出端，右侧有 16～31 也是 16 个输出端，任何一个都可以用作数字电路的输入信号。另外，R 为备用信号端，T 为外触发输入端。

双击图 3-23（a）中的字信号发生器图标，便可以得到图 3-23（b）所示的字信号发生器内部参数设置控制面板。该控制面板大致分为 5 个部分。

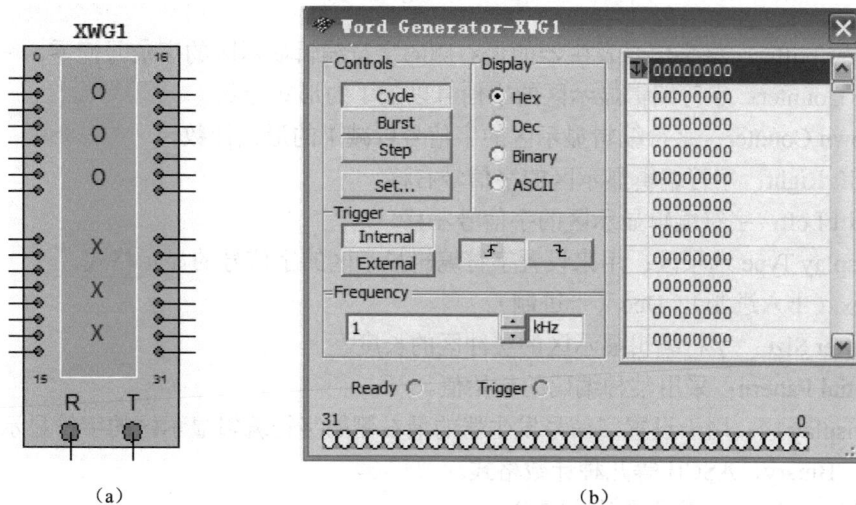

图 3-23　字信号发生器的图标和面板

（1）Controls 区：输出字符控制，用来设置字信号发生器最右侧的字符编辑显示区字符信号的输出方式，有下列 3 种模式。

① Cycle：在已经设置好的初始值和终止值之间循环输出字符。

② Burst：每单击一次，字信号发生器将从初始值开始到终止值之间的逻辑字符输出一次，即单页模式。

③ Step：每单击一次，输出一条字信号。即单步模式。

单击 Set 按钮，弹出图 3-24 所示的对话框。该对话框主要用来设置字信号的变化规律。其中各参数含义如下所述。

① No Change：保持原有的设置。

② Load：装载以前的字信号变化规律的文件。

③ Save：保存当前的字信号变化规律的文件。

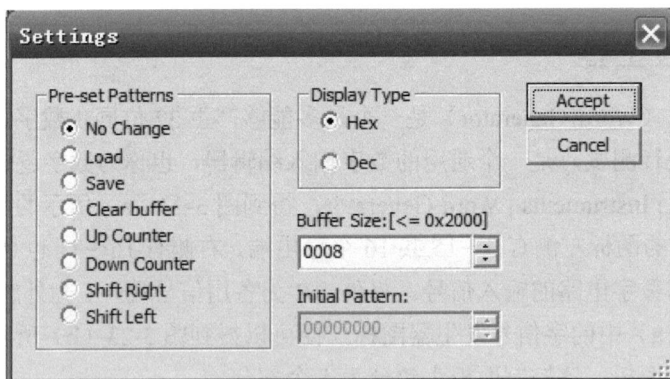

图 3-24　Settings 对话框

④ Clear buffer：将字信号发生器的最右侧的字符编辑显示区的字信号清零。

⑤ Up Counter：字符编辑显示区的字信号以加 1 的形式计数。

⑥ Down Counter：字符编辑显示区的字信号以减 1 的形式计数。

⑦ Shift Right：字符编辑显示区的字信号右移。

⑧ Shift Left：字符编辑显示区的字信号左移。

⑨ Display Type 选项区：用来设置字符编辑显示区的字信号的显示格式。

⑩ Hex（十六进制），Dec（十进制）。

⑪ Buffer Size：字符编辑显示区的缓冲区的长度。

⑫ Initial Pattern：采用某种编码的初始值。

（2）Display 区：用于设置字信号发生器的最右侧的字符编辑显示区的字符显示格式，有 Hex、Dec、Binary、ASCII 等几种计数格式。

（3）Trigger 区：用于设置触发方式。

① Internal：内部触发方式，字符信号的输出由 Controls 区的 3 种输出方式中的某一种来控制。

② External：外部触发方式，此时，需要接入外部触发信号。右侧的两个按钮用于外部触发脉冲的上升沿或下降沿的选择。

（4）Frequency 区：用于设置字符信号输出时钟频率。

（5）字符编辑显示区：字信号发生器的最右侧的空白显示区，用来显示字符。

应用示例：字信号发生器在数字信号电路的处理中有着极为广泛的应用。单击字信号发生器控制面板右侧的字信号预览窗口的顶部，以便设置循环输出的字信号的起始位置。右击窗口的顶部，选择 Set Cursor，设置起点。将鼠标移动到所需的位置右击，选择 Set Final Position，选择字信号循环的终点。也可以在 Set 对话框中，单选 Up Count，然后在 Buffer Size 直接输入 0008 即可。

设置完毕后，在字信号发生器的 Display 选项区选择输出信号的模式。本例中，选择 Binary

（二进制）。输出的字信号为 0～7。按照对应关系在电路窗口中建立图 3-25 所示的仿真电路。启动仿真开关进行仿真并观测结果，如图 3-25 所示。

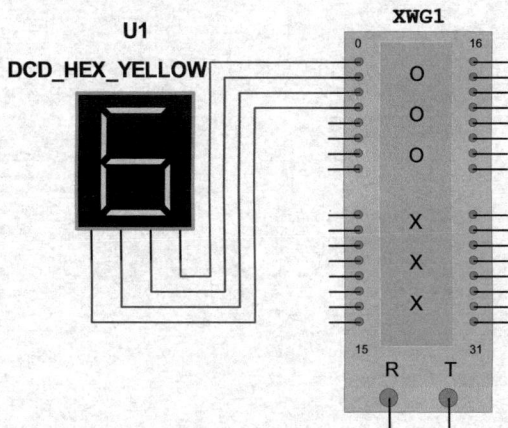

图 3-25　字信号发生器应用示例

图 3-25 所示电路中，用一个虚拟的七段数码管来显示字信号发生器所产生的循环代码。在本例中，七段数码管循环显示 0～7 的数字，表明仿真结果和仿真操作是正确的。

3.2.8　逻辑分析仪

逻辑分析仪（Logic Analyzer）可以同步显示和记录 16 路逻辑信号，用于对数字逻辑信号的高速采集和时序分析。其功能类似于示波器，只不过逻辑分析仪可以同时显示 16 路信号，而示波器最多可以显示 4 路信号。

单击 Simulate | Instruments | Logic Analyzer，得到图 3-26（a）所示的逻辑分析仪的图标。逻辑分析仪的图标左侧有 1～F 共 16 个输入端，使用时接到被测电路的相关节点。图标下部也有 3 个端子，C 是外时钟输入端，Q 是时钟控制输入端，T 是触发控制输入端。双击图标得到图 3-26（b）所示的逻辑分析仪内部参数设置控制面板。该控制面板主要功能如下所述。

图 3-26（b）所示上半部分的黑色区域为逻辑信号的显示区域。

（1）Stop：停止逻辑信号波形的显示。

（2）Reset：清除显示区域的波形，重新仿真。

（3）Reverse：将逻辑信号波形显示区域由黑色变为白色。

（4）T1：游标 1 的时间位置。左侧的空白处显示游标 1 所在位置的时间值，右侧的空白处显示该时间处所对应的数据值。

（5）T2：游标 2 的时间位置。意义同上。

（6）T2–T1：显示游标 T2 与 T1 的时间差。

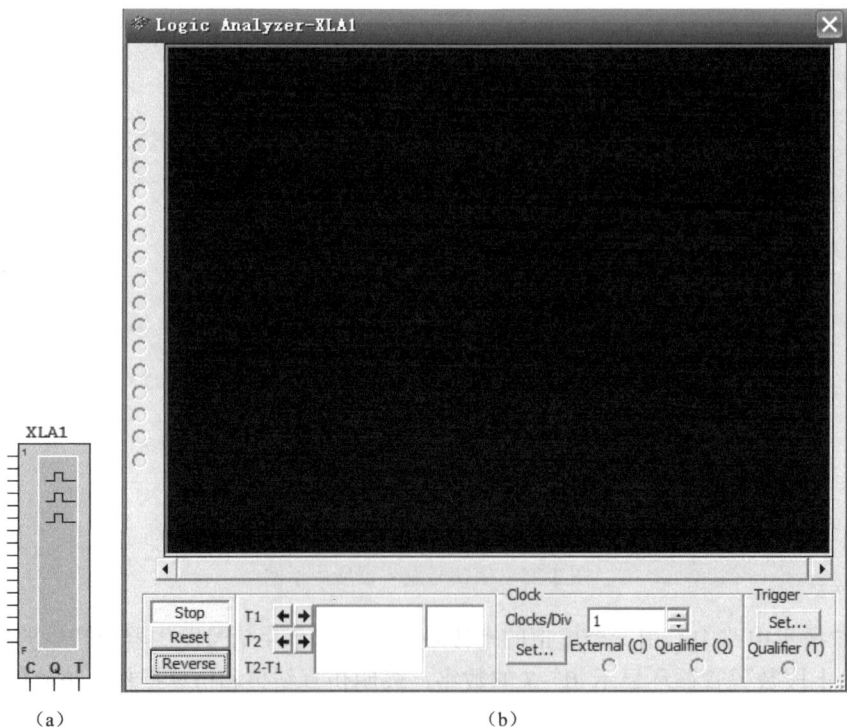

图 3-26 逻辑分析仪的图标和面板

（7）Clock 区：时钟脉冲设置区。其中，Clocks | Div 用于设置每格所显示的时钟脉冲个数。

单击 Clock 区的 Set 按钮，弹出图 3-27 所示的对话框。其中，Clock Source 用于设置触发模式，有内触发和外触发两种模式；Clock Rate 用于设置时钟频率，仅对内触发模式有效；Sampling Setting 用于设置取样方式，有 Pre-trigger Samples（触发前采用）和 Post-trigger

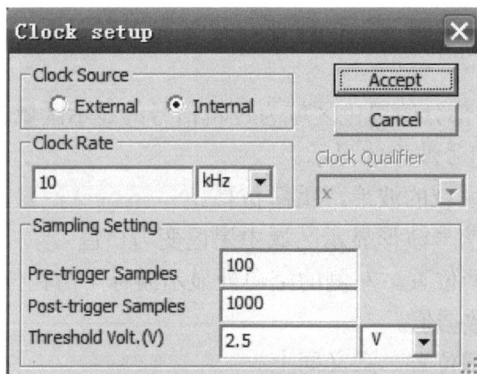

图 3-27 Clock setup 对话框

Samples（触发后采样）两种方式；Threshold Volt（V）用于设置门限电平。

（8）Trigger 区：触发方式控制区。单击 Set 按钮，弹出 Trigger Settings 对话框，如图 3-28 所示。其中共分为 3 个区域。

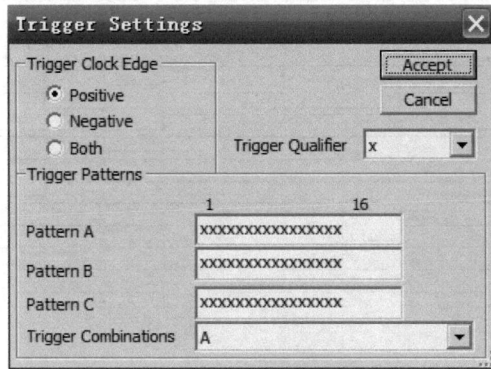

图 3-28　Trigger Settings 对话框

Trigger Clock Edge 用于设置触发边沿，有上升沿触发、下降沿触发及上升沿和下降沿都触发 3 种方式。Trigger Qualifier 用于触发限制字设置。X 表示只要有信号逻辑分析仪就采样，0 表示输入为零时开始采样，1 表示输入为 1 时开始采样。Trigger Patterns 用于设置触发样本，可以通过文本框和 Trigger Combinations 下拉列表框设置触发条件。

应用示例：用逻辑分析仪观察 74LS138D 的输出波形。

在工作区中建立电路如图 3-29 所示。将字信号发生器的扫描频率设置为 100 Hz，在最右侧的字符编辑窗口中，直接单击某一个数值，即可修改该数值，字信号发生器设定为：Cycle

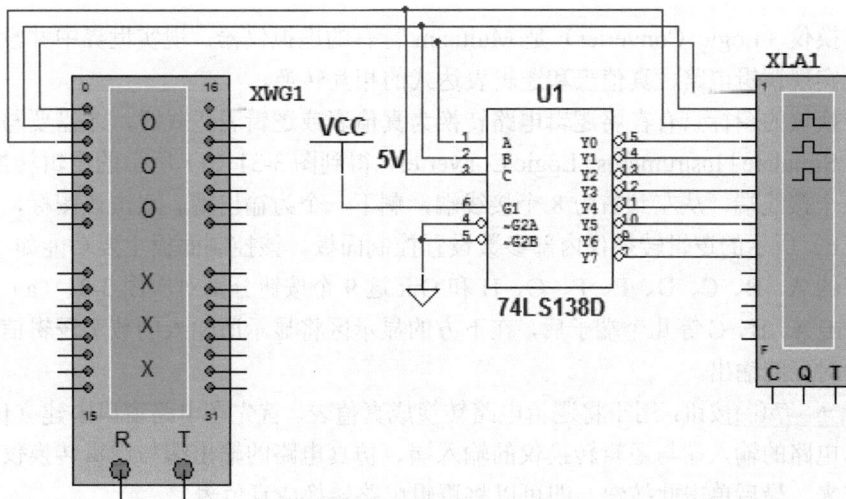

图 3-29　逻辑分析仪应用示例

（循环）输出。以 Up Count 方式产生 8 个字信号（0～7）。逻辑分析仪的扫描频率也设置为 100 Hz，每个显示 1 个脉冲。逻辑分析仪的测试结果如图 3-30 所示。

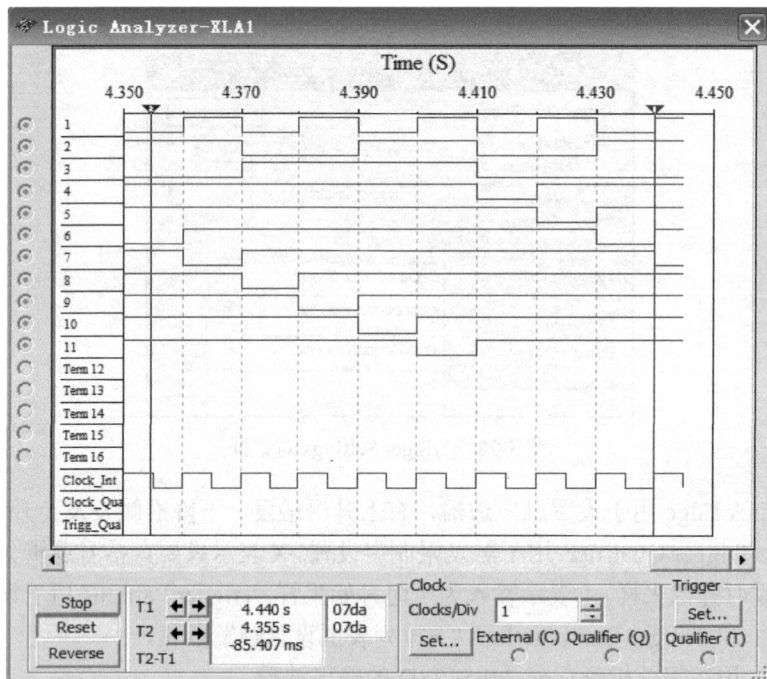

图 3-30   逻辑分析仪的测试结果

3.2.9   逻辑转换仪

逻辑转换仪（Logic Converter）是 Multisim 特有的虚拟仪器，现实世界中并没有这种仪器，它可以实现逻辑电路、真值表和逻辑表达式的相互转换。

逻辑转换仪的图标只有在将逻辑电路转换为真值表或逻辑表达式时，才需要与逻辑电路连接。单击 Simulate | Instruments | Logic Converter，得到图 3-31（a）所示的逻辑转换仪图标。其中共有 9 个接线端，从左到右为 8 个接线端，剩下一个为输出端。双击该图标，便可以得到图 3-31（b）所示的逻辑转换仪内部参数设置控制面板。该控制面板主要功能如下所述。

最上方的 A、B、C、D、E、F、G、H 和 Out 这 9 个按钮分别对应图 3-31（a）中的 9 个接线端。单击 A、B、C 等几个端子后，在下方的显示区将显示所输入的数字逻辑信号的所有组合及其所对应的输出。

⊐→ → ¹⁰¹ 按钮：用于将逻辑电路转换成真值表。首先在电路窗口中建立仿真电路，然后将仿真电路的输入端与逻辑转换仪的输入端、仿真电路的输出端与逻辑转换仪的输出端各自连接起来，最后单击此按钮，即可以将逻辑电路转换成真值表。

¹⁰¹ → AIB 按钮：用于将真值表转换为最小项之和形式的表达式。单击 A、B、C 等

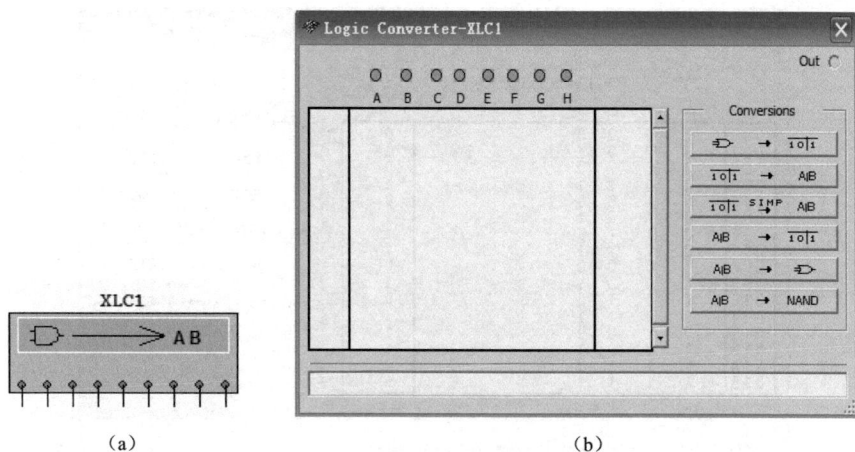

（a）　　　　　　　　　　　　　　（b）

图 3-31　逻辑转换仪的图标和面板

几个端子，在下方的显示区中将列出所输入的数字逻辑信号的所有组合及其所对应的输出，然后单击此按钮，即可以将真值表转化成逻辑表达式。

[10|1　SIMP　A|B] 按钮：用于将真值表转化成最简表达式。

[A|B　→　10|1] 按钮：用于将逻辑表达式转换成真值表。

[A|B　→　▷] 按钮：用于将逻辑表达式转换成组合逻辑电路。

[A|B　→　NAND] 按钮：用于将逻辑表达式转换成由与非门所组成的组合逻辑电路。

本书以图 3-32 所示四舍五入电路为例，说明逻辑转换仪的功能，操作步骤如下。

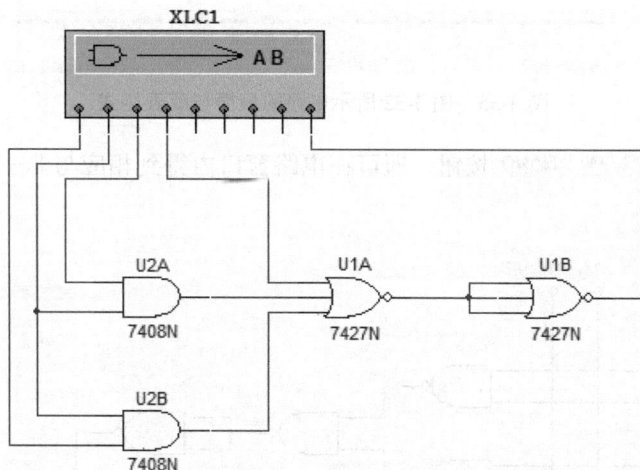

图 3-32　四舍五入电路

（1）先将逻辑电路的输入/输出端连接到逻辑转换仪的输入/输出端子，然后单击 [▷　→　10|1] 按钮，得到相应的真值表，如图 3-33 所示。

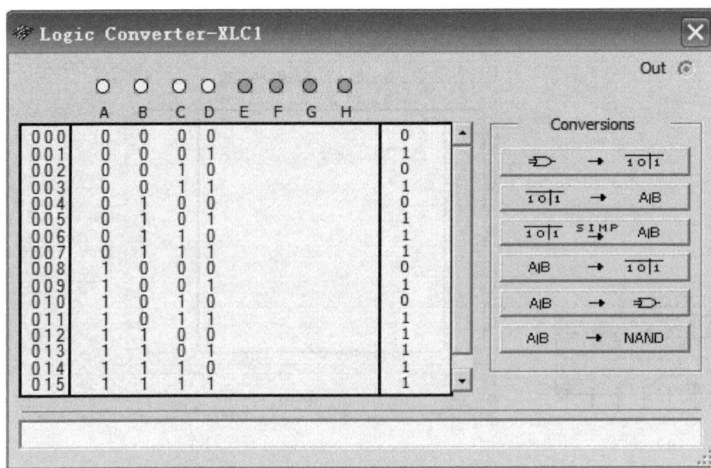

图 3-33　图 3-32 所示电路的真值表

（2）单击 `10|1` → `A|B` 按钮，即可得到真值表对应的最小项之和形式逻辑表达式，如图 3-34 所示。

A'B'C'D+A'B'CD+A'BC'D+A'BCD'+A'BCD+AB'C'D+AB'CD+ABC'D'+ABC'D+ABCD'+ABCD

图 3-34　图 3-32 所示电路的逻辑表达式

（3）单击 `10|1` SIMP `A|B` 按钮，将真值表转化成最简表达式，如图 3-35 所示。

AB+BC+D

图 3-35　图 3-32 所示电路的最简与或表达式

（4）单击 `A|B` → `NAND` 按钮，即可在电路窗口内得到相应与非—与非形式的逻辑电路。如图 3-36 所示。

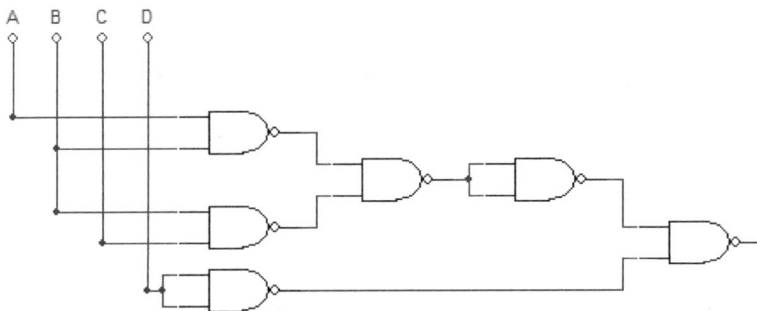

图 3-36　图 3-32 所示电路的与非—与非形式的逻辑电路

3.2.10　伏安特性分析仪

IV 分析仪（IV Analyzer）是测量二极管、晶体管和 MOS 管伏安特性曲线的仪器，等同于现实的晶体管特性曲线测试仪。

单击 Simulate | Instruments | IV Analyzer，得到图 3-37（a）所示的 IV 分析仪图标。其中共有 3 个接线端，从左到右的 3 个接线端分别接三极管的 3 个电极。在选择了器件类型后，面板接线端口会出现相应的连接提示，按提示连接即可。

双击图 3-37（a）所示 IV 分析仪图标，便可以得到图 3-37（b）所示的 IV 分析仪内部参数设置控制面板。该控制面板主要功能如下所述。

（1）Components 区：伏安特性测试对象选择区，有 Diode（二极管）、晶体管、MOS 管等选项。

（2）Current Range（A）区：电流范围设置区，有 Log（对数）和 Lin（线性）两种选择。

（3）Voltage Range（V）区：电压范围设置区，有 Log（对数）和 Lin（线性）两种选择。

（4）Reverse：转换显示区背景颜色。

（5）Simulate Param：仿真参数设置区。

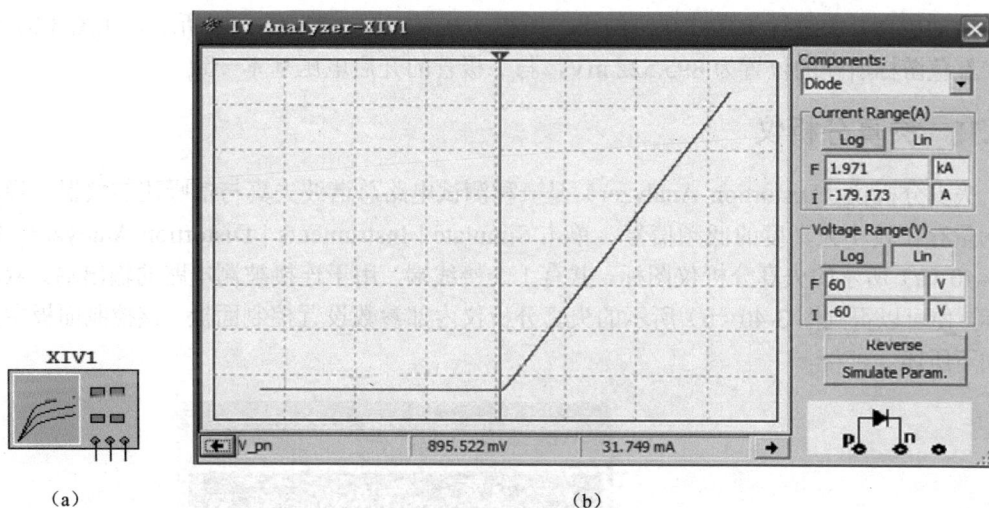

图 3-37　伏安特性分析仪的图标和面板

下面应用 IV 分析仪来测量二极管 PN 结的伏安特性曲线。将图 3-37（b）中的 Components 区参数设置为 Diode，则 IV 分析仪右下角的 3 个接线端依次为 P、n、空闲。在 Multisim 10 中建立仿真电路如图 3-38 所示。单击 IV 分析仪的 Simulate Param 按钮，弹出图 3-39 所示的对话框。该对话框用于设置仿真时二极管 PN 结两端的电压的起始值和终止值及步进增量。在本例中保持默认设置，单击 OK 按钮，完成参数设置。

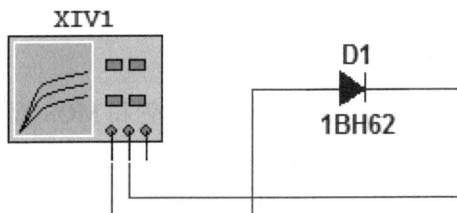

图 3-38 二极管 PN 结的伏安特性曲线

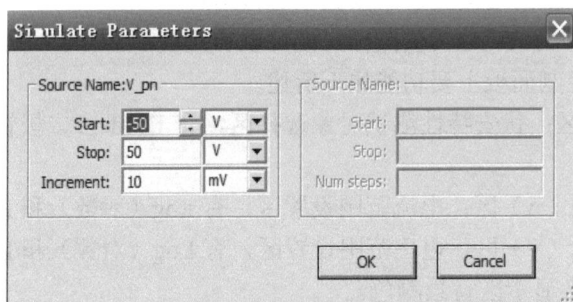

图 3-39 Simulate Parameters 对话框

启动仿真开关进行仿真并观测结果。所得的结果如图 3-37（b）中所示。在图 3-37（b）中，红色游标所在的位置为 895.522 mV，与二极管的开启电压基本一致。

3.2.11 失真分析仪

失真分析仪（Distortion Analyzer）是一种测试电路总谐波失真与信噪比的仪器。经常用于测量存在较小失真度的低频信号。单击 Simulate | Instruments | Distortion Analyzer，得到图 3-40（a）所示的失真分析仪图标。共有 1 个接线端，用于连接被测电路的输出端。双击该图标，便可以得到图 3-40（b）所示的失真分析仪内部参数设置控制面板。该控制面板主要功能如下所述。

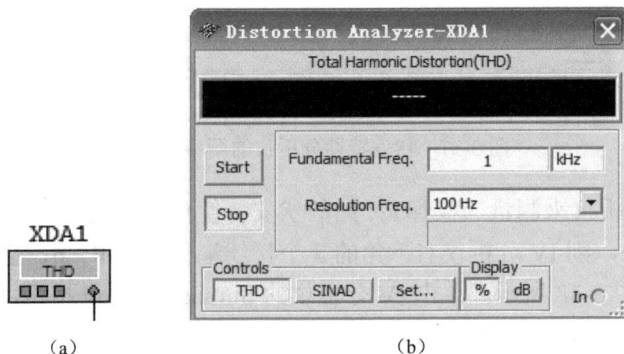

（a）　　　　　　　　　　（b）

图 3-40 失真分析仪的图标和面板

（1）Total Harmonic Distortion（THD）：总的谐波失真显示区。

（2）Start：启动失真分析按钮。

（3）Stop：停止失真分析按钮。

（4）Fundamental Freq：设置失真分析的基频。

（5）Resolution Freq：设置失真分析的频率分辨率。

（6）THD：显示总的谐波失真。

（7）SINAD：显示信噪比。

（8）Set 按钮：测试参数对话框设置。单击该按钮，弹出图 3-41 所示的对话框。该对话框有如下选项：THD Definition 用于设置总的谐波失真的定义方式，有 IEEE 和 ANSI/IEC 两种选择；Harmonic Num. 用于设置谐波分析的次数；FFT Points 用于设置傅里叶变换的点数。默认数值为 1 024 点。

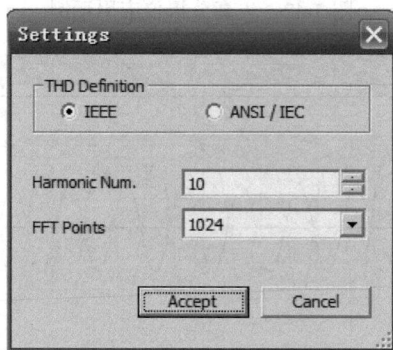

图 3-41　Settings 对话框

（9）Display 区：用于设置显示模式；有百分比和分贝两种显示模式。

（10）In：用于连接被测电路的输出端。

谐波失真用来表示检测非线性失真的结果。非线性失真的定义是输入信号经过处理后，理想上输出只有基频信号的频带，但由于谐振现象而在原始声波的基础上生成 2 次、3 次甚至多次谐波，这些谐波是原始信号频率的整数倍，如 1 000 Hz 的谐波就生成 2 kHz、3 kHz 等。总谐波失真是指输出信号中除基波频率外，所有其他频率成分之和，通常用百分数来表示。

应用示例：创建一共射放大电路，如图 3-42 所示，提取失真分析仪图标，接于被测电路的输出端。双击示波器和失真分析仪图标，将它们的面板打开。再打开仿真开关，示波器显示输入和输出信号波形，如图 3-43 所示。失真分析仪显示总谐波失真的百分比，如图 3-44 所示。按下 dB 按钮，显示用分贝表示的总谐波失真值，如图 3-45 所示。按下 SINAD 按钮，显示输出的信号噪声比，如图 3-46 所示。

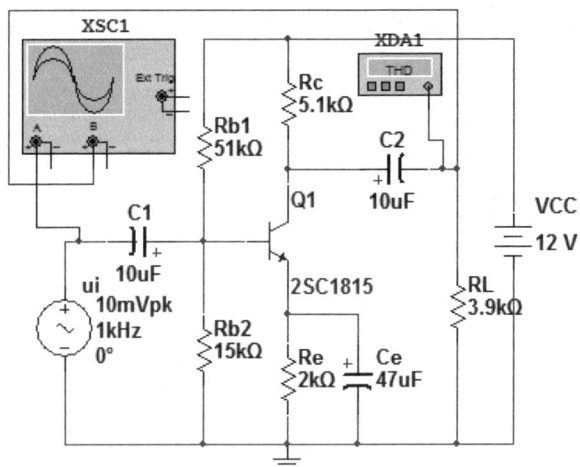

图 3-42   失真分析仪应用示例

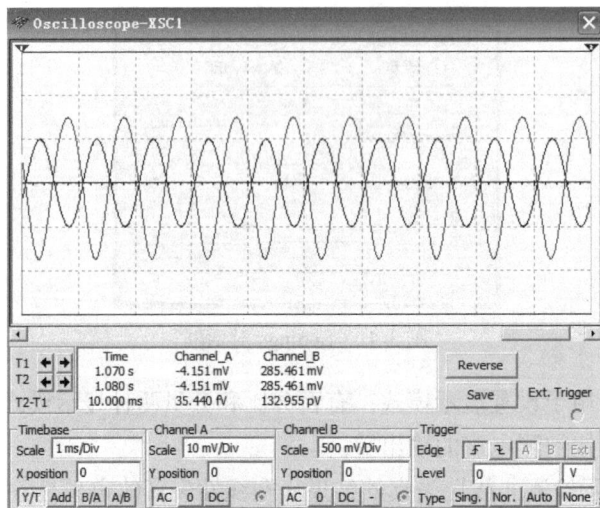

图 3-43   示波器显示输入和输出信号波形

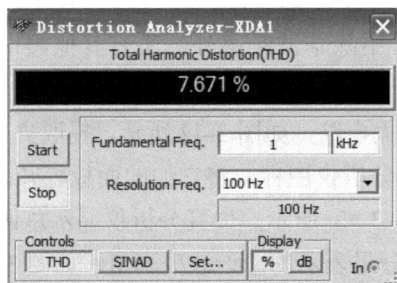

图 3-44   失真分析仪显示总谐波失真的百分比

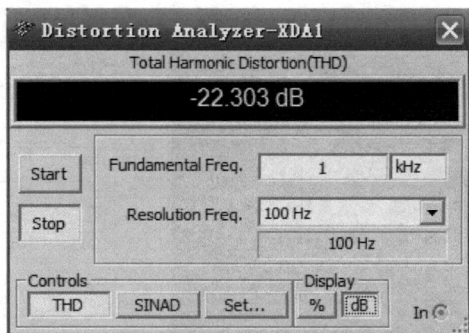

图 3-45　失真分析仪显示用分贝表示的总谐波失真值

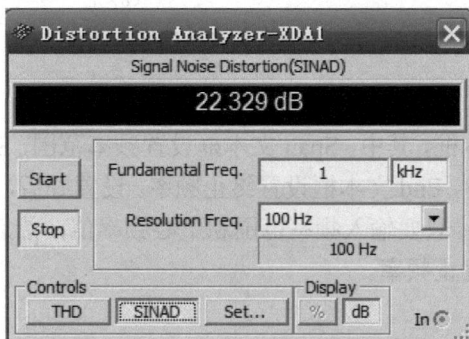

图 3-46　失真分析仪显示输出的信号噪声比

3.2.12　频谱分析仪

频谱分析仪可以用来分析信号在一系列频率下的功率谱，确定高频电路中各频率成分的存在性。它广泛应用于信号的纯度和稳定性分析、放大电路的非线性分析及信号电路的故障诊断等方面。Multisim 提供的频谱分析仪频率范围上限为 4 GHz。

单击 Simulate | Instruments | Spectrum Analyzer，得到图 3-47（a）所示的频谱分析仪图标。其中，IN 为信号输入端子，T 为外触发信号端子。双击该图标，得到图 3-47（b）所示的频谱分析仪面板，面板可分为 6 部分。频谱显示区内横坐标表示频率值，纵坐标表示某频率处信号的幅值（在 Amplitude 选项区中可以选择 dB、dBm、Lin 3 种显示形式）。用游标可显示所对应波形的精确值。

1. Span Control 选项区

该区域包括 3 个按钮，用于设置频率范围，3 个按钮的功能如下。

（1）Set Span 按钮，频率范围可在 Frequency 选项区中设定。

（2）Zero Span 按钮，仅显示以中心频率为中心的小范围内的权限，此时在 Frequency 选项区仅可设置中心频率值。

（3）Full Span 按钮，频率范围自动设为 0～4 GHz。

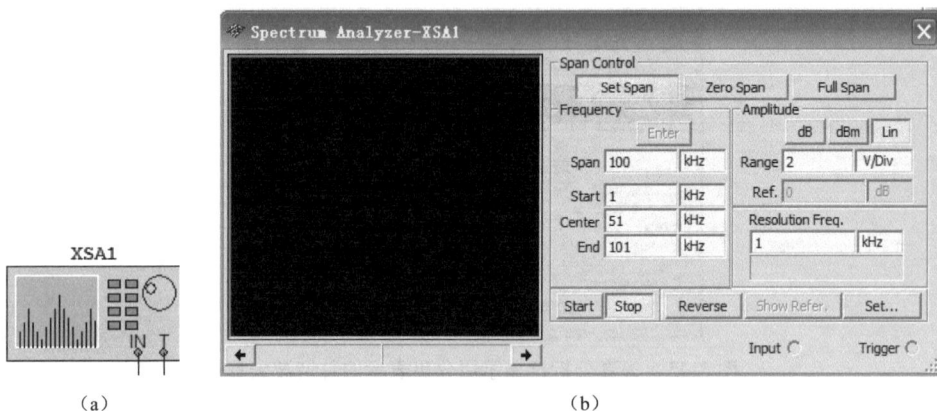

图 3-47　频谱分析仪的图标和面板

2. Frequency 选项区

该选项区包括 4 个文本框，其中，Span 文本框设置频率范围，Start 文本框设置起始频率，Center 文本框设置中心频率，End 文本框设置终止频率。设置好后，单击 Enter 按钮确定参数。注意，在 Set Span 方式下，只要输入频率范围和中心频率值，然后单击 Enter 按钮，软件可以自动计算出起始频率和终止频率。

3. Amplitude 选项区

该选项区用于选择幅值 U 的显示形式和刻度，其中 3 个按钮的作用如下。

（1）dB 按钮，设定幅值用波特图的形式显示，即纵坐标刻度的单位为 dB。

（2）dBm 按钮，当前刻度可由 $10 \lg (U/0.775)$ 计算而得，刻度单位为 dBm，该显示形式主要应用于终端电阻为 600 Ω 的情况，以方便读数。

（3）Lin 按钮，设定幅值坐标为线性坐标。

Range 文本框用于设置显示屏纵坐标每格的刻度值。Ref 文本框用于设置纵坐标的参考线，参考线的显示与隐藏可以通过 Control 选项区的 Show Refer 按钮控制。参考线的设置不适用于线性坐标的曲线。

4. Resolution Freq 选项区

用于设置频率分辨率，其数值越小，分辨率越高，但计算时间也会相应延长。

5. 控制按钮区

该区域包含 5 个按钮，下面分别介绍各按钮的功能。

（1）Start 按钮，启动分析。

（2）Stop 按钮，停止分析。

（3）Reverse 按钮，使显示区的背景反色。

（4）Show Refer/Hide Refer 按钮，用来控制是否显示参考线。

（5）Set 按钮，用于进行参数的设置。

3.2.13　端口网络分析仪

端口网络分析仪（Network Analyzer）主要用来测试电路中的双端口网络，如高频电路中的混频器。Multisim 提供的网络分析仪可以测量电路的 S 参数并计算出 H、Y、Z 参数。通过端口网络分析仪对电路及其元器件的特性进行分析，用户可以了解电路的布局，以及使用的元器件是否符合规范。

单击 Simulate | Instruments | Network Analyzer，得到图 3-48（a）所示的网络分析仪的图标。该仪器有两个接线端，用于连接被测端点和外部触发器。双击该图标，便可以得到图 3-48（b）所示的网络分析仪内部参数设置控制面板。网络分析仪控制面板共分为 5 个区域。

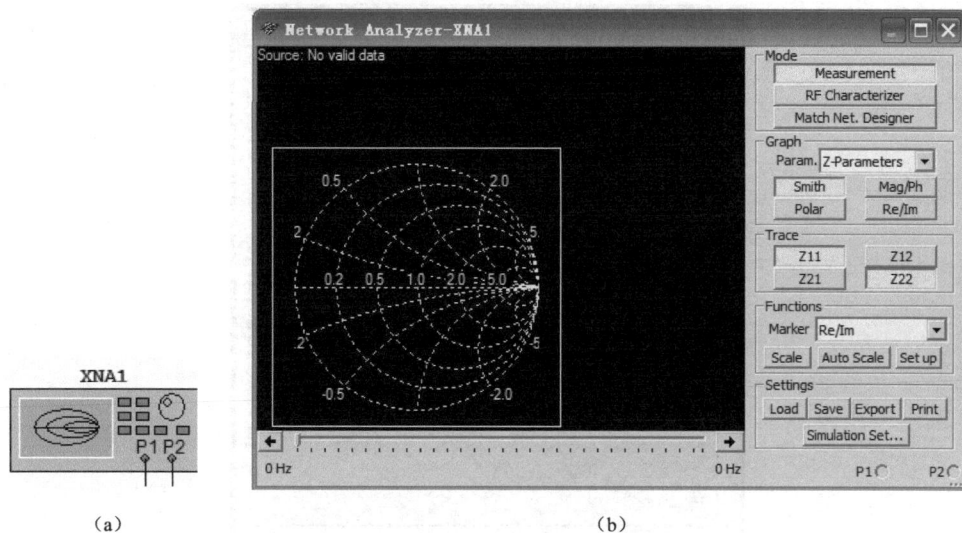

图 3-48　端口网络分析仪的图标和面板

1. Mode 区：设置分析模式

Measurement：设置网络分析仪为测量模式。

RF Characterizer：设置网络分析仪为射频电路分析模式。

Match Net. Designer：设置网络分析仪为高频分析模式。

2. Graph 区：设置分析参数及其结果显示模式

Param：参数选择下拉菜单，有 S-Parameters、H-Parameters、Y-Parameters、Z-Parameters、Stability factor（稳定度）等选项。

Smith（史密斯模式）、Mag/Ph（波特图方式）、Polar（极化图）、Re/Im（虚数/实数方式显示）：用于设置显示格式。

3. Trace：用于显示所要显示的具体参数

单击需要显示参数的按钮即可。

4. Functions 区：设置输出参数的数据显示模式

Marker：用于设置仿真结果显示方式。有 Re/Im（虚部/实部）、Polar（极坐标）和 dB Mag/Ph（分贝极坐标）3 种形式。

Scale：纵轴刻度调整。

Auto Scale：由程序自动生成刻度参数。

Set up：用于设置频谱仪数据显示窗口显示方式。单击该按钮后弹出图 3-49 所示的对话框。

在图 3-49 所示的对话框中，可以对频谱仪显示区的曲线宽度、颜色，网格的宽度、颜色，图片框的颜色等参数进行设置。在图 3-49 所示的 Trace 选项卡中，可以对线宽、线长、线的模式等选项设置。

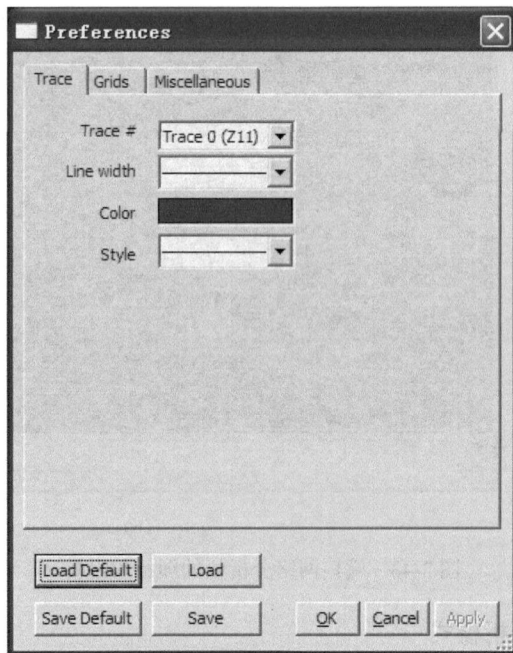

图 3-49 Set up 对话框

5. Settings：数据管理设置区

Load：装载专用格式的数据文件。

Save：存储专用格式的数据文件。

Export：将数据输出到其他文件。

Print：打印仿真结果数据。

Simulation Set：单击此按钮，弹出图 3-50 所示的分析模式参数设置对话框。其中，Start frequency 用于设置仿真分析时输入信号源的起始频率；Stop frequency 用于设置仿真分析时输入信号源的终止频率；Sweep type 用于设置扫描模式，有 Decade（分贝）和 Linear（线性）

两种模式；Number of points per decade 为设置每 10 倍频程的采样点数；Characteristic Impedance 用于设置特性阻抗。

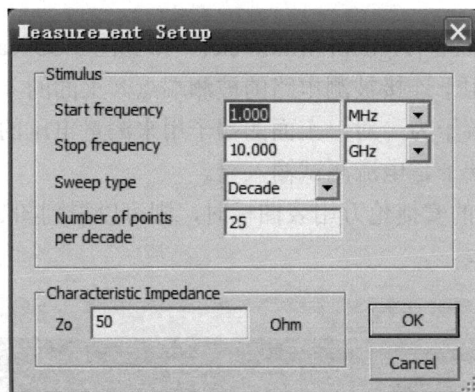

图 3-50　Measurement 参数设置对话框

6. 结合分析模式设置

分析模式在 Mode 区中设置。当选择 Measurement 时为测量模式；当选择 Match Net. Designer 时为电路设计模式，可以显示电路的稳定度、阻抗匹配、增益等数据；当选择 RF Characterizer 时为射频特性分析模式。Set up 设定上面 3 种分析模式的参数，在不同的分析模式下，将会有不同的参数设定。当选择 Measurement 时为测量模式，如图 3-50 所示。当选择 RF Characterizer 时为射频特性分析模式，如图 3-51 所示。

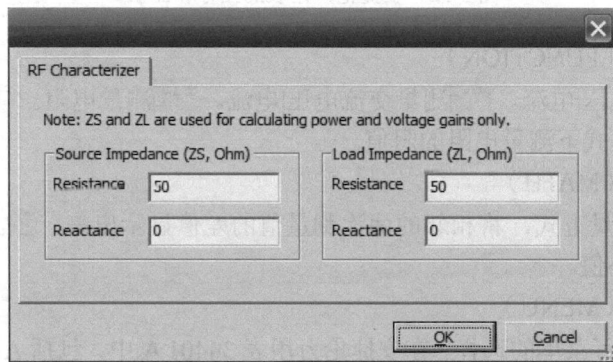

图 3-51　RF Characterizer 参数设置

3.2.14　安捷伦仪器简介

安捷伦虚拟仪器是 Multisim 10 根据安捷伦公司生产的实用仪器而设计的仿真仪器，在 Multisim 10 中有安捷伦万用表（Agilent Multimeter）、安捷伦示波器（Agilent Oscilloscope）、安捷伦函数信号发生器（Agilent Function Generator）。

1. 安捷伦万用表

安捷伦万用表不仅可以测量电路的电压、电流、电阻及电路信号周期和频率，还可以进行数字运算。

单击 Simulate | Instruments | Agilent Multimeter，得到图 3-52（a）所示的安捷伦万用表的图标。共有 5 个接线端，用于连接被测电路的被测端点。上面的 4 个接线端子分为两对测量输入端，右侧的上下两个端子为一对，上面的端子用来测量电压的正极，下面的端子为公共端，为负极，最下面一个端子是电流测试输入端。

双击图 3-52（a）所示的安捷伦万用表图标时，则可以得到图 3-52（b）所示的安捷伦万用表内部参数设置控制面板。

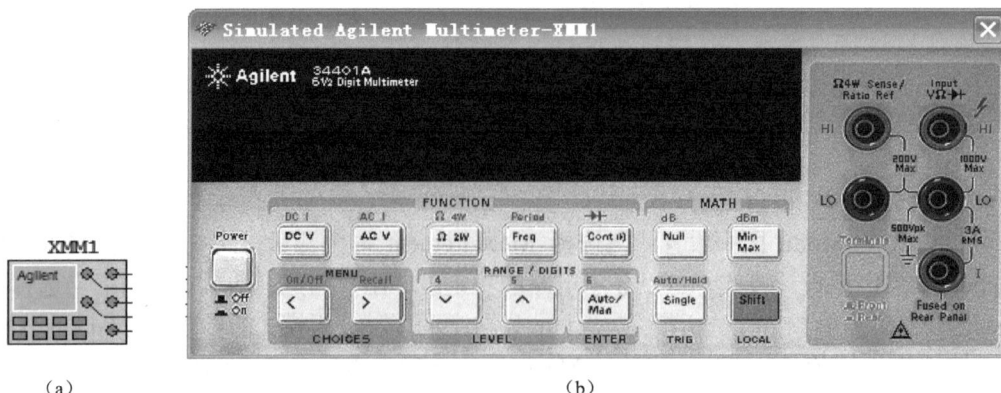

（a）   （b）

图 3-52　安捷伦万用表的图标和面板

1）功能选择区（FUNCTION）

测量直流电压|电流。测量交流电压|电流。测量电阻。测量信号的频率或周期。连续模式下测量电阻的阻值。

2）数学运算区（MATH）

表示相对测量方式，将相邻的两次测量值的差值显示出来。显示已经存储的测量过程中的最大/最小值。

3）菜单选择区（MENU）

和是进行菜单的选择。在安捷伦万用表 34401A 中，包括 A：MEAS MENU（测量菜单）；B：MATH MENUS（数字运算菜单）；C：TRIG MENU（触发模式菜单）；D：SYS MENU（系统菜单）。

4）量程选择区（RANGE/DIGITS）

和是进行量程的选取。是进行自动测量及人工测量的转换，人工测量需要手动设置量程。

5）触发模式设置区（Auto/Hold）

[Single] 单触发模式的选择设置。打开安捷伦万用表 34401 A 时，即处于自动触发模式状态，此时，可以通过单击*按钮来设置成单触发状态。

6）其他功能键

[Shift] 是打开不同的主菜单及不同的状态模式之间转换。[Power] 是安捷伦万用表的电源开关。

2. 安捷伦示波器（Agilent Oscilloscope）

安捷伦示波器功能较为齐全；它既可以显示信号波形，又可以进行多种数字运算。

单击 Simulate | Instruments | Agilent Oscilloscope，得到图 3-53 所示的安捷伦示波器的图标。其右侧有 3 个接线端，分别为触发端、接地端、探头补偿输出端。下面的 18 个接线端分为左侧的两个模拟量测量输入端，右侧的 16 个接线端为数字量测量输入端。

双击图 3-53 所示的安捷伦示波器图标，便可以得到图 3-54 所示的安捷伦示波器内部参数设置控制面板。

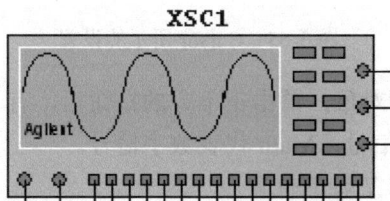

图 3-53　Agilent 示波器的图标

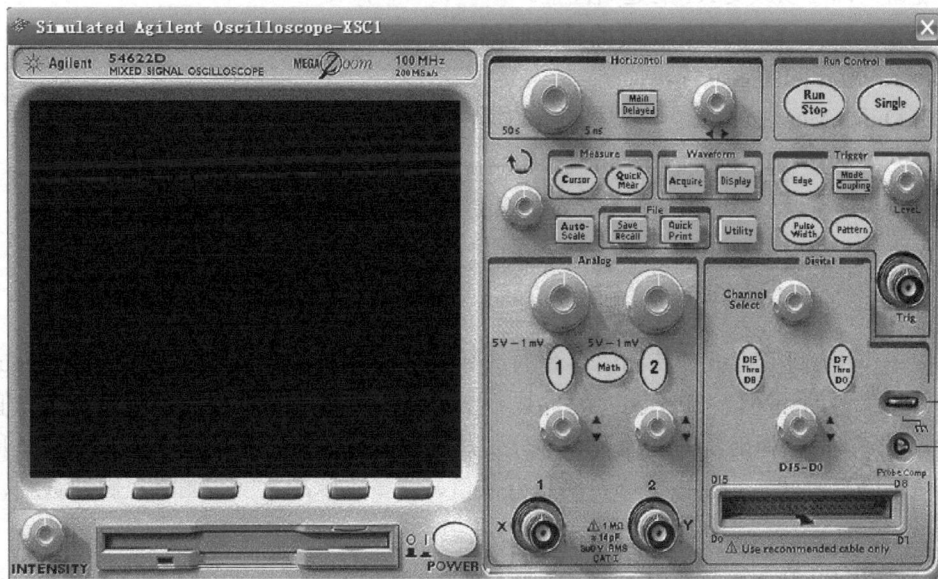

图 3-54　Agilent 示波器的操作面板

安捷伦示波器的控制面板分下面几个功能模块。

1）Run Control 区

Run | Stop 按钮用于启动|停止显示屏上的波形显示，单击此按钮后，该按钮呈现黄色表示连续进行；右边的 Single 按钮表示单触发，Run | Stop 按钮变成红色表示停止触发，即显示屏上的波形在触发一次后保持不变。

2）Horizontal 区

左侧的较大旋钮主要用于时间基准的调整，右侧的较小的旋钮，用于调整信号波形的水平位置。 按钮用于延迟扫描。

3）Measure 区

Cursor 和 Quick Mear 两个按钮。单击 Cursor 按钮在显示区的下方出现图 3-55 所示的设置。

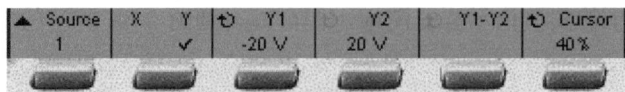

图 3-55   Cursor 所示的设置

Source 选项用来选择被测对象，单击正下方的按钮后，有 3 个选择：1 代表模拟通道 1 的信号；2 代表模拟通道 2 的信号；Math 代表数字信号。

X Y 选项用来设置 X 轴和 Y 轴的位置。

X1 用于设置 X1 的起始位置。单击正下方的按钮，在单击 Measure 区左侧的 图标所对应的旋钮，即可以改变 X1 的起始位置。

X1-X2：X1 与 X2 的起始位置的频率间隔。

Cursor：游标的起始位置。

单击 Quick Mear 按钮后，出现图 3-56 所示的选项设置。

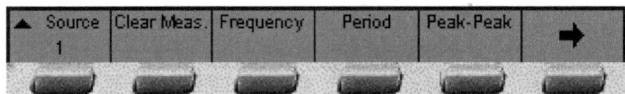

图 3-56   Quick Mear 选项设置

各按钮作用如下。Source：待测信号源的选择；Clear Meas：清除所显示的数值；Frequency：测量某一路信号的频率值；Period：测量某一路信号的周期；Peak-Peak：测量峰—峰值；单击 按钮后，弹出新的选项设置，分别是：测量最大值、测量最小值、测量上升沿时间、测量下降沿时间、测量占空比、测量有效值、测量正脉冲宽度、测量负脉冲宽度、测量平均值。

4）Waveform 区

Acquire 和 Display 两个按钮用于调整显示波形。

单击 Acquire 按钮，弹出

Normal ✓	Averaging	Avgs 8

选项设置。Normal：设置正常的显示方式，Averaging：对显示信号取平均值，Avgs：设置取平均值的次数。

单击 Display 按钮，弹出

Clear	Grid 23%	BK Color 77%	Border 24%	Vector ■

选项设置。Clear：清除显示屏中的波形；Grid：设置栅格显示灰度；BK Color：设置背景颜色；Border：设置边界大小。

5）Trigger 区

Trigger 区是触发模式设置区。

Edge：触发方式和触发源的选择。

Mode/Coupling：耦合方式的选择。

Mode 用于设置触发模式，有 3 种模式。Normal：常规触发；Auto：自动触发；Auto level：先常规，后自动触发。

Pattern：将某个通道的信号的逻辑状态作为触发条件时的设置按钮。

Pulse Width：触发条件的设置按钮。

6）Analog 区

模拟信号通道设置，如图 3-57 所示。最上面的两个按钮用于模拟信号幅度的衰减，两个旋钮分别对应 1、2 两路模拟输入。1 和 2 按钮用于选择模拟信号 1 或 2。Math 旋钮用于对 1 和 2 两路模拟信号进行某种数学运算。Math 旋钮下面的两个旋钮用于调整相应的模拟信号在垂直方向上的位置。

7）Digital 区

用于设置数字信号通道，如图 3-58 所示。

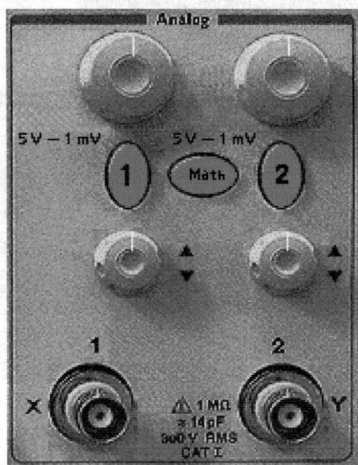

图 3-57　模拟信号通道设置　　　图 3-58　数字信号通道设置

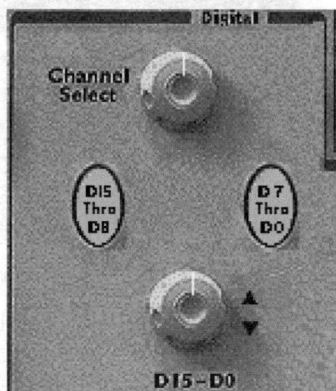

图 3-58 中，上面的旋钮用于数字信号通道的选择。中间的两个按钮用于选择 D0—D7 或 D8—D15 中的某一组。

下面的旋钮用于调整数字信号在垂直方向上的位置。

选择 D0—D7 或 D8—D15 中的某一组，这时在显示屏所对应的通道中会有箭头附注，然后旋转通道选择按钮到某通道即可。

8）其他按钮

图 3-59 所示为示波器显示屏灰度调节按钮、软驱和电源开关。

图 3-59　示波器显示屏灰度调节按钮、软驱和电源开关

3. 安捷伦函数发生器（Agilent Function Generator）

安捷伦函数发生器可以产生特殊函数波形和用户自定义的波形。

单击 Simulate | Instruments | Agilent Function Generator，得到图 3-60（a）所示的安捷伦函数发生器的图标。右侧两个接线端分别为 SYNC 同步信号输出端和普通信号输出端。

双击图 3-60（a）所示的安捷伦函数发生器图标，便可以得到图 3-60（b）所示的安捷伦函数发生器内部参数设置控制面板。

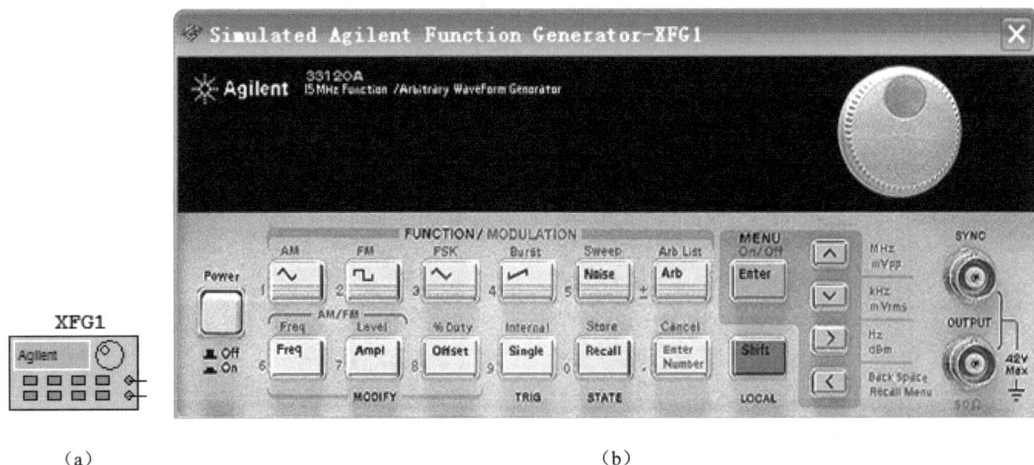

（a）　　　　　　　　　　　　　　　　　　（b）

图 3-60　Agilent 函数发生器图标和面板

在图 3-60（b）所示的面板上，其按钮大多数具备两种功能，分别写在按钮上和按钮上方。可以通过 Shift 键选择不同的状态或功能。图 3-60（b）中的控制按钮的功能如下所述。

1）FUNCTION/MODULATION 区

用来产生电子线路中的常用信号。以 ⌇ 按钮为例，它可以输出正弦波，单击 Shift 按钮后，其输出可以改为 AM（调幅）信号。其余按钮用法相同，可分别输出方波、三角波、锯齿波、噪声源，还可产生用户定义的任意波形，或者输出为 FM 信号、FSK 信号、Burst 信号、Sweep 信号及 Arb List 信号。

2）MODIFY 区

通过 Freq 和 Ampl 按钮来调节信号的频率和幅度。

3）TRIG 区

只有一个按钮，用来设置信号的触发模式。有 Single（单触发）和 Internal（内部触发）两种模式。

4）STATE 区

Recall 用来调用上次存储的数据；Store 用于选择存储状态。

5）其他按钮

Enter Number（Cancel）用于输入数字（取消上次操作）。Enter 是确认菜单按钮，右侧的 4 个按钮用于子菜单或参数设置。

3.2.15　泰克（Tektronix）数字示波器

泰克（Tektronix）TDS2024 数字存储示波器是小型、轻便的台式测试仪器，可进行以地电压为参考的测量。泰克 TDS2024 数字示波器具有 4 个测量信道，每个信道带宽均为 200 MHz，测量取样速率为 2 GS/s；使用彩色 LCD 显示屏；具有上下文相关的帮助系统；可以自动设置菜单；具有双时基和带读数的光标；可进行 11 种自动测量；具有脉冲宽度触发能力、能进行触发频率读数；能对测量数据和波形进行存储和存储设置；可对测试变量进行持续显示等。

1. 面板显示及功能

单击 Simulate | Instruments | Tektronix Oscilloscope，得到图 3-61 所示的 Tektronix 数字示波器的图标。双击图 3-61 所示 Tektronix 数字示波器的图标，便可以得到图 3-62 所示的泰克 TDS2024 示波器内部参数设置控制面板。

2. 泰克示波器使用举例

创建一共射放大电路，如图 3-63 所示，拖放泰克示波器图标于适当位置，将 1、2 两个输入端与电路的输入、输出端连接。双击泰克示波器图标，将其面板打开。

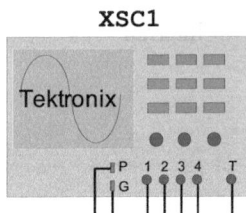

图 3-61　泰克示波器的图标

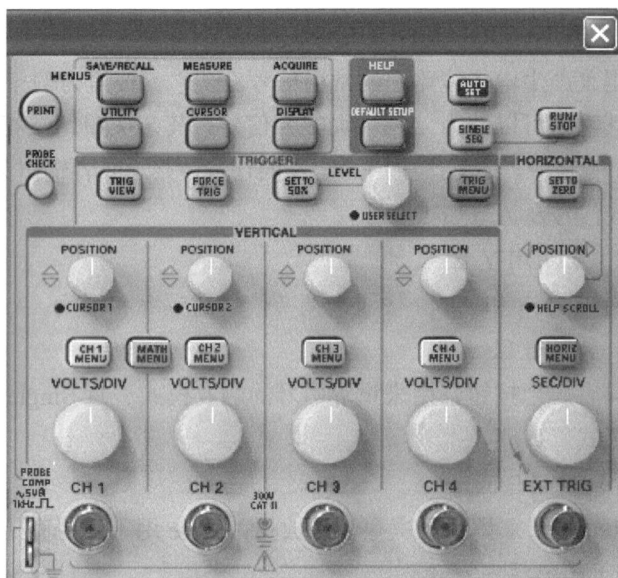

图 3-62　泰克 TDS2024 示波器内部参数设置控制面板

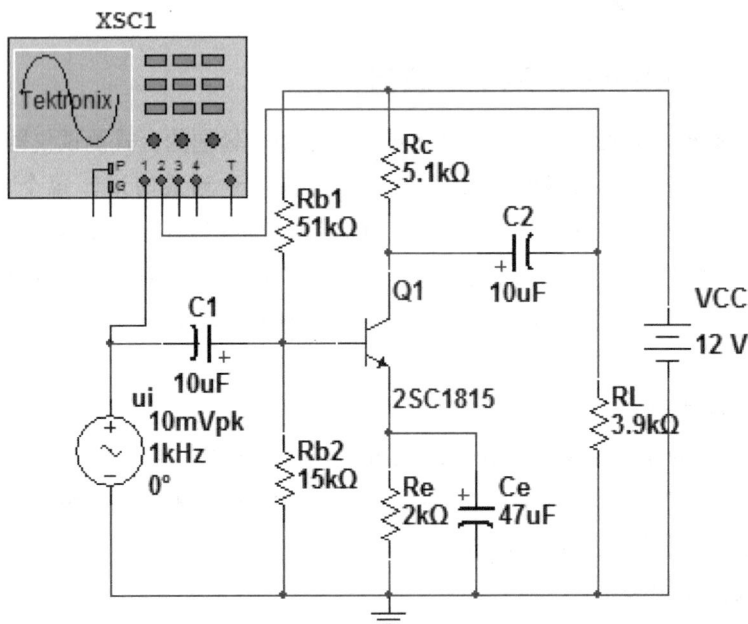

图 3-63　泰克示波器使用举例

　　按下示波器的电源开关。打开右上角的运行开关，右下角状态栏出现绿色闪烁方块，示波器中间也出现一条黄线。单击自动设置按钮，屏幕出现图 3-64 所示两条正弦波形。

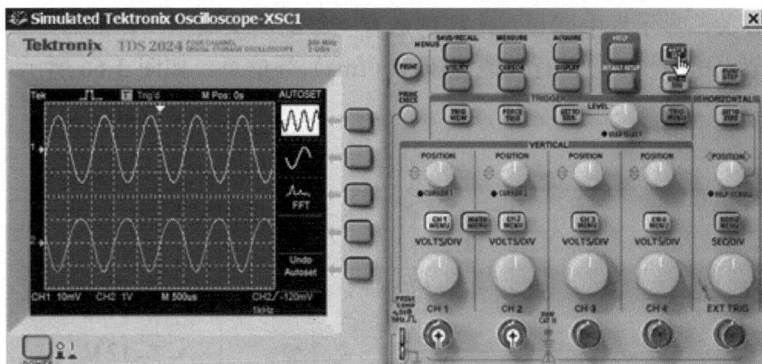

图 3-64　显示正弦波

按下"MEASURE"菜单按钮，屏幕右侧显示出 MEASURE 菜单。按下第 1 个选项按钮，显示"Measure1"菜单。连续按"Type"按钮 4 次，显示出 1 通道信号的峰—峰值。按第 5 个选项按钮，返回 MEASURE 菜单。按下第 2 个选项按钮，显示"Measure2"菜单。再按第 1 个选项按钮，显示"CH2"。连续按"Type"按钮 4 次，显示出 2 通道信号的峰—峰值。再按第 5 个选项按钮，返回 MEASURE 菜单。由两通道信号峰峰值之比即可求出电路的放大倍数。

3.2.16　测量探针

测量探针是 Multisim 提供的最为便捷的虚拟仪器，只需将其拖放至被测支路，就可以实时测量各种电信息。测量探针的测量结果根据电路理论计算得出，不对电路产生任何影响。

创建图 3-65 所示电路，单击测量探针图标，将其拖放至被测支路上后，单击。测量探针变为一绿色箭头，同时出现一淡黄色测试数据显示框。

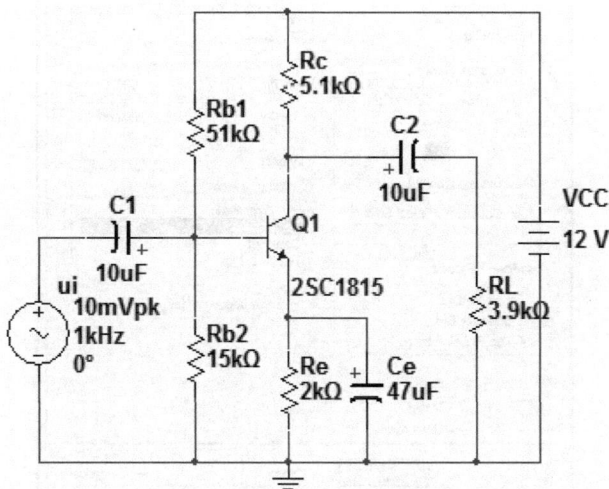

图 3-65　共射放大电路

打开电源开关，显示框中即显示出探针放置支路的测量数据，自上而下依次为：瞬时电压 V、峰—峰值电压 V（p-p）、有效值电压 V（rms）等信息。如图 3-66 所示。

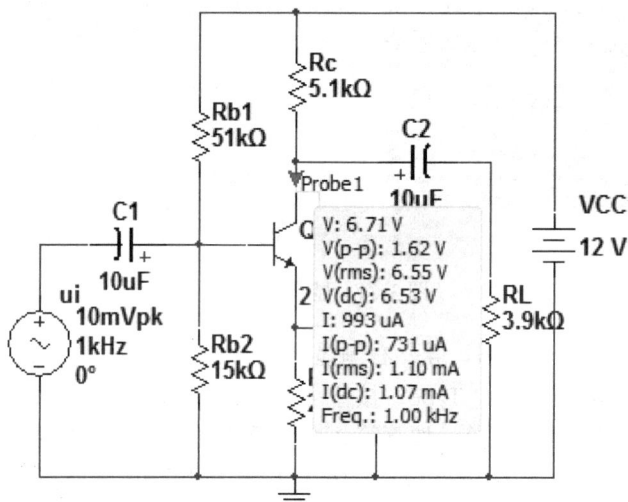

图 3-66　探针放置支路的测量数据

右击绿色箭头或淡黄色数据显示框，可打开处置对话框，进行剪切、复制、删除等操作。双击绿色箭头或淡黄色数据显示框，可打开 Probe Properties 对话框，对探针属性进行设置。如图 3-67 所示。

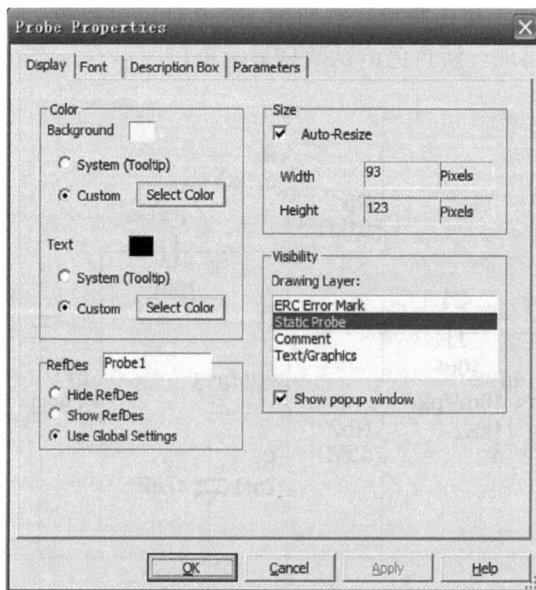

图 3-67　Probe Properties 对话框

本 章 小 结

本章介绍了 Multisim 10 提供的各类虚拟仪器，数字万用表、函数信号发生器、功率表、示波器、波特图仪、数显频率计、字信号发生器、逻辑分析仪、逻辑转换仪、伏安特性分析仪、失真分析仪、频谱分析仪、端口网络分析仪、安捷伦仪器、泰克数字示波器和测量探针等。

这些虚拟仪器大致可分为 3 类，即模拟类仪器、数字类仪器和频率类仪器。在进行电路仿真分析时，应对不同类型的电路选用相应的测试仪器，如数字量的测量可选用逻辑分析仪。有些虚拟仪器可混用，如示波器可测量模拟电压信号，也可测量数字信号。进行仿真时测试仪器的使用可根据用户的需求进行选择。

习　题

1. 如何找出仿真仪器？
2. 万用表、示波器、频率计、信号发生器、逻辑转换仪、瓦特表的英文单词如何拼写？
3. 测试棒在仪器的什么位置？
4. 数字万用表测交流电压时应怎样操作？
5. 数字万用表测直流电流时应怎样操作？
6. 数字万用表测电阻时应怎样操作？
7. 数字万用表测直流电时是测得什么值？
8. 数字万用表测交流电压是测得什么值？
9. 如何调整信号发生器发出的信号？
10. 如何调整示波器显示的波形？
11. 如何使用频率计？
12. 如何使用逻辑转换仪？

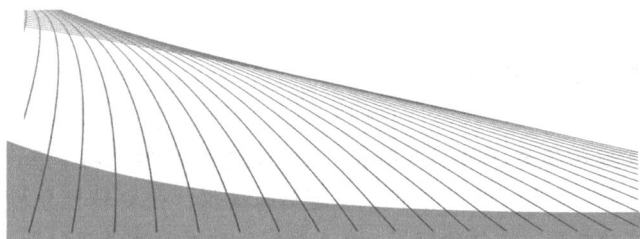

第 4 章

Multisim 10 的仿真分析

　　Multisim 10 作为虚拟的电子工作台，提供了较为详尽的电路分析手段。包括电路的直流工作点分析、交流分析、瞬态分析、稳态分析、傅里叶分析、噪声分析、失真分析、直流扫描分析、灵敏度分析、温度扫描分析、零—极点分析、传递函数分析、最坏情况分析、蒙特卡罗分析、批处理分析、用户自定义分析等仿真工具。

　　单击 Simulate（仿真）菜单中的 Analysis（分析）菜单，可以弹出电路分析菜单。单击设计工具栏 ，也可以弹出该电路分析菜单。

　　借助 Multisim 10 的仿真工具，可方便地分析电路的各种特性，如基本共射放大电路的静态工作点、频率特性等设计指标，以及电路参数变化对放大性能的影响等。

4.1　Multisim 10 的仿真特点

1. 多种仿真引擎

　　Multisim 10 提供了多种仿真引擎，包括 XSpice、VHDL、Verilog 及这 3 种方式相结合的仿真引擎。

2. 交互式仿真

　　Multisim 10 的独特性能之一就是能对电路进行交互式仿真。通过改变仿真仪器的配置参数，或者改变电路中电源值和元器件参数，如电阻电感电容值、三极管放大倍数等，根据观察到的仿真结果，实时地获得电路性能的变化。

3. 网表仿真

　　Multisim 10 不仅可以对电路图进行仿真，还支持对电路网表的仿真。设计者只需要在命令行输入仿真控制命令，就可以对电路进行仿真。选择 Simulate | XSpice Command Line Interface 命令，可以打开仿真命令输入对话框，如图 4-1 所示。设计者可以在该窗口中输入各种仿真命令。

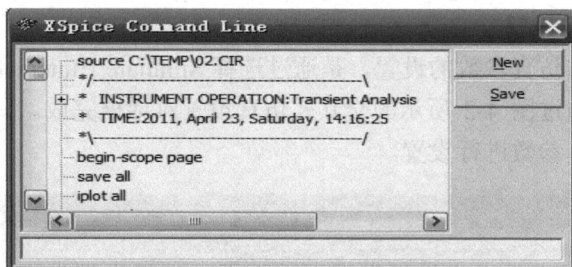

图 4-1 仿真命令输入对话框

4. 电路设计规则检查

在设计者对电路进行仿真分析前，Multisim 10 都要对电路进行设计规则检查，以便发现电路的连接是否符合设计规范，若存在开路、短路，没有接地等不符合设计规范的错误，系统会报错，并将出错信息写入到错误日志中，以供设计者参考。Multisim 10 进行电路设计规则检查时，只对不符合设计规范的错误进行检查，并不能保证电路功能的正确性，或电路性能达到设计要求。

4.2 Multisim 10 的仿真分析过程

Multisim 10 提供了多种分析类型，如调用某一分析功能后，分析结果将默认显示在 Grapher 上并保存起来，以供后处理器使用。需要整体了解 Multisim 10 的分析类型，并掌握每种分析类型对应的具体选项。

利用 Multisim 10 对电路进行仿真分析时，一般步骤如下。

（1）设计仿真电路图。

（2）设置分析参数。

（3）设置输出变量的处理方式。

（4）设置分析标题。

（5）自定义分析标题。

开始/终止仿真分析，可单击仿真运行开关中的 按钮，或选中/取消 Simulate |Run 命令。暂停/继续仿真分析，可单击仿真运行开关中的 按钮，或选中/取消主菜单上的 Simulate | Pause 命令。

4.3 Multisim 10 的仿真参数设置

进行 Multisim 10 仿真分析时，需对各类仿真参数进行设置，主要包括基本仿真参数如仿真计算的步长、时间、初始条件等条件的设定；仿真分析参数如分析条件、分析范围、输出结点等设置的设定；仿真输出显示参数如数据格式、显示栅格、读数标尺等设置的设定。

1. 基本仿真参数的设置

进行仿真时，基本仿真参数的设置，是通过选择 Simulate | Interactive simulation settings 命令实现的，也可以通过图 4-2 所示的交互式仿真设置对话框完成。只要修改或重设其中的参数，即可对基本仿真参数进行设置。

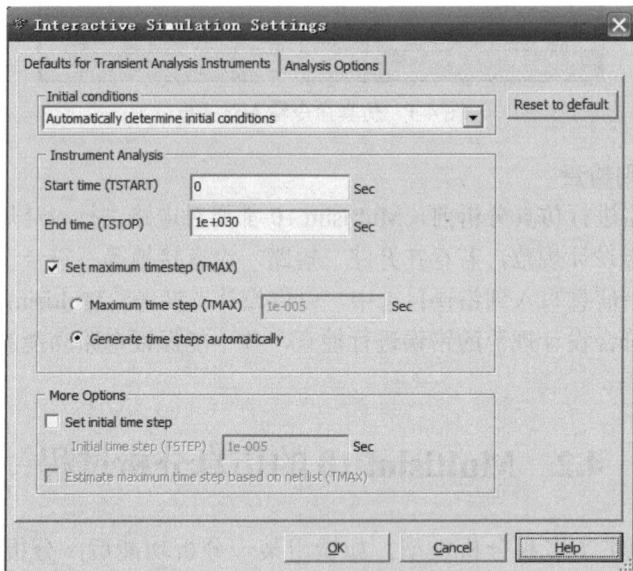

图 4-2　基本仿真参数设置对话框

2. 仿真输出显示参数的设置

仿真时仿真输出显示参数的设置，可通过选择 View | Grapher 命令，也可单击 按钮，打开 Grapher View（仿真图形记录器）窗口。

4.4　Multisim 10 的仿真分析

Multisim 10 提供的电路仿真分析有：直流工作点分析、交流分析、瞬态分析、傅里叶分析、噪声分析、失真分析、直流扫描分析、温度扫描分析、参数扫描分析、灵敏度分析、传输函数分析、极点—零点分析、最坏情况分析、蒙特卡罗分析、批处理分析及射频电路分析等多种分析工具，分析结果以表格或波形的形式直观地显示出来。为用户设计和分析电路提供了极大的方便。本节简要介绍几种常用的分析工具。

4.4.1　直流工作点分析

直流工作点分析（DC Operating Point Analysis）用于确定电路的静态工作点。在进行直流分析时，假设交流源为零且电路处于稳定状态，也就是假定电容开路、电感短路、电路中的数字器件看作高阻接地。直流分析的结果常常作为进一步分析的基础。例如，直流分析所得的静态工作点作为交流小信号分析时非线性器件的线性工作区；静态工作点作为瞬态分析的初始条件。该分析无特别需要的分析参数设置。

1. 直流工作点分析对话框

以基本共射放大电路为例，介绍直流工作点分析的基本操作过程。创建一个图 4-3 所示基本共射放大电路。

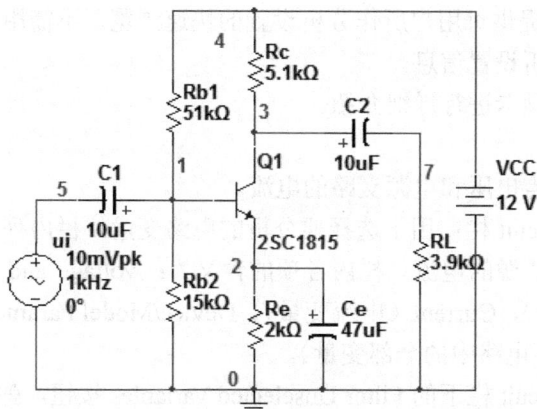

图 4-3　基本共射放大电路

单击主菜单 Options 命令下的 Preferences 项，在弹出的对话框中选择 Circuit 标签，选中 Show All，节点号就显示在电路图上。

单击主菜单的 Simulate 命令下 Analysis | DC Operating Point 命令，弹出 DC Operating Point Analysis 对话框，如图 4-4 所示。

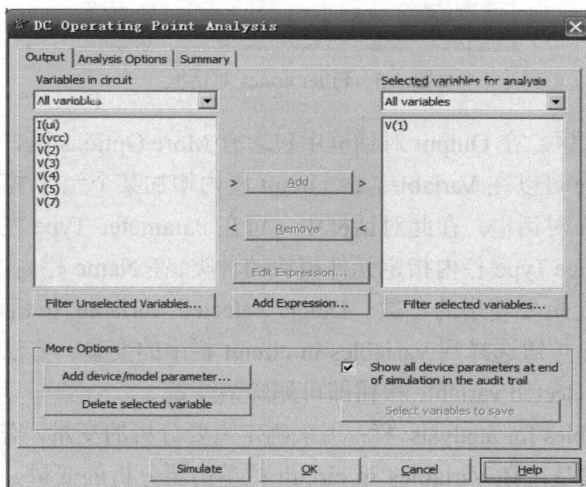

图 4-4　直流工作点分析对话框的 Output 选项卡

直流工作点分析没有特别需要设置的参数，但是作为常规指令，几乎所有的分析类型都有与其相同的分页菜单。直流工作点分析对话框有 3 个选项卡 Output、Analysis Options 和 Summary，默认 Output 选项卡。

Output 选项卡：确定如何处理输出变量，是任何分析都必须进行设置的选项。

Analysis Options 选项卡：确定分析选项，但通常情况下不需要任何干预，采用默认设置就可以顺利进行分析。

Summary 选项卡：提供对用户所作分析设置的快速浏览，不需用户再作任何设置，但可以利用此选项卡查阅分析设置信息。

下面分别对 3 个选项卡进行详细介绍。

1）Output 选项卡

设置所要分析的节点电压和电源支路的电流。

（1）Variables in circuit 栏：用于选择要分析的电路变量。栏内列出了可以分析的全部变量如节点电压及流过电压源的电流。栏内各项的含义为：Voltage and current（电压和电流变量）、Voltage（电压变量）、Current（电流变量）、Device/Model Parameters（选择元件/模型参数变量）、All variables（电路中的全部变量）。

单击 Variables in circuit 栏下的 Filter Unselected Variables 按钮，弹出 Filter nodes 对话框，如图 4-5 所示，该对话框有 3 个选项。各项的含义为：Display internal nodes（显示内部节点）、Display submodules（显示子模块的节点）、Display open pins（显示开路的引脚）。

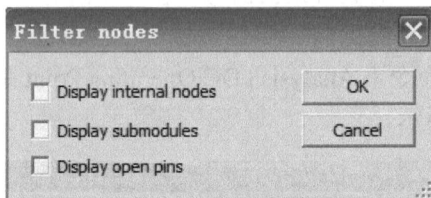

图 4-5   Filter nodes 对话框

（2）More Options 区。在 Output 对话框中包含有 More Options 区，在该区中，单击 Add device/model parameter 可以在 Variables in circuit 栏内增加某个元件/模型的参数，弹出 Add device/model parameter 对话框。在此对话框中，可在 Parameter Type 栏内指定所要新增参数的形式，再分别在 Device Type 栏内指定元件模块的种类、在 Name 栏内指定元件名称和序号、在 Parameter 栏内指定所要使用的参数。Delete selected variable 按钮可以删除已通过 Add device/model parameter 按钮选择到 Variables in circuit 栏中的变量。方法是选中需要删除的变量，然后单击 Delete selected variable 按钮即可删除该变量。

（3）Selected variables for analysis 栏：用来确定需要分析的变量，需要用户从 Variables in circuit 栏中选取。方法是：在 Variables in circuit 栏单击要分析的变量，选中后变量背景变成蓝色。再单击 Add 按钮。如果不想分析已选中的某一个变量，可先选中该变量，单击 Remove

按钮即可将其移回 Variables in circuit 栏内。

在 Filter Selected Variables 中筛选 Filter Unselected Variables 栏中已经选中并且放在 Selected variables for analysis 栏的变量。

2）Analysis Options 选项卡

设置与仿真分析有关的其他分析，如图 4-6 所示。

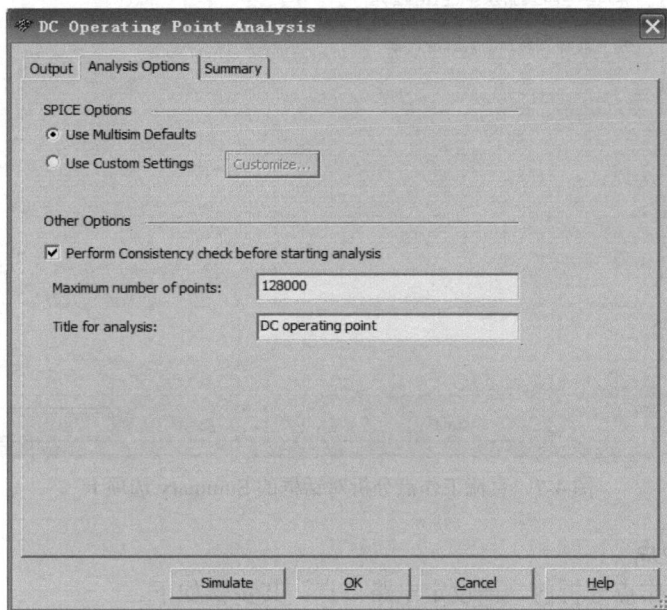

图 4-6　直流工作点分析对话框的 Analysis Options 选项卡

（1）SPICE Options（仿真模型选择）：可以选择 Multisim 10 自带模型或用户自定义的模型。如果选择 Use Custom Settings，可以选择用户所设定的分析选项。可供选取设定的项目已出现在下面的栏中，其中大部分项目采用默认值，如果想要改变其中某个分析选项参数，则在选取该项后，再选中下面的 Customize 选项。选中 Customize 选项将出现另一个窗口，可以在该窗口中输入新的参数。单击左下角的 Restore to Recommended Settings 按钮，可恢复默认值。

（2）Other Options（其他选项）：包括 Maximum number of points 为设置最大仿真步数。Title for analysis 为设置仿真标题。

3）Summary 选项卡

对分析设置进行汇总确认，如图 4-7 所示。

在 Summary 选项卡中，程序给出了所设定的参数和选项，用户可进一步确认所要进行的分析设置。单击 OK 按钮保存当前分析设置，可供以后使用。单击 Cancel 按钮放弃当前分析设置。

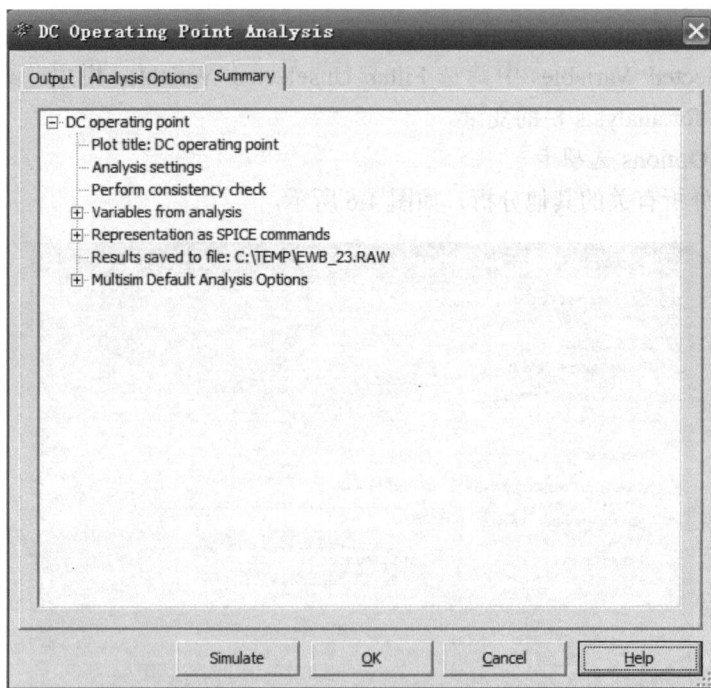

图 4-7   直流工作点分析对话框的 Summary 选项卡

2. 设定电路节点

在进行直流工作点分析前，需设定电路节点。其步骤如下。

（1）单击 Options 菜单，打开下拉菜单。

（2）选定 Sheet Properties 指令，打开 Sheet Properties 对话框。

（3）在 Net Names 栏，选定 Show All 选项。

3. 进行直流工作点分析

（1）单击 Simulate 菜单，打开下拉菜单。

（2）选择 Analysis 指令，打开子菜单。

（3）选择 DC Operating Point 指令，弹出直流工作点分析对话框。该对话框有 3 个分页，默认 Output 分页。

（4）在 Variables in circuit 栏内选定节点 1，中间的 Add 按钮被激活。单击 Add 按钮，1 号节点被移至右边的 Selected variables for 栏内。用同样方法选定节点 2。将其移至 Selected variables 栏内。按照这一方法将所有待分析的节点逐一移至右边。

（5）单击 Simulate 按钮，弹出 Grapher View 对话框，列出了所有被测节点的直流电压。分析结果如图 4-8 所示。

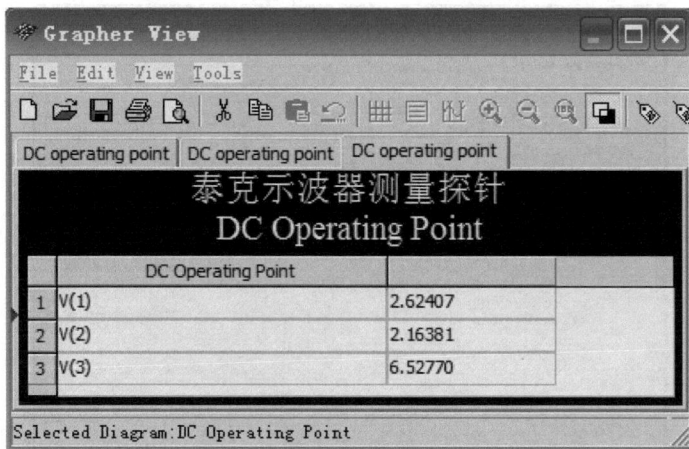

图 4-8　基本共射放大电路直流工作点分析结果

4.4.2　交流分析

交流分析（AC Analysis）即分析电路的小信号频率响应。在交流分析之前，应首先进行直流工作点分析，获得所有非线性元件的线性化小信号模型，以便建立复杂的矩阵方程。为了建立该矩阵方程，假定直流源为零，交流源、电容、电感用其交流模型表示，非线性元件用其线性化的交流小信号模型表示。而且，所有输入源都认为是正弦波信号源，即使信号发生器设置为方波或三角波，也将转化为正弦波。然后分析计算该电路的频率响应。

在 Multisim 10 用户界面的电路窗口中，创建图 4-9 所示的 RCL 电路。

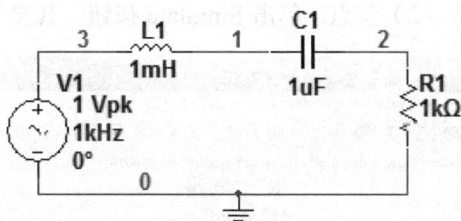

图 4-9　RCL 电路

单击 Simulate | Analyses | AC Analysis，将弹出 AC Analysis 对话框，调用交流分析工具，AC Analysis 对话框如图 4-10 所示。

交流分析对话框有 4 个分页，默认为 Frequency Parameters 选项卡，其余 3 选项卡与直流工作点分析完全一样，不再赘述。下面介绍 Frequency Parameters 选项。

Frequency Parameters 选项卡主要用于设置 AC 分析时的频率参数。

Start frequency（FSTART）：设置交流分析的起始频率。

Stop frequency（FSTOP）：设置交流分析的终止频率。

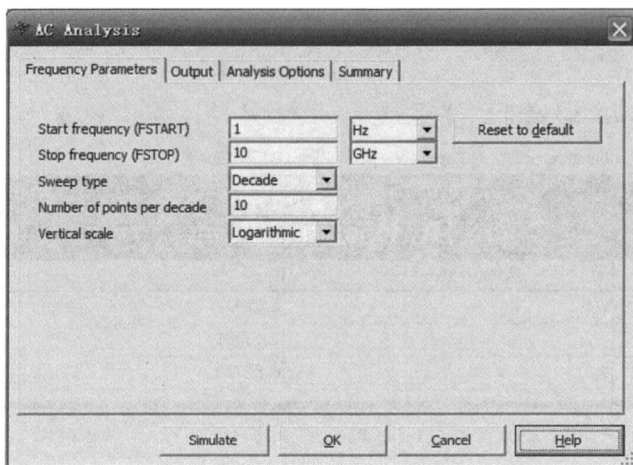

图 4-10　AC Analysis 对话框

Sweep type：设置交流分析的扫描方式，主要有 Decade（十倍程扫描）、Octave（八倍程扫描）和 Linear（线性扫描）。通常采用十倍程扫描（Decade 选项），仿真结果频率轴以对数方式展现。

Number of points per decade：设置每十倍频率的样点数量。设置的值越大，分析结果越精确，所需时间也越长。

Vertical scale：设置纵坐标的刻度。主要有 Decibel（分贝）、Octave（八倍）、Linear（线性）和 Logarithmic（对数），通常采用 Logarithmic 或 Decibel 选项。

对图 4-9 中的仿真电路设置仿真参数，见图 4-10。

在 Output 选项卡选择 V（2）节点。单击 Simulate 按钮，其交流分析结果如图 4-11 所示。

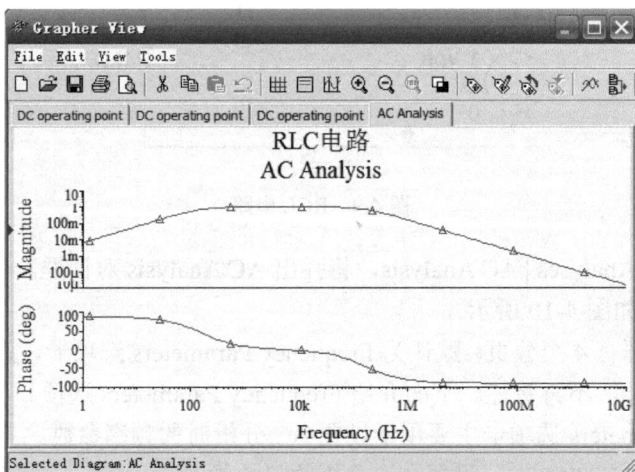

图 4-11　RCL 电路交流分析结果

4.4.3　瞬态分析

瞬态分析（Transient Analysis）是指对所选电路的时域响应进行分析，可以在有激励信号的情况下计算电路的时域响应，也可以在不加任何激励信号的情况下观察电路的稳定性。在分析时，电路的初始状态可由用户自行指定，也可用程序自动进行直流分析得到的静态工作点作为初始状态。此时，直流源恒定；交流信号源随时间而变，是时间函数。电容和电感都是能量储存模式元件，是暂态函数。瞬态分析的结果通常是被分析节点的电压波形。

以图 4-3 中的基本共射放大电路为例，说明如何进行瞬态分析。

在进行瞬态分析时，可选择 Simulate | Analyses | Transient Analysis，将弹出 Transient Analysis 对话框，进入瞬态分析状态，Transient Analysis 对话框如图 4-12 所示。瞬态分析对话框也有 4 个选项卡，默认为 Analysis Parameters 选项卡，其余 3 选项卡与直流工作点分析完全一样。

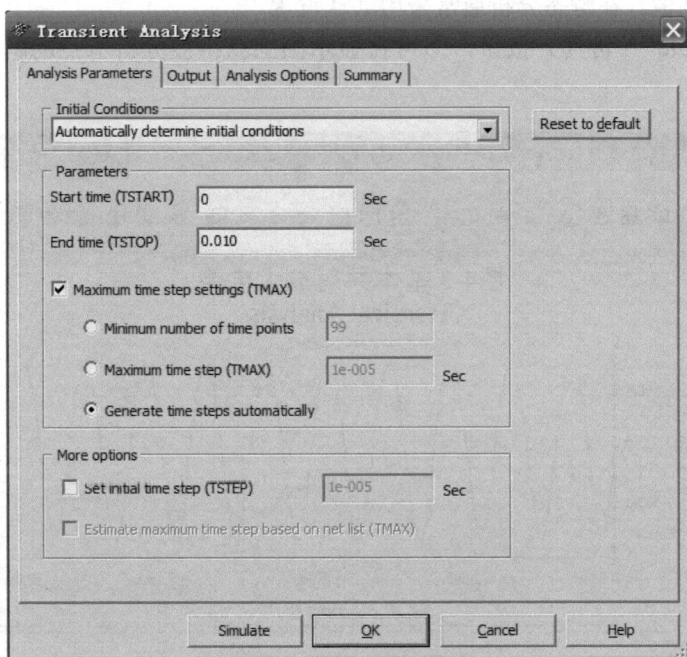

图 4-12　瞬态分析对话框

在 Analysis Parameters 选项卡中各项内容如下。

1. Initial Conditions 区

在 Initial Conditions 栏中可以选择初始条件，栏内各项含义为：Automatically determine Initial conditions（仿真程序自动设置初始值）、Set to zero（初始值设置为 0）、User defined（用户自定义初始值）、Calculate DC operating point（将得到的静态工作点作为初始值）。

2. Parameters 区

在 Parameters 区可以对时间间隔和步长等参数进行设置。

Start time：设置开始分析的时间。本例设为 0 秒。

End time：设置结束分析的时间。本例设为 0.010 秒。

Maximum time step settings：设置分析的最大时间步长。其中：Minimum number of time points（单位时间内的采样点数）、Maximum time step（TMAX）（设置最大的采样时间间距）、Generate time steps automatically（程序自动决定分析的时间步长）。

3. More Options 区

Set initial time step：用户自行确定起始时间步长，步长大小输入在其右边栏内。如不选择，则由程序自动确定。

Estimate maximum time step based on net list：根据网表规模来估算最大仿真时间步长。

4. Reset to default

用来恢复默认值。在瞬态分析通常采用默认设置。

按下"Simulate"（仿真）按钮，即可在显示图上获得被分析节点的瞬态特性波形。如图 4-13 所示。

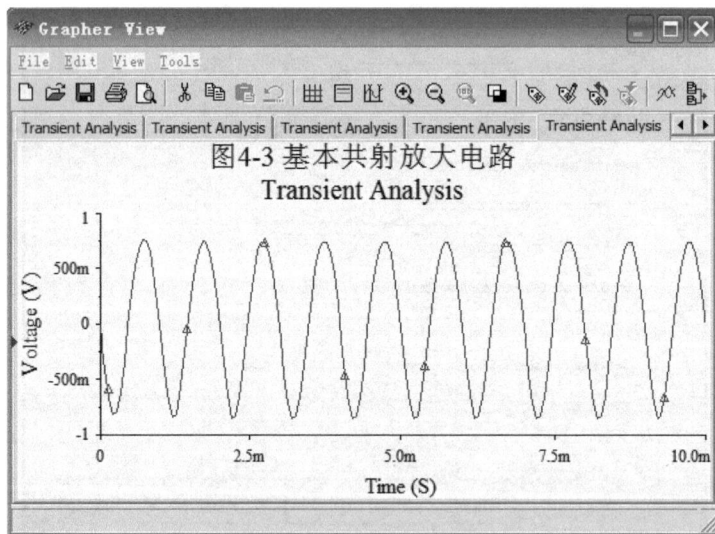

图 4-13　瞬态分析结果

4.4.4　傅里叶分析

傅里叶分析（Fourier Analysis）是分析周期性非正弦信号的一种数学方法，它将周期性非正弦信号转换成一系列正弦波和余弦波。其中包括原始信号的直流分量、基波分量及高次谐波。在傅里叶级数中，每一个分量都被看作一个独立的信号源。根据线性系统叠加原理，总响应为各分量响应之和。由于谐波的幅度随次数的提高而减小，因此，只需较少的谐波分量就可以产生较满意的近似效果。

　　傅里叶分析就是求解一个时域信号的直流分量、基波分量和各谐波分量的大小。在进行傅里叶分析前，首先确定分析节点，其次把电路的交流信号源的频率设置为基频。

　　下面以方波激励 RC 电路为例，说明傅里叶分析的具体操作步骤。

　　首先在 Multisim 10 电路窗口中创建方波激励 RC 电路，如图 4-14 所示。

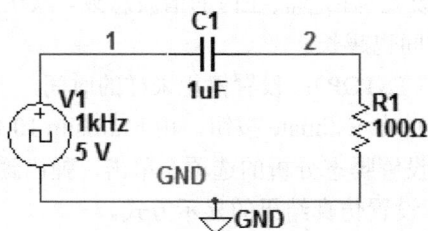

图 4-14　方波激励 RC 电路

　　单击 Simulate 菜单中 Analyses 选项下的 Fourier Analysis 命令，弹出图 4-15 所示的 Fourier Analysis 对话框。

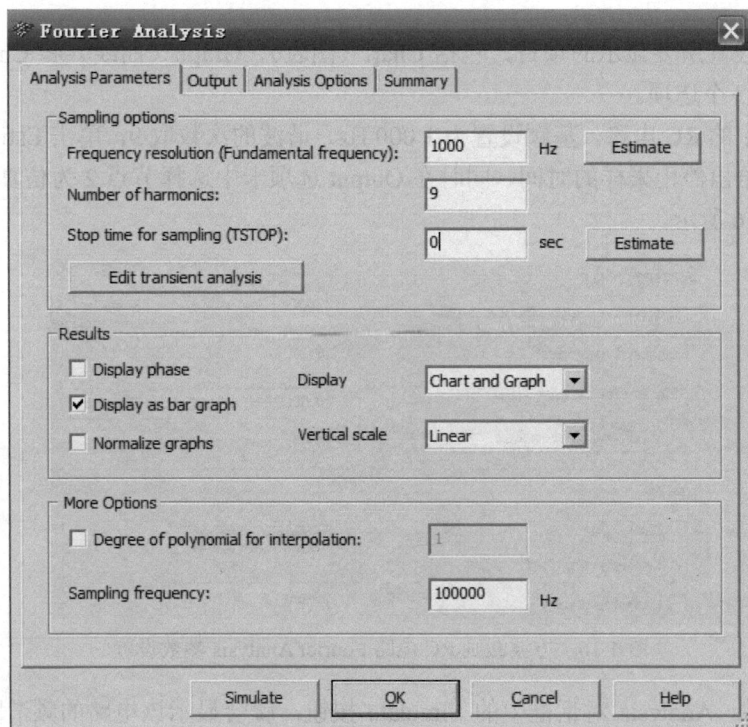

图 4-15　Fourier Analysis 对话框

对话框含有 4 个选项卡，除 Analysis Parameters 选项卡外，其余与直流工作点分析的选项卡一样，在此不再赘述。

Analysis Parameters 选项卡：

Analysis Parameters 选项卡用于设置傅里叶分析时的采样参数和显示方式。

（1）Sampling options 区主要用于设置有关采样的基本参数。

Frequency resolution（Fundamental frequency）：设置基波频率，默认设置为 1 kHz。

Number of harmonics：设置包括基波在内的谐波总数。默认设置为 9，该值越大，仿真的谐波分量越丰富，但仿真时间也越长。

Stop time for sampling（TSTOP）：设置停止采样的时间，该值一般比较小，通常为毫秒级。如果不知如何设置，可单击 Estimate 按钮，由 Multisim 10 仿真软件自行设置。

Edit transient analysis：设置瞬态分析的选项，单击，弹出瞬态分析对话框。

（2）Results 区主要用于设置仿真结果的显示方式。

Display phase：显示傅里叶分析的相频特性。默认设置不选用。

Display as bar graph：以线条形式来描绘频谱图。

Normalize graphs：显示归一化频谱图。

Vertical scale：Y 轴刻度类型选择，包括线性（Linear）、对数（Log）和分贝（Decibel）3 种类型。

Display：设置所要显示的项目，包括 Chart（图表）、Graph（曲线）和 Chart and Graph（图表和曲线）3 个选项。

对于本例中的 RC 电路，基频设置为 1 000 Hz，谐波的次数取 9，单击 Estimate 按钮，仿真软件将自动给出停止采样的时间，同时在 Output 选项卡中选择节点 2 为仿真分析变量。设置参数如图 4-16 所示。

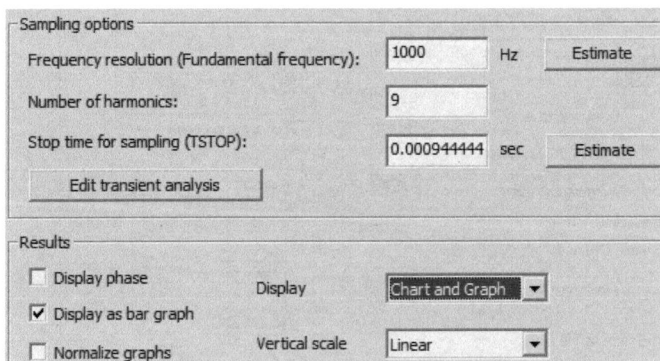

图 4-16　方波激励 RC 电路 Fourier Analysis 参数设置

单击 Fourier Analysis 对话框中的 Simulate 按钮，就会显示该电路的频谱图。如图 4-17 所示。

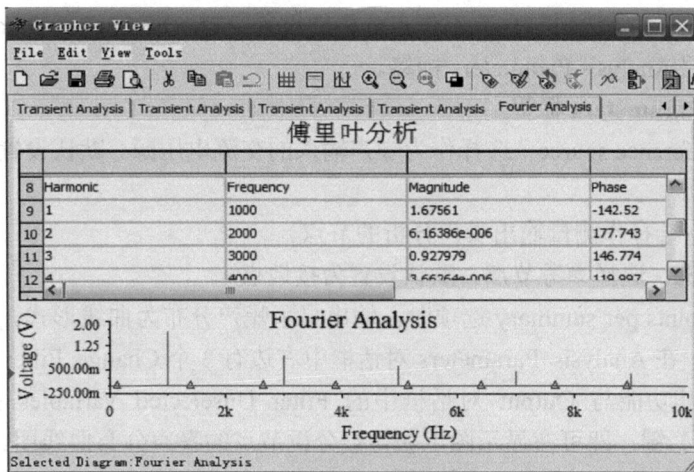

图 4-17　方波激励 RC 电路的频谱图

4.4.5　噪声分析

噪声是指电路中出现的非信号项电压或电流，是影响实际电路性能的随机因素之一。Multisim 10 提供了 3 种不同的噪声模型：热噪声（亦称白噪声），通常认为是由导体内自由电子和振动离子的热运动引起的，并均匀分布于整个频率范围；散弹噪声，是由半导体中的载流子运动造成的，是晶体管噪声的主要来源；闪烁噪声，存在于 BJT 和 FET 中，主要发生在频率低于 1 kHz 的频段，它与频率成反比，与温度和 DC 电流成正比。

噪声分析（Noise Analysis）用于检测电子线路输出信号的噪声功率，用于分析电阻或晶体管的噪声对电路的影响。在分析时，假定电路中各噪声源是相互独立的，因此它们贡献的噪声值可以分别计算。总噪声电压是所有噪声源对输出节点产生噪声的均方根之和，该和再除以增益得出等价输入噪声。等价输入噪声是指在无噪声输入源上注入噪声，产生与噪声电路相匹配的输出噪声。总噪声电压是以地或电路中的其他节点为参考的。

单击 Simulate | Analysis | Noise Analysis，将弹出 Noise Analysis 对话框，进入噪声分析状态，Noise Analysis 对话框如图 4-18 所示。Noise Analysis 对话框有 Analysis Parameters、Frequency Parameters、Output、Analysis Options 和 Summary 5 个选项，其中 Output、Analysis

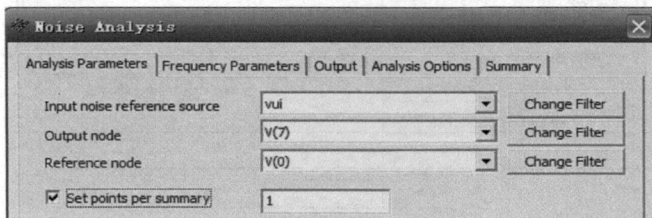

图 4-18　噪声分析对话框

Options 和 Summary 3 个选项与直流工作点分析的设置一样，Frequency Parameters 与交流分析类似，下面介绍 Analysis Parameters 标签。

1. Analysis Parameters 标签

Input noise reference source：选择作为噪声输入的交流电压源。默认设置为电路中的编号 vui 的交流电压源。

Output node：选择作测量输出噪声分析的节点。

Reference node：选择参考节点。默认设置为接地点。

当选择 Set points per summary 选项时，输出显示噪声分布为曲线形式。未选择时，输出显示为数据形式。在 Analysis Parameters 对话框中右边有 3 个 Change Filter 按钮，分别对应于其左边的栏，其功能与 Output 对话框中的 Filter Unselected Variables 按钮相同，单击"Simulate"（仿真）键，即可在显示图上获得被分析节点的噪声分布曲线图。

2. 以图 4-3 基本共射放大电路为例，介绍噪声分析的操作过程

首先创建一个图 4-3 所示的基本共射放大电路。

（1）执行菜单命令 Simulate | Analysis | Noise Analysis。打开 Noise Analysis 对话框。

（2）在对话框中的 Analysis Parameters 选项卡，设置将要分析的参数，包括选择输入噪声的参考电源、选择噪声输出节点、选择参考电压节点、设置汇总的采样点数等。参见图 4-18 所示。

（3）打开 Frequency Parameters 选项卡，设置扫描频率，包括设置扫描起始频率、扫描终止频率、选择扫描方式等。本例用系统默认设置。

（4）打开 Output 选项卡，选定需分析的噪声源。如图 4-19 所示。

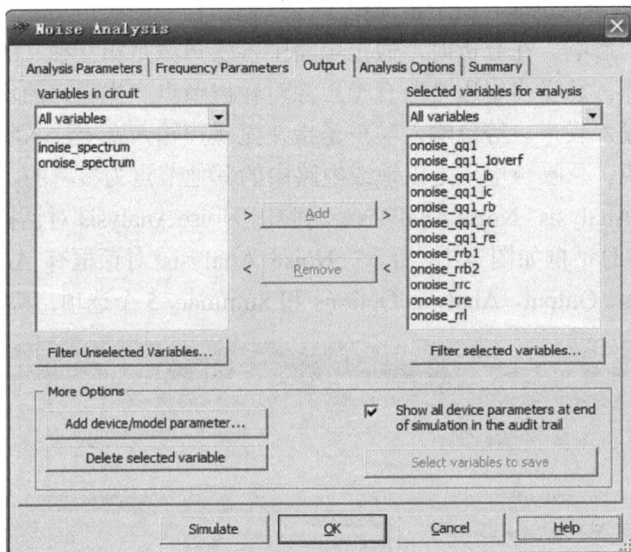

图 4-19　Output 选项卡

（5）单击 Simulate 按钮执行仿真。显示出备选噪声源对电路输出端的影响曲线。如图 4-20 所示。

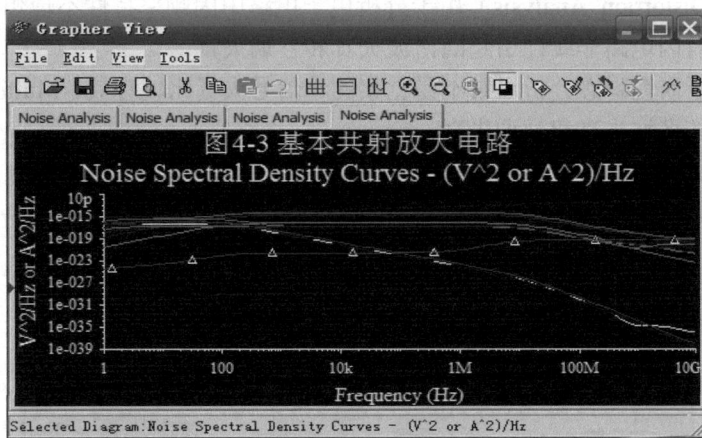

图 4-20 备选噪声源对电路输出端的影响曲线

4.4.6 噪声系数分析

噪声系数分析（Noise Figure Analysis）主要用于研究元件模型中的噪声对电路的影响。在 Multisim 10 中噪声系数定义：No 是输出噪声功率，Ns 是信号源电阻的热噪声，G 是电路的 AC 增益即二端口网络的输出信号与输入信号的比。噪声系数的单位是 dB，即 10 lg（F）。

单击 Simulate | Analysis | Noise Figure Analysis，将弹出 Noise Figure Analysis 对话框，进入噪声系数分析状态，Noise Figure Analysis 对话框如图 4-21 所示。

Noise Figure Analysis 对话框有 Analysis Parameters、Analysis Options 和 Summary 3 个选项卡，其中 Analysis Options 和 Summary 2 个选项卡与直流工作点分析的设置一样，Analysis Parameters 与噪声分析类似。只是多了 Frequency（频率）和 Temperature（温度）两项，默认值如图 4-21 所示。

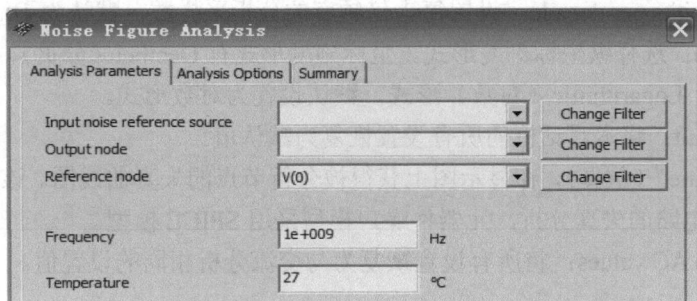

图 4-21 Noise Figure Analysis 对话框

4.4.7　失真分析

　　失真分析（Distortion Analysis）用于分析电子电路中因频率特性不理想引起的幅度失真和相位失真，也有因电路非线性引起的谐波失真和互调失真。

　　失真分析对于研究瞬态分析通常不易觉察的小信号失真比较有效。Multisim 10 可以分析小信号模拟电路的谐波失真和互调失真。

　　单击 Simulate | Analysis | Distortion Analysis，将弹出 Distortion Analysis 对话框，进入失真分析状态，Distortion Analysis 对话框如图 4-22 所示。

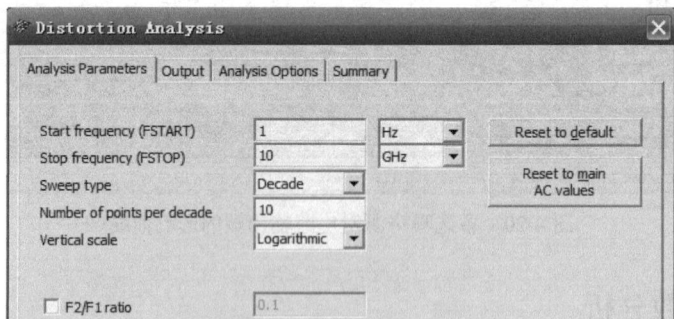

图 4-22　失真分析对话框

　　Distortion Analysis 对话框有 Analysis Parameters、Output、Analysis Options 和 Summary 4 个选项，其中 Output、Analysis Options 和 Summary 3 个选项与直流工作点分析的设置一样，下面介绍 Analysis Parameters 选项。

1. Analysis Parameters 选项

　　Start frequency（FSTART）：设置分析的起始频率，默认设置为 1 Hz。

　　Stop frequency（FSTOP）：设置扫描终点频率，默认设置为 10 GHz。

　　Sweep type：设置分析的扫描方式，包括 Decade（十倍程扫描）和 Octave（八倍程扫描）及 Linear（线性扫描）。默认设置为十倍程扫描（Decade 选项），以对数方式展现。

　　Number of points per decade：设置每十倍频率的分析采样数，默认为 10。

　　Vertical Scale：选择纵坐标刻度形式。坐标刻度形式有 Decibel（分贝）、Octave（八倍）、Linear（线性）及 Logarithmic（对数）形式。默认设置为对数形式。

　　Reset to default：将本对话框的所有设置恢复为默认值。

　　单击 "Simulate"（仿真），在显示图上获得被分析节点的失真曲线图。该分析方法主要被用于小信号模拟电路的失真分析，元器件噪声模型采用 SPICE 模型。

　　Reset to main AC values：将所有设置恢复为与交流分析相同的设置值。

2. 应用举例

　　以图 4-3 基本共射放大电路为例，介绍失真分析的基本操作过程。

创建基本共射放大电路，参见图4-3。

（1）双击交流源图标，打开 AC_VOLTAGE 对话框。

（2）设定 Distortion Frequency 1 Magnitude 为 10 mV，单击 OK 按钮确认。如图 4-23 所示。

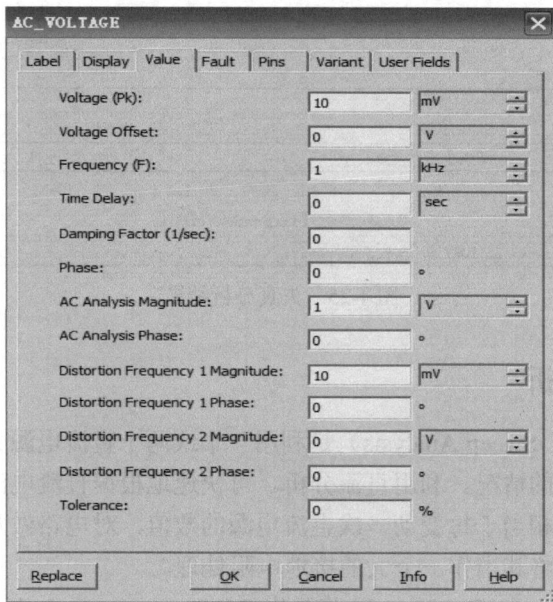

图 4-23　AC_VOLTAGE 对话框

（3）执行菜单命令 Simulate | Analysis | Distortion Analysis，打开 Distortion Analysis 对话框。如图 4-24 所示。

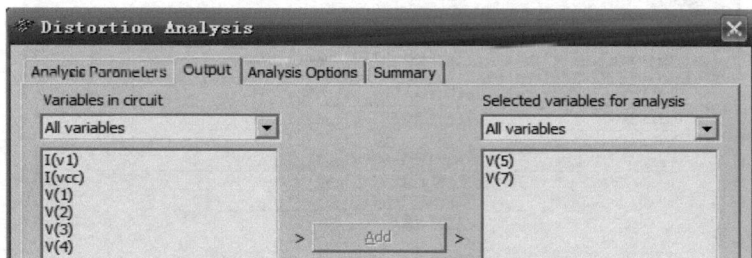

图 4-24　失真分析——Output 选项卡

（4）在对话框中设置分析参数，包括设置起始频率、终止频率、选择扫描方式等。

（5）打开 Output 选项卡，选定要分析的节点。

（6）单击 Simulate 按钮执行仿真。失真分析结果显示在 Grapher View 对话框中。如图 4-25 所示。

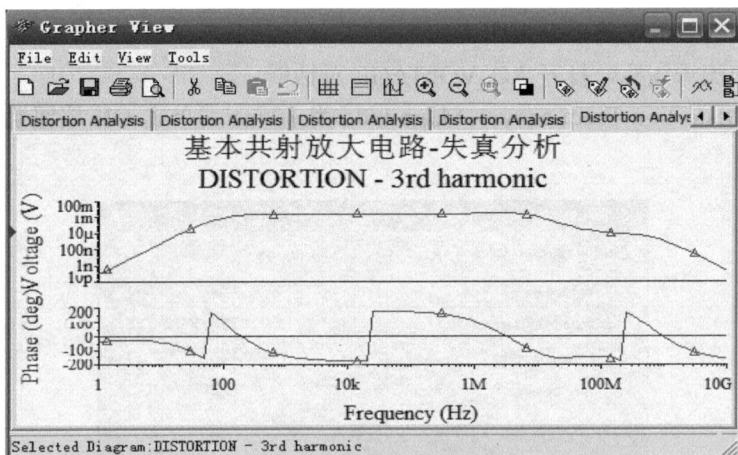

图 4-25　失真分析结果

4.4.8　直流扫描分析

直流扫描分析（DC Sweep Analysis）是利用一个或两个直流电源分析电路中某一节点上的直流工作点数值变化的情况。利用直流分析，可快速地根据直流电源的变动范围确定电路直流工作点。它的作用相当于每变动一次直流电源的数值，对电路做几次不同的仿真。如果电路中有数字器件，可将其当作一个大的接地电阻处理。

单击 Simulate | Analysis | DC Sweep，将弹出 DC Sweep Analysis 对话框，进入直流扫描分析状态，DC Sweep Analysis 对话框如图 4-26 所示。

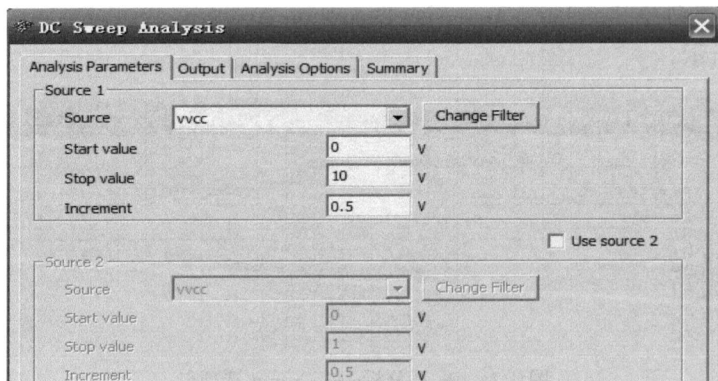

图 4-26　直流扫描分析对话框

DC Sweep Analysis 对话框有 Analysis Parameters、Output、Analysis Options 和 Summary 4 个选项，其中 Output、Analysis Options 和 Summary 3 个选项与直流工作点分析的设置一样，下面介绍 Analysis Parameters 选项。

1. Analysis Parameters 选项

在 Analysis Parameters 对话框中有 Source 1 与 Source 2 两个区，区中的各选项相同。如果需要指定第 2 个电源，则需要选择 Use source 2 选项。各项含义是：Source（选择所要扫描的直流电源）、Start value（设置开始扫描的数值）、Stop value（设置结束扫描的数值）、Increase（设置扫描的增量值）。

在 Analysis Parameters 对话框中的右边有一个 Change Filter 按钮，其功能与 Output 对话框中的 Filter Unselected Variables 按钮相同。

单击"Simulate"（仿真）按钮，可以得到直流扫描分析仿真结果。

2. 应用举例

以图 4-3 基本共射放大电路为例，介绍直流扫描分析的基本操作过程。

创建基本共射放大电路，参见图 4-3。

（1）执行菜单命令 Simulate | Analysis | DC Sweep Analysis。打开 DC Sweep Analysis 对话框。参见图 4-26。

（2）在对话框中的 Source 1 区，设置分析参数，包括设置所要扫描的直流电源、开始扫描的数值、终止扫描的数值、扫描的增量值。如果有第二个电源，需选取 Use Source 2 选项。

（3）打开 Output 选项卡，选定需分析的节点。如图 4-27 所示。

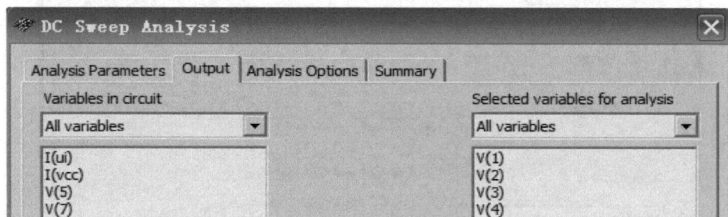

图 4-27　直流扫描分析 Output 选项卡

（4）单击 Simulate 按钮执行仿真。显示出直流扫描的曲线。如图 4-28 所示。

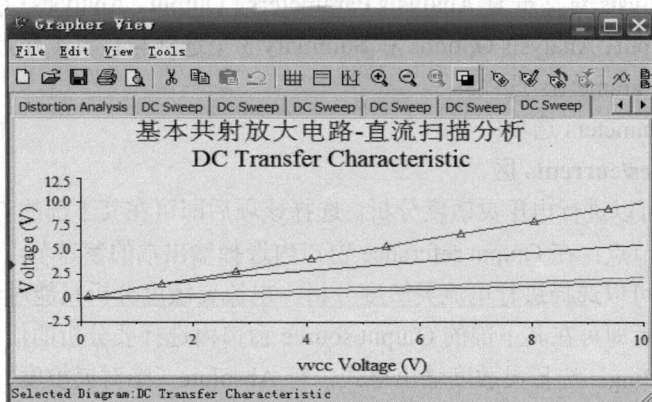

图 4-28　直流扫描曲线

4.4.9 灵敏度分析

灵敏度分析（Sensitivity Analysis）是分析电路特性对电路中元器件参数的敏感程度。灵敏度分析可帮助用户找到电路中对直流工作点影响最大的元件。该分析的目的是努力减少电路对元件参数变化或温度漂移的敏感程度。灵敏度分析计算出节点电压或电流对所有元件（直流灵敏度）或一个元件（交流灵敏度）的灵敏度。灵敏度以数值或百分比的形式表示。当电路中每个元件独立变化时，输出电压或电流也随之改变。直流灵敏度的计算结果保存于表格中，而交流灵敏度分析则绘出相应的曲线。

灵敏度分析包括直流灵敏度分析和交流灵敏度分析功能。直流灵敏度分析的仿真结果以数值的形式显示，交流灵敏度分析仿真的结果以曲线的形式显示。

单击 Simulate | Analysis | Sensitivity，将弹出 Sensitivity Analysis 对话框，进入灵敏度扫描分析状态，Sensitivity Analysis 对话框如图 4-29 所示。

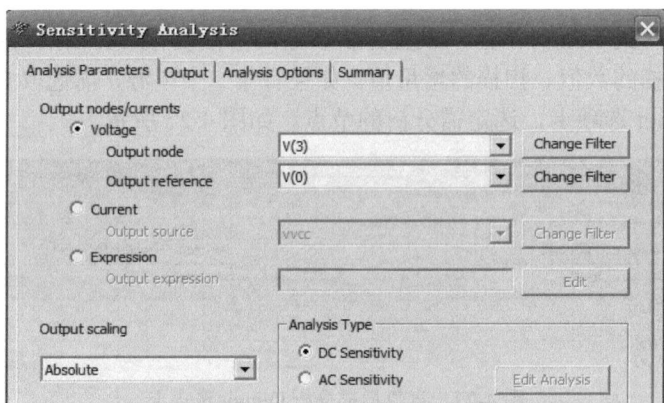

图 4-29　灵敏度分析对话框

Sensitivity Analysis 对话框有 Analysis Parameters、Output、Analysis Options 和 Summary 4 个选项，其中 Output、Analysis Options 和 Summary 3 个选项与直流工作点分析的设置一样，下面介绍 Analysis Parameters 选项。

在 Analysis Parameters 选项中有两个区。

1. Output nodes/currents 区

（1）Voltage：可以进行电压灵敏度分析。选择该项后即可在其下部的 Output node 窗口内选定要分析的输出节点；在 Output reference 窗口内选择输出端的参考节点。

（2）Current：可以选择进行电流灵敏度分析。电流灵敏度分析只能对信号源的电流进行分析，在选择该项后即可在其下部的 Output source 窗口内选择要分析的信号源。

（3）Output scaling：选择灵敏度输出格式，有 Absolute（绝对灵敏度）和 Relative（相对灵敏度）两个选项。

（4）在 Analysis Parameters 对话框中的右边有 3 个 Change Filter 按钮，分别对应左边的 3 个栏，其功能与 Output 对话框中的 Filter Unselected Variables 按钮相同。

2. Analysis Type 区

（1）DC Sensitivity：直流灵敏度分析，分析结果将产生一个表格。

（2）AC Sensitivity：交流灵敏度分析，分析结果将产生一个分析图。选择交流灵敏度分析后，单击 Edit Analysis 按钮，进入灵敏度交流分析对话框，参数设置与交流分析相同。

单击“Simulate”（仿真）按钮，可以得到灵敏度分析仿真结果。

3. 应用举例

仍以图 4-3 基本共射放大电路为例，介绍灵敏度分析的基本操作过程。

创建基本共射放大电路，参见图 4-3。

（1）执行菜单命令 Simulate | Analyses | Sensitivity Analysis。打开 Sensitivity Analysis 对话框。

（2）对于直流电压灵敏度分析，在对话框中设置分析参数，包括选定要分析的输出节点、输出的参考点。参见图 4-29。

（3）打开 Output 选项卡，选定需分析的节点。如图 4-30 所示。

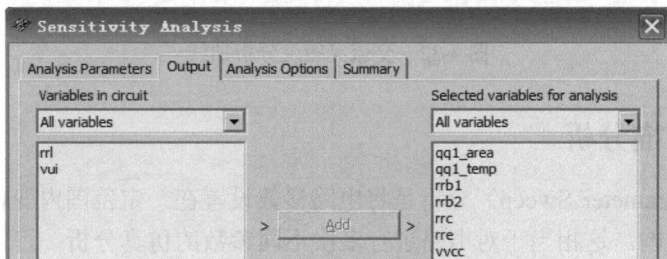

图 4-30 灵敏度分析 Output 选项卡

（4）单击 Simulate 按钮，显示出直流灵敏度分析数据表。如图 4-31 所示。

	Sensitivity Analysis	
1	qq1_area	-64.49342 m
2	qq1_temp	-5.76029 m
3	rre	2.55397 m
4	rrb2	-317.68775 u
5	rrb1	98.19354 u
6	rrc	-1.06176 m
7	vvcc	455.39939 m

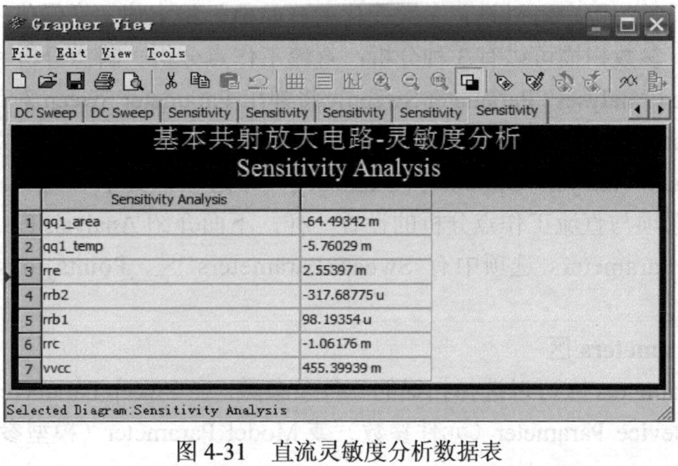

图 4-31 直流灵敏度分析数据表

（5）再执行菜单命令 Simulate | Analyses | Sensitivity Analysis，打开 Sensitivity Analysis 对话框，选择 AC Sensitivity。

（6）输出节点选择节点 4，单击 Simulate 按钮执行仿真。显示出交流灵敏度分析曲线。如图 4-32 所示。

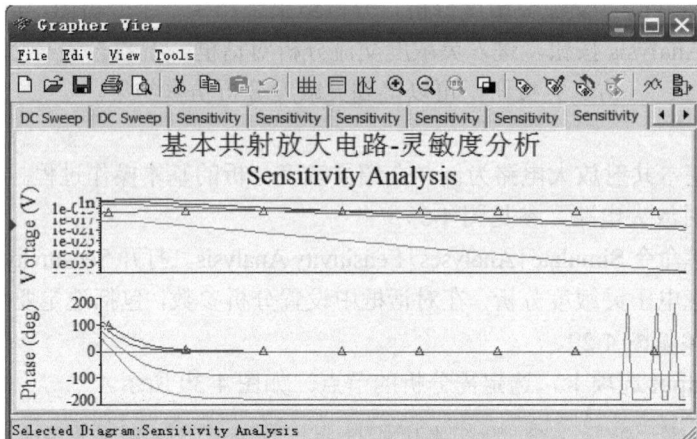

图 4-32　交流灵敏度分析曲线

4.4.10　参数扫描分析

参数扫描（Parameter Sweep）分析是将电路参数设置在一定范围内变化，以分析参数变化对电路性能的影响。这相当于对电路进行多次不同参数的仿真分析，可以快速检验电路性能，对于产品设计很有意义。采用参数扫描方法分析电路，可以较快地获得某个元件的参数，以及在一定范围内变化时对电路的影响。相当于该元件每次取不同的值，进行多次仿真。对于数字器件，在进行参数扫描分析时将被视为高阻接地。

进行这种分析时，用户可以设置参数变化的开始值、结束值、增量值和扫描方式，从而控制参数的变化。参数扫描可以有 3 种分析：直流工作点分析、瞬态分析和交流频率分析。

单击 Simulate | Analyses | Parameter Sweep，将弹出 Parameter Sweep 对话框，进入参数扫描分析状态，Parameter Sweep 对话框如图 4-33 所示。Parameter Sweep 对话框有 Analysis Parameters、Output、Analysis Options 和 Summary 4 个选项，其中 Output、Analysis Options 和 Summary 3 个选项与直流工作点分析的设置一样，下面介绍 Analysis Parameters 选项。

在 Analysis Parameters 选项中有 Sweep Parameters 区、Points to sweep 区和 More Options 区。

1. Sweep Parameters 区

在 Sweep Parameters 区可以选择扫描的元件及参数。在 Sweep Parameter 窗口可选择的扫描参数类型有：Device Parameter（元件参数）或 Model Parameter（模型参数）。选择不同的扫描参数类型之后，还将有不同的项目供进一步选择。

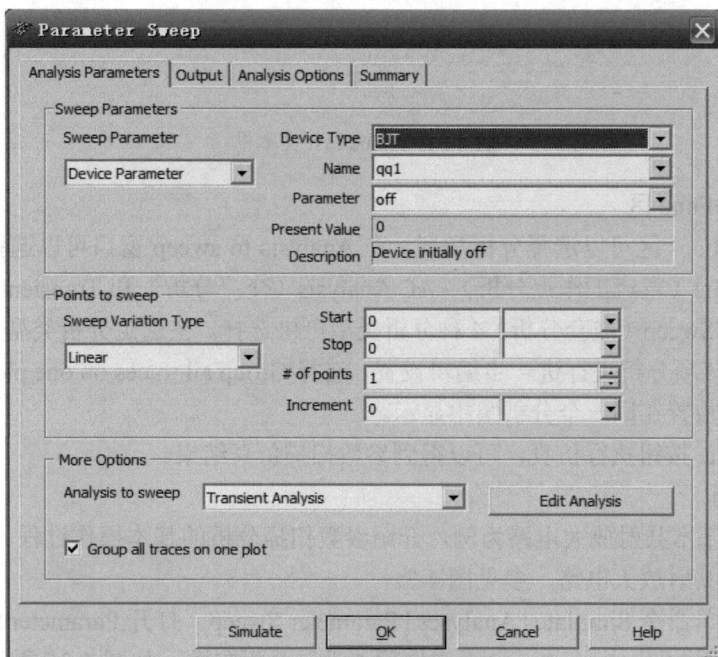

图 4-33　参数扫描分析对话框

（1）选择元件参数类型：选择 Device Parameter 后，该区的右边 5 个栏出现与器件参数有关的一些信息。Device Type：选择所要扫描的元件种类；Name：选择要扫描的元件序号；Parameter：选择要扫描元件的参数；Description：说明元件的参数；Present Value：目前该参数的设置值。

（2）选择元件模型参数类型：选择 Model Parameter 后，该区右边同样出现需要进一步选择的 5 个栏。这 5 个栏中提供的选项不仅与电路有关，而且与选择 Device Parameter 对应的选项有关，需要注意区别。

2. Points to sweep 区

在 Points to sweep 区可以选择扫描方式。在 Sweep Variation Type 窗口中可以选择扫描变量类型，包括 Decade、Octave、Linear 及 List。

如果左侧的扫描变量选取 Linear，则右侧出现 4 个栏；如果选取 Decade 或 Octave，则右侧仅有上面的 3 个栏。其中：Start（开始扫描的值）、Stop（结束扫描的值）、# of points（扫描的点数）、Increment（扫描的增量）。

如果选择 List 选项，则其右边将出现 Value List 文本框，如图 4-34 所示。在栏中输入所取的值。如果要输入多个不同的值，则在数字之间以空格、逗点或分号隔开。

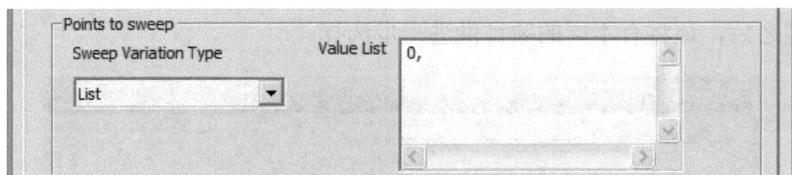

图 4-34   Value List 文本框

3. More Options 区

在 More Options 区可以选择分析类型。在 Analysis to sweep 窗口可以选择分析类型，有
DC Operating Point（直流工作点分析）、AC Analysis（交流分析）和 Transient Analysis（瞬态
分析）及 Nested Sweep（嵌套分析）4 种分析类型可供选择。在选定分析类型后，可单击 Edit
Analysis 按钮对该项分析进行进一步编辑设置。选择 Group all traces on one plot 选项，可以将
所有分析的曲线放置在同一个分析图中显示。

单击 Simulate 按钮执行仿真，可以得到参数扫描仿真结果。

4. 应用举例

仍以图 4-3 基本共射放大电路为例，介绍参数扫描分析的基本操作过程。

创建一基本共射放大电路，参见图 4-3。

（1）执行菜单命令 Simulate | Analyses | Parameter Sweep。打开 Parameter Sweep 对话框。

（2）在对话框的 Analysis Parameters 选项卡设置分析参数。如图 4-35 所示。

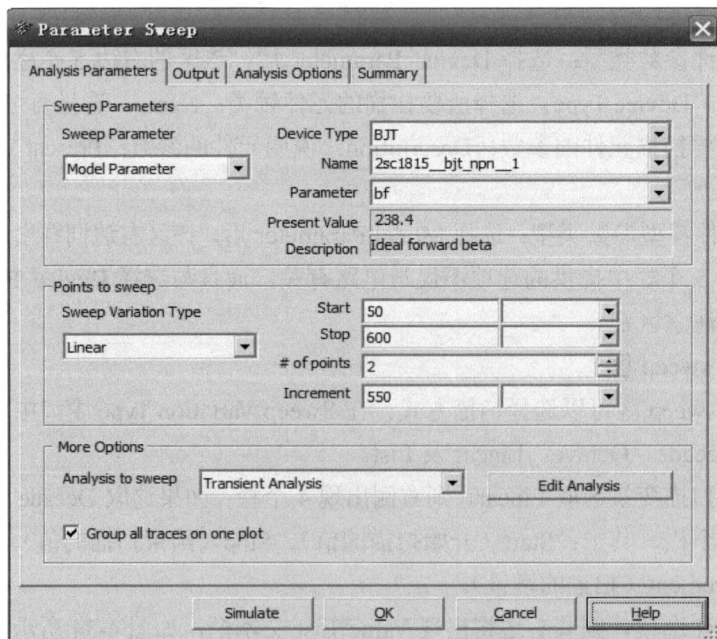

图 4-35   参数扫描分析 Analysis Parameters 选项卡

（3）打开 Output 选项卡，选定要分析的节点。如图 4-36 所示。

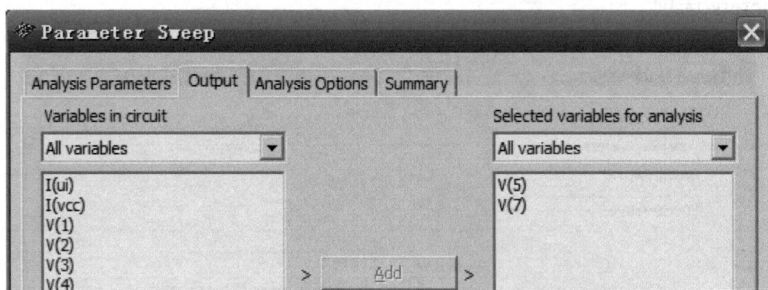

图 4-36　参数扫描分析 Output 选项卡

（4）单击 Simulate 按钮执行仿真，显示出参数扫描分析曲线。如图 4-37 所示。

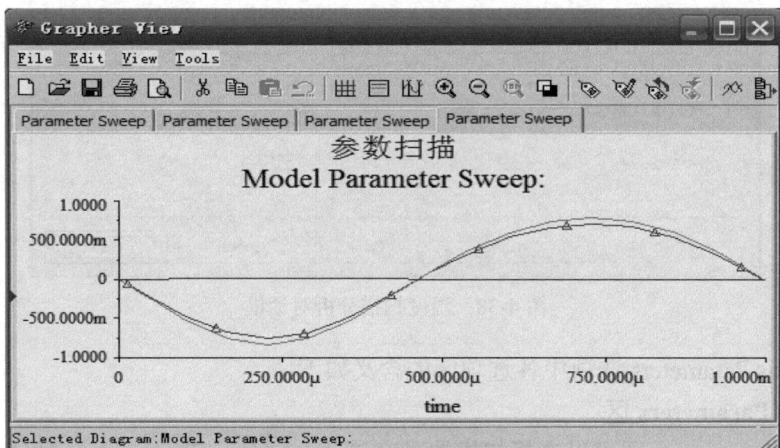

图 4-37　参数扫描分析结果

4.4.11　温度扫描分析

温度扫描（Temperature Sweep）分析是研究温度变化对电路性能的影响。采用温度扫描分析，可以同时观察到在不同温度条件下的电路特性，相当于该元件每次取不同的温度值进行多次仿真。可以通过"温度扫描分析"对话框，选择被分析元件温度的起始值、终值和增量值。在进行其他分析的时候，电路的仿真温度默认值设定在 27℃。温度扫描分析也适用于直流工作点分析、瞬态分析和交流频率分析。温度扫描分析仅影响模型中与温度有关的元件参数。

单击 Simulate | Analyses | Temperature Sweep，将弹出 Temperature Sweep Analyses 对话框，进入温度扫描分析状态，Temperature Sweep Analysis 对话框如图 4-38 所示。Temperature Sweep Analysis 对话框有 Analysis Parameters、Output、Analysis Options 和 Summary 4 个选项，其中

Output、Analysis Options 和 Summary 3 个选项与直流工作点分析的设置一样，下面仅介绍 Analysis Parameters 选项。

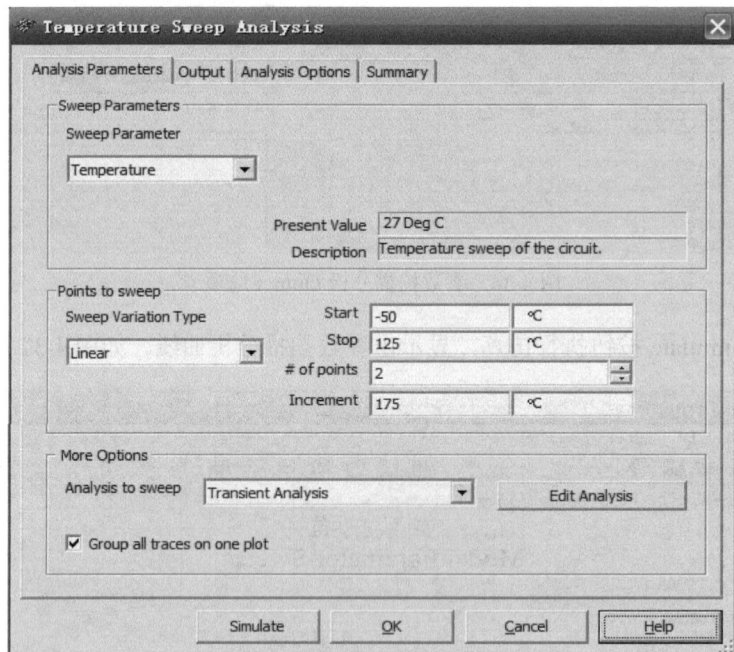

图 4-38　温度扫描分析对话框

在 Analysis Parameters 选项中各选项区的含义如下。

1. Sweep Parameters 区

在 Sweep Parameters 区可以选择扫描的温度 Temperature。Temperature 默认值为 27℃。

2. Points to sweep 区

在 Points to sweep 区可以选择扫描方式。选择扫描变量类型包括十倍频程、八倍频程、线性或列表取值。如果左侧的扫描变量选取 Linear，则右侧出现 4 个栏；如果选 Decade 或 Octave，则右侧仅有上面的 3 个栏。其中各项含义如下。

Start：开始扫描的值。

Stop：结束扫描的值。

# of points：扫描的点数。

Increment：扫描的增量。

如果扫描变量选取 List，则右侧出现 Value 栏。可在 Value 栏中输入所取的值。如果需要输入多个不同的值，则应以空格、逗号或分号隔开。

3. More Options 区

在 More Options 区可以选择分析类型。设置方法与参数扫描分析中的 More Options 区完全相同。选择 Group all traces on one plot 选项，可以将所有分析的曲线放置在同一个分析图中显示。

单击 Simulate 按钮，即可得到扫描仿真分析结果。

4. 应用举例

仍以图 4-3 基本共射放大电路为例，介绍温度扫描分析的基本操作过程。

创建一基本共射放大电路，参见图 4-3。

（1）执行菜单命令 Simulate | Analysis | Temperature Sweep。打开 Temperature Sweep 对话框。

（2）在 Sweep Parameters 选项卡设置温度分析参数。

（3）打开 Output 选项卡，选定要分析的节点。分别选三极管的基极、发射极、集电极。

（4）单击 Simulate 按钮执行仿真。显示出温度扫描分析的曲线。如图 4-39 所示。

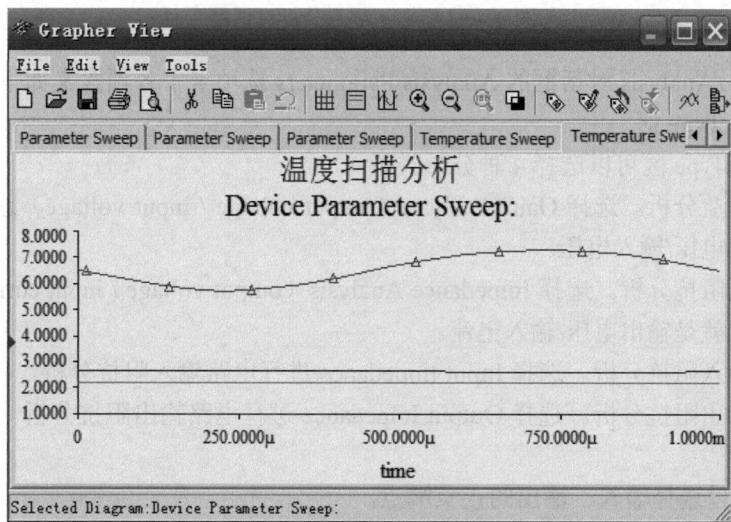

图 4-39　温度扫描分析结果

4.4.12　极点—零点分析

极点—零点（Pole-Zero）分析方法是一种对电路的稳定性分析相当有用的工具。该分析通过求解交流小信号电路传递函数的极点和零点，以确定电路的稳定性。

通常先进行直流工作点分析，对非线性器件求得线性化的小信号模型。在此基础上再分析传输函数的极、零点。极零点分析主要用于模拟小信号电路的分析。

单击 Simulate | Analyses | Pole Zero，将弹出 Pole-Zero Analyses 对话框，进入极点—零点分析状态，Pole-Zero Analyses 对话框如图 4-40 所示。Pole-Zero Analyses 对话框有 Analysis Parameters、Analysis Options 和 Summary 3 个选项，其中 Analysis Options 和 Summary 与直流工作点分析的设置一样，下面仅介绍 Analysis Parameters 选项。

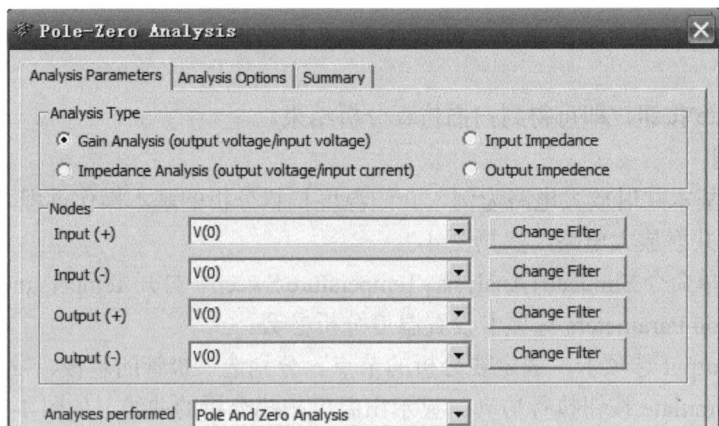

图 4-40　极点—零点分析对话框

在 Pole-Zero Analysis 对话框的 Analysis Parameters 选项卡中各项含义如下。

1. Analysis Type 区

在 Analysis Type 区可以选择 4 种分析类型。

（1）电路增益分析。选择 Gain Analysis（output voltage / input voltage）进行电路增益分析，也就是输出电压/输入电压。

（2）电路互阻抗分析。选择 Impedance Analysis（output voltage / input current）进行电路互阻抗分析，也就是输出电压/输入电流。

（3）电路输入阻抗分析。选择 Input Impedance 进行电路输入阻抗分析。

（4）电路输出阻抗分析。选择 Output Impedance 进行电路输出阻抗分析。

2. Nodes 区

Nodes 区可以选择输入、输出的正负端点。

（1）选择正的输入端点，在 Input（+）窗口可以选择正的输入端点。

（2）选择负的输入端点，在 Input（−）窗口可以选择负的输入端点，通常是接地端，即节点 0。

（3）选择正的输出端点，在 Output（+）窗口可以选择正的输出端点。

（4）选择负的输出端点，在 Output（−）窗口可以选择负的输出端点，通常是接地端，即节点 0。

在 Nodes 对话框中的右边有 4 个 Change Filter 按钮，分别对应左边的 4 个栏，其功能与 Output 对话框中的 Filter Unselected Variables 按钮相同。

3. Analyses performed 区

Analyses performed 区可以选择所要分析的项目，具体如下。

（1）Pole And Zero Analysis：同时求出极点与零点。

（2）Pole Analysis：仅求出极点。

（3）Zero Analysis：仅求出零点。

单击 Simulate 按钮，即可得到极点与零点仿真分析结果。

4. 应用实例

仍以图 4-3 基本共射放大电路为例，介绍极点—零点分析的基本操作过程。

创建一基本共射放大电路，参见图 4-3。

（1）执行菜单命令 Simulate | Analyses | Pole Zero Analysis。打开 Pole-Zero Analysis 对话框。

（2）在 Analysis Parameters 选项卡设置极点—零点分析参数。如图 4-41 所示。

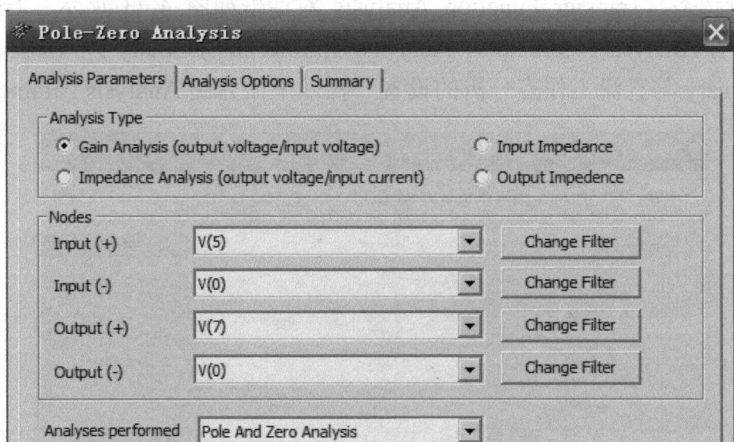

图 4-41 极点—零点分析对话框 Analysis Parameters 选项卡

（3）单击 Simulate 按钮执行仿真。显示出极点—零点分析结果。如图 4-42 所示。

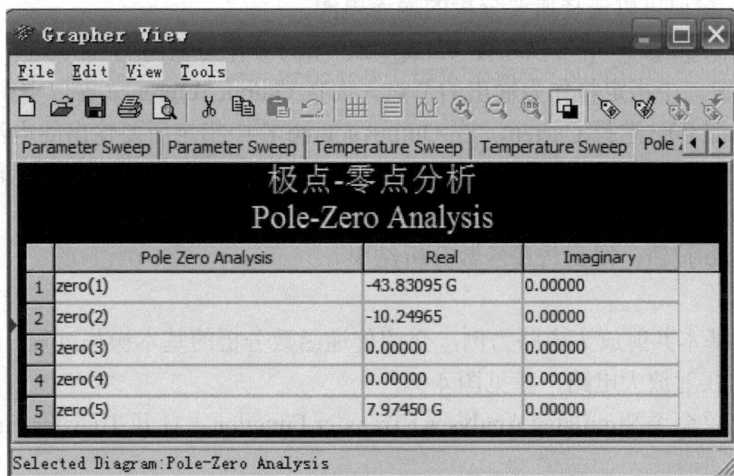

Pole Zero Analysis	Real	Imaginary
1 zero(1)	-43.83095 G	0.00000
2 zero(2)	-10.24965	0.00000
3 zero(3)	0.00000	0.00000
4 zero(4)	0.00000	0.00000
5 zero(5)	7.97450 G	0.00000

图 4-42 极点—零点分析结果

4.4.13 传递函数分析

传递函数（Transfer Function）分析是分析计算在交流小信号条件下，由用户指定的作为输出变量的任意两节点之间的电压或流过某一器件上的电流与作为输入变量的独立电源之间的比值，同时也可计算出相应的输入阻抗与输出阻抗。

首先对模拟电路或非线性器件进行直流工作点分析，求得线性化的模型，然后再进行小信号 AC 分析。输出变量可以是电路中的任意节点电压，输入必须是独立源。

单击 Simulate | Analyses | Transfer Function，将弹出 Transfer Function Analysis 对话框，进入传递函数分析状态，Transfer Function Analysis 对话框如图 4-43 所示。Transfer Function Analysis 对话框有 Analysis Parameters、Analysis Options 和 Summary 3 个选项，其中 Analysis Options 和 Summary 与直流工作点分析的设置一样，下面介绍 Analysis Parameters 选项。

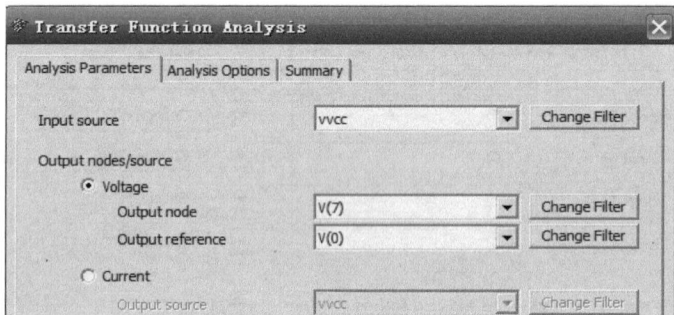

图 4-43　传递函数分析对话框

1. Analysis Parameters 选项

Input source 窗口可以选择所要分析的输入电源。

Output nodes/source 区中可以选择 Voltage 或 Current 作为输出电压的变量。选择 Voltage，在 Output node 窗口中指定将作为输出的节点，而在 Output reference 窗口中指定参考节点，通常是接地端（即 0）。选择 Current，在 Output source 栏中指定所要输出的电流。在 Analysis Parameters 对话框中右边有 3 个 Change Filter 按钮，分别对应左边的 3 个栏，其功能与 Output 对话框中的 Filter Unselected Variables 按钮相同。

单击 Simulate 按钮，得到传递函数分析结果。

2. 应用举例

仍以图 4-3 基本共射放大电路为例，介绍传递函数分析的基本操作过程。

创建一基本共射放大电路，参见图 4-3。

（1）执行菜单命令 Simulate | Analyses | Transfer Function。打开 Transfer Function Analysis 对话框。

（2）在对话框中设置分析参数，包括选择要分析的输入电源、选择输出电压变量、指定输出节点、参考节点。

（3）单击 Simulate 按钮执行仿真，显示出传递函数分析的结果。如图 4-44 所示。

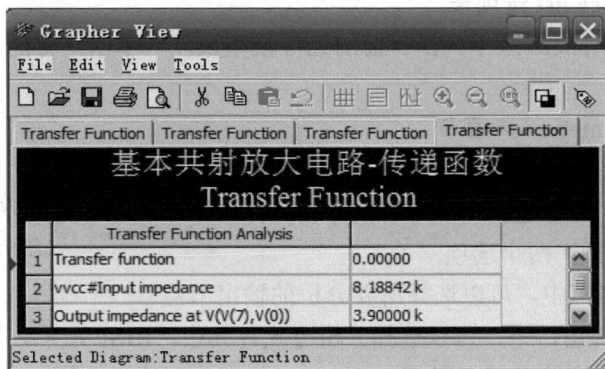

图 4-44　传递函数分析结果

4.4.14　最坏情况分析

最坏情况（Worst Case）分析是一种统计分析方法。它可以使实验者观察到在元件参数变化时，电路特性变化的最坏可能性。适合于对模拟电路和小信号电路的分析。它有助于电路设计者了解元器件参数的变化对电路性能的最坏影响。

最坏情况分析是指电路中的元件参数在其容差域边界点上取某种组合时所引起的电路性能的最大偏差，而最坏情况分析是在给定电路元件参数容差的情况下，估算出电路性能相对于标称值时的最大偏差。在给定元件参数容差的范围内多次运行指定的分析，给出元件参数变化对电路性能的最坏影响。

单击 Simulate | Analyses | Worst Case，将弹出 Worst Case Analysis 对话框，进入最坏情况分析状态，Worst Case Analysis 对话框如图 4-45 所示。Worst Case Analysis 对话框有 Model tolerance List、Analysis Parameters、Analysis Options 和 Summary 4 个选项，其中 Analysis

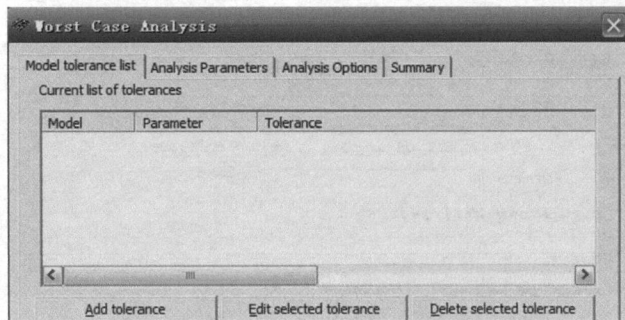

图 4-45　最坏情况对话框

Options 和 Summary 与直流工作点分析的设置一样，下面仅介绍 Model tolerance List 和 Analysis Parameters 选项。

1. Model tolerance list 选项卡

Current list of tolerances 区中列出目前的元件模型误差，单击下方的 Add tolerance 按钮，可以添加误差设置。

2. Analysis Parameters 选项卡

Analysis Parameters 选项卡中各项意义如下。

Analysis 窗口中，可以选择所要进行的分析，有 AC analysis（交流分析）及 DC Operating point（直流工作点分析）两个选项。

Output variable 窗口中，可以选择所要分析的输出节点。

Collating Function 窗口中，可以选择分析方式。其中：RISE EDGE 为上升沿分析，其右边的 Threshold 窗口用来输入其门限值；FALL EDGE 为下降沿分析，其右边的 Threshold 窗口用来输入其门限值。

Direction 窗口中，可以选择容差变化方向。

Output Control 窗口中，选择 Group all traces on one plot 项将所有仿真分析结果和记录在一个图形中显示。若不选此项，则将标称值仿真、最坏情况仿真和 Run Log Descriptions 分别输出显示。

3. 应用实例

仍以图 4-3 基本共射放大电路为例，介绍最坏情况分析的基本操作过程。

创建图 4-3 所示基本共射放大电路。

（1）执行菜单命令 Simulate | Analyses | Worst Case。打开 Worst Case Analysis 对话框。

（2）单击 Model tolerance list 选项卡下方的 Add tolerances 按钮。

（3）在打开的 Tolerances 对话框中，选择模型参数或器件参数，设定参数的器件种类、参数的元件序号、参数类型、容差型式及容差值等。如图 4-46 所示。

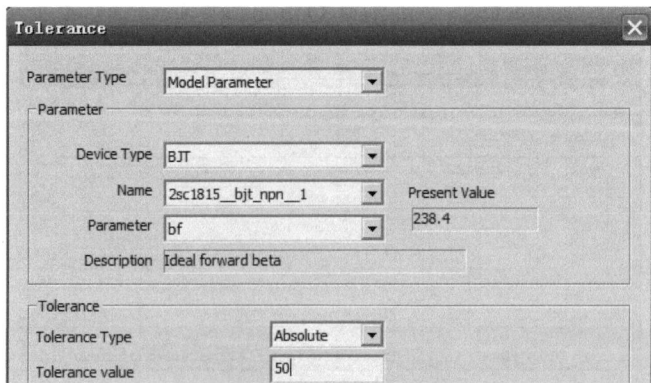

图 4-46　Tolerances 对话框

（4）单击 Accept 按钮确认。被选定的器件模型、参数、容差等即列于表中。

（5）打开 Analysis Parameters 选项卡，选择分析选项、输出变量、比较函数及容差变化方向等。如图 4-47 所示。

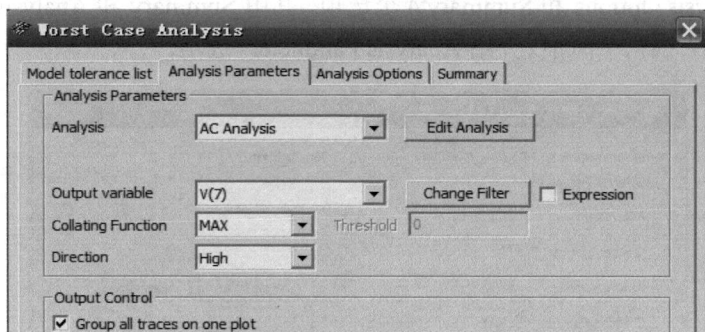

图 4-47　最坏情况对话框 Analysis Parameter 选项卡

（6）单击 Simulate 按钮执行仿真。显示出最坏情况分析的曲线。如图 4-48 所示。

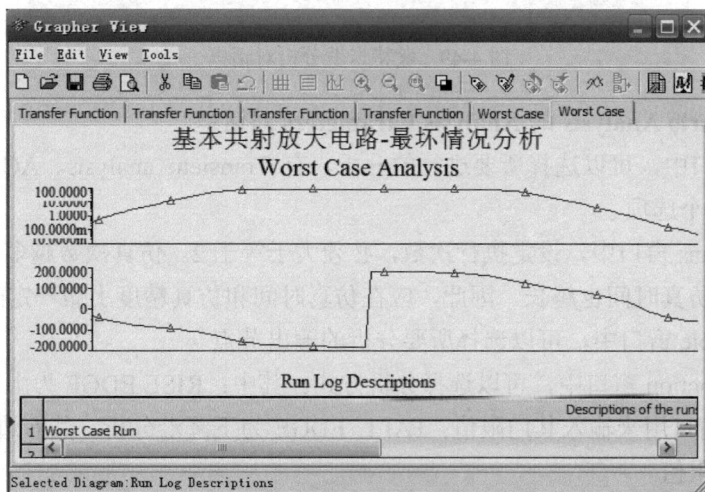

图 4-48　最坏情况分析曲线

4.4.15　蒙特卡罗分析

蒙特卡罗（Monte Carlo）分析是一种统计分析方法，采用统计分析方法来观察给定电路中的元件参数，按选定的误差分布类型在一定的范围内变化时，对电路特性的影响。在给定电路元器件参数容差的统计分布规律的情况下，用一组伪随机数求得元器件的随机抽样序列，对这些随机抽样的电路进行直流、交流和瞬态分析，并通过多次分析的结果估算出电路性能的统计分布规律，如电路性能的中心值、均方差、合格率及成本等。用这些分析的结果，可以预测电路在批量生产时的成品率和生产成本。

单击 Simulate | Analyses | Monte Carlo，将弹出 Monte Carlo Analysis 对话框，进入蒙特卡罗分析状态，如图 4-49 所示。Monte Carlo Analysis 对话框有 Model tolerance List、Analysis Parameters、Analysis Options 和 Summary 4 个选项，其中 Summary 和 Analysis Options 与直流工作点分析的设置一样。下面仅介绍 Analysis Parameters 选项。

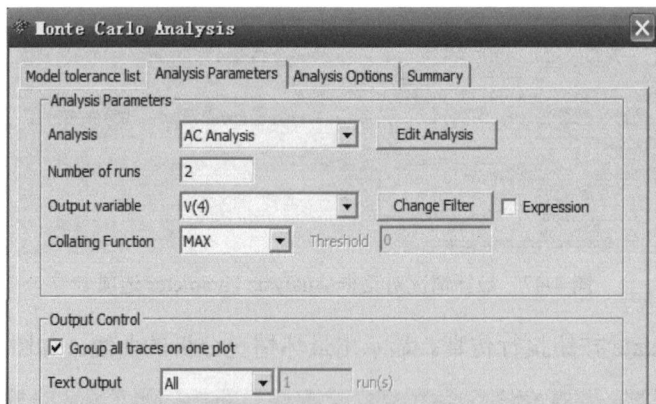

图 4-49　蒙特卡罗分析对话框

1. Monte Carlo Analysis 的 Analysis Parameters 对话框

Analysis 窗口中，可以选择所要进行的分析，有 Transient analysis、AC analysis 及 DC Operating point 3 个选项。

Number of runs 窗口中，设定执行次数，必须大于等于 2。仿真次数越多，结果在统计意义上越精确，但仿真时间也越长。因此，应在仿真时间和仿真精度上做一定的折中。

Output variable 窗口中，可以选择所要分析的输出节点。

Collating Function 窗口中，可以选择分析方式。其中：RISE EDGE 为上升沿分析，其右边的 Threshold 窗口用来输入其门限值；FALL EDGE 为下降沿分析，其右边的 Threshold 窗口用来输入其门限值。

Output Control 窗口中，选择 Group all traces on one plot 项将所有仿真分析结果和记录在一个图形中显示。若不选此项，则将标称值仿真、最坏情况仿真和 Run Log Descriptions 分别输出显示。在 Text Output 窗口可以选择文字输出的方式。

2. 应用实例

仍以图 4-3 基本共射放大电路为例，介绍蒙特卡罗分析的基本操作过程。

创建一基本共射放大电路，参见图 4-3。

（1）执行菜单命令 Simulate|Analysis|Monte Carlo。打开 Monte Carlo Analysis 对话框。

（2）单击 Model tolerance list 选项卡下方的 Add a tolerances 按钮。

（3）在打开的 Tolerance 对话框中，选择模型参数或器件参数，设定参数的器件种类、参数的元件序号、参数类型、容差型式及容差值等。如图 4-50 所示。

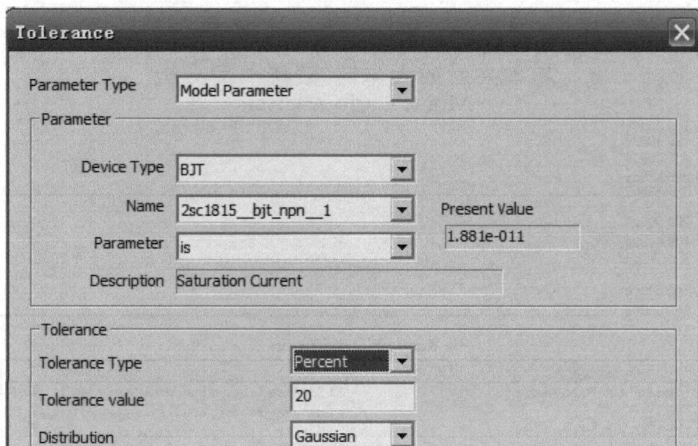

图 4-50　Tolerance 对话框

（4）单击 Accept 按钮确认。被选定的器件模型、参数、容差等即列于表中。

（5）打开 Analysis Parameters 选项卡。先选择直流工作点分析。选择输出变量 、比较函数、容差变化方向、设置运行次数（必须≥2）及选择文字输出方式等。然后，单击 Simulate 按钮执行仿真，窗口中显示出蒙特卡罗分析的直流工作点列表。如图 4-51 所示。

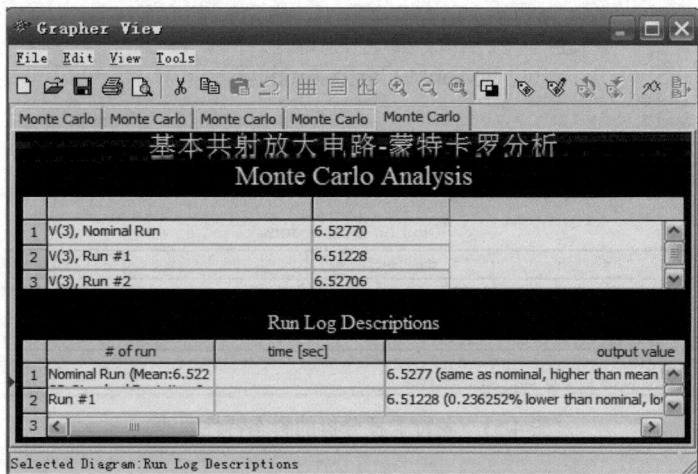

图 4-51　蒙特卡罗分析的直流工作点列表

（6）重复前面步骤（1）～（4）的操作，然后选择 AC 分析。再单击 Simulate 按钮执行仿真。显示出蒙特卡罗分析的交流分析曲线。如图 4-52 所示。

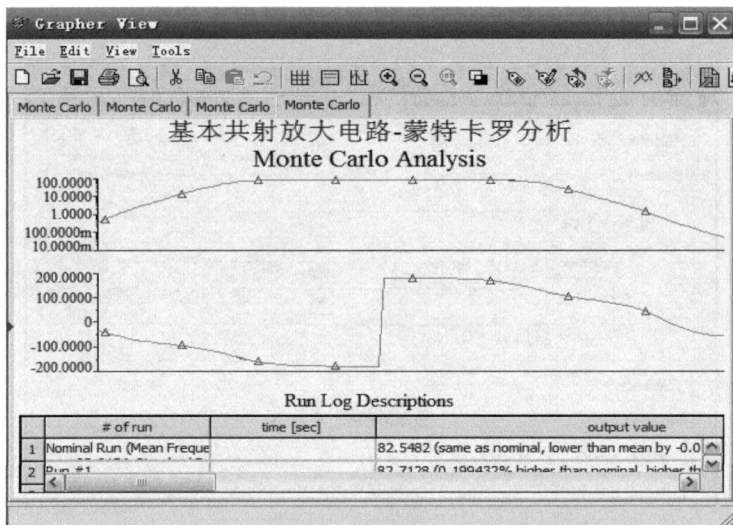

图 4-52　蒙特卡罗分析的交流分析曲线

（7）依此操作还可以求出蒙特卡罗分析的瞬态特性曲线。如图 4-53 所示。

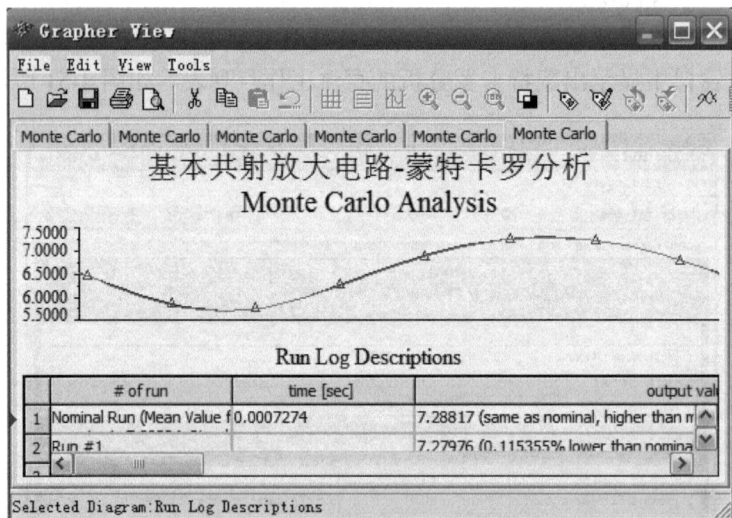

图 4-53　蒙特卡罗分析的瞬态特性曲线

4.4.16　导线宽度分析

导线宽度（Trace Width）分析主要用于计算电路中电流流过时所需要的最小导线宽度。

单击 Simulate | Analyses | Trace Width，将弹出 Trace Width analysis 对话框，进入导线宽度分析状态，Trace Width Analysis 对话框如图 4-54 所示。

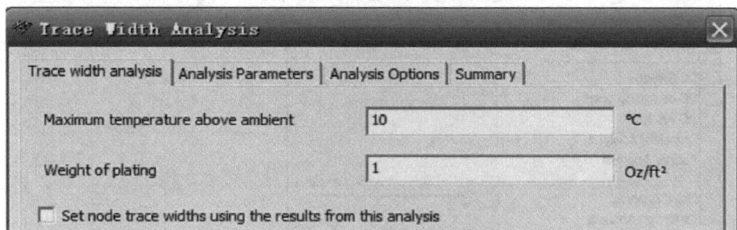

图 4-54　导线宽度分析对话框

Trace Width Analysis 对话框有 Trace width analysis、Analysis Parameters、Analysis Options 和 Summary 4 个选项，其中 Analysis Parameters、Analysis Options 和 Summary 与直流工作点分析的设置一样。下面仅介绍 Trace Width Analysis 选项。

在 Trace width analysis 选项卡中各项含义如下。

Maximum temperature above ambient：用来设置估算线宽时高于环境温度的最大值，以满足一定的设计余量。

Weight of plating：用来设置镀层。

Set node trace widths using the results from this analysis：用来设置是否将分析结果用于建立导线宽度。

4.4.17　批处理分析

批处理分析（Batched）是指将不同类型的分析或同一种分析的多个实例组合到一起依次运行。

在实际电路分析中，通常需要对同一个电路进行多种分析，例如，对一个放大电路分析，为了确定静态工作点，需要进行直流工作点分析；为了了解其频率特性，需要进行交流分析；为了观察输出波形，需要进行瞬态分析。批处理分析可以将不同的分析功能放在一起依序执行。为教学目的而验证电路原理，为建立电路分析的记录及设置分析自动运行的顺序等。

单击 Simulate | Analyses | Batched，将弹出 Batched Analyses 对话框，进入批处理分析状态，Batched Analyses 对话框如图 4-55 所示。

在 Batched Analyses 对话框的左边 Available Analyses 区中选择所要执行的分析，单击 Add analysis 按钮，则所选择要分析的参数对话框出现。例如，选择 Monte Carlo，单击 Add analysis 按钮，则弹出 Monte Carlo Analysis 对话框。该对话框与蒙特卡罗分析的参数设置对话框基本相同，其操作也一样，所不同的是 Simulate 按钮变成了 Add to list 按钮。在设置对话框中各种参数之后，单击 Add to list 按钮，即回到 Batched Analyses 对话框，右边的 Analyses To Perform 区中出现要分析的选项 Monte Carlo，单击 Monte Carlo 分析左侧的"+"号，则显示出该分析的总结信息。

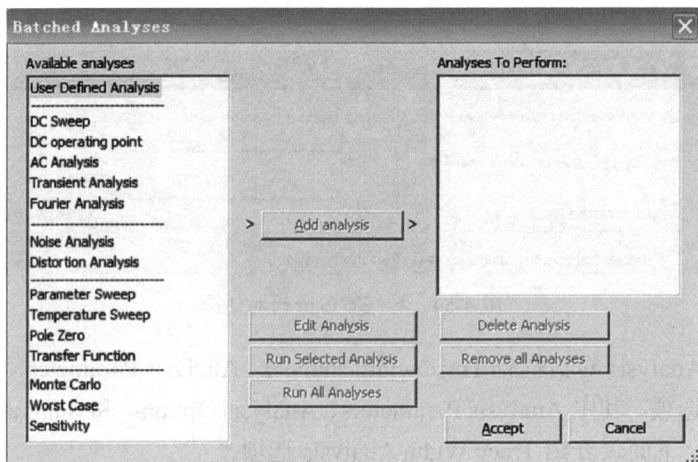

图 4-55   批处理分析对话框

Edit Analysis：对其参数进行编辑处理。

Run Selected Analysis：对其运行仿真分析。

Run All Analyses：执行所选定在 Analyses To Perform 区中的全部分析仿真。仿真的结果将依次出现在 Analysis Graphs 中。

Delete Analysis：删除。

Remove all Analyses：将已选中在 Analyses To Perform 区内的分析全部删除。

Accept：保留 Batched Analyses 对话框中的所有选择设置。

仍以图 4-3 基本共射放大电路为例，介绍批处理分析的基本操作过程。

创建一基本共射放大电路，参见图 4-3。

（1）执行菜单命令 Simulate | Analyses | Batched Analyses。打开批处理分析对话框。

（2）在左边的 Available analyses 表中选中需要执行的分析，再单击中间的 Add analysis 按钮。

（3）出现所选分析参数的设置对话框，设置相应的参数。单击 Add to list 按钮，设置的分析就被加到右侧的 Analyses to Perform 表中。单击分析项目左侧的"+"号，显示出该分析的总结信息。

（4）再选择第 2 个批处理项目。设置相应的参数并单击 Add to list 按钮。第 2 个分析选项被加到右侧的 Analyses to Perform 表中。

（5）照此将所有批处理分析项目选定后，如图 4-56 所示。单击 Run All Analyses 按钮，执行批处理分析。

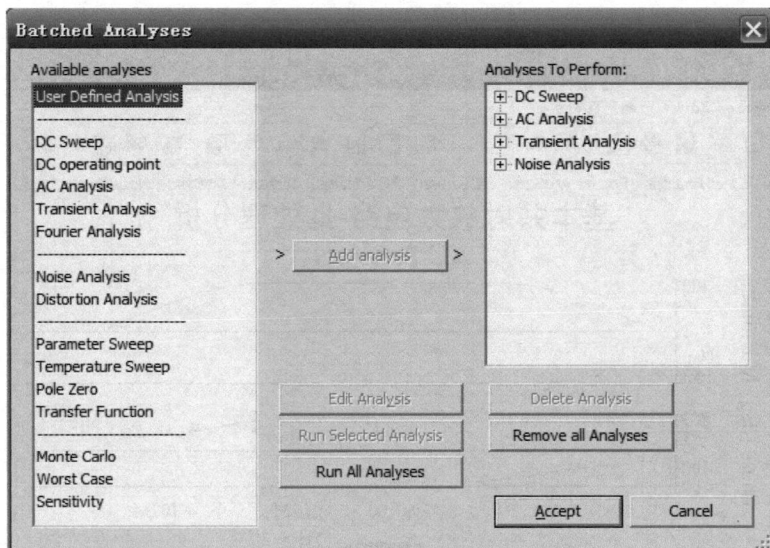

图 4-56　所有批处理分析项目选定后批处理分析对话框

（6）批处理显示的直流扫描分析曲线，如图 4-57 所示。

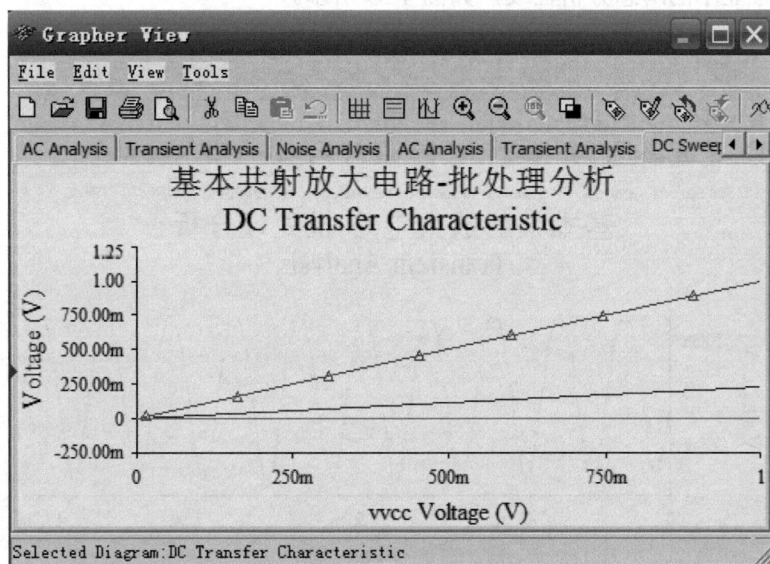

图 4-57　批处理显示的直流扫描分析曲线

（7）批处理显示的交流分析曲线，如图 4-58 所示。

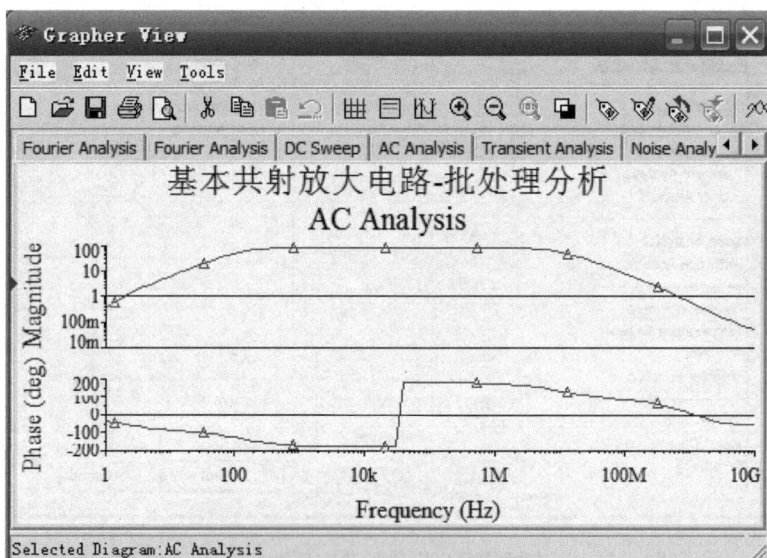

图 4-58　批处理显示的交流分析曲线

（8）批处理显示的瞬态分析曲线，如图 4-59 所示。

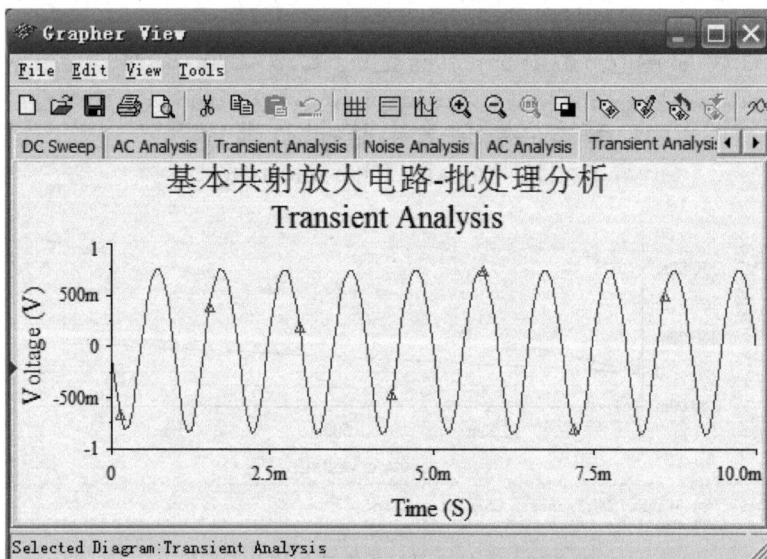

图 4-59　批处理显示的瞬态分析曲线

（9）批处理显示的噪声分析曲线，如图 4-60 所示。

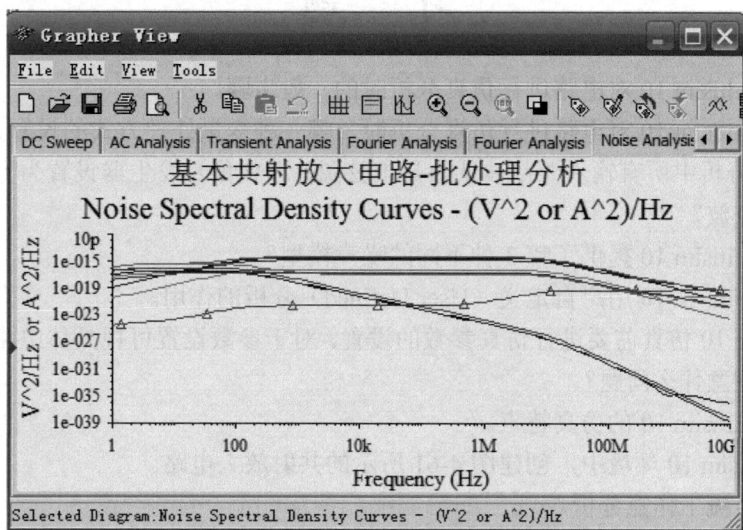

图 4-60　批处理显示的噪声分析曲线

4.4.18　用户自定义分析

用户自定义（User Defined）分析使用户可以扩充仿真分析功能。

单击 Simulate | Analyses | User Defined，弹出 User Defined Analyses 对话框，进入用户自定义分析状态。用户可在输入框中输入可执行的 Spice 命令，单击 Simulate 按钮即可执行此项分析。对话框中 Analysis Options 和 Summary 与直流工作点分析的设置一样。

本 章 小 结

本章介绍了 Multisim 10 仿真特点和仿真分析过程、仿真分析参数的设置、各种仿真分析方法、如何进行仿真后处理等。

对于电子电路的仿真分析工具，Multisim 10 提供了多种仿真引擎和交互式仿真界面，设计者在仿真分析时，能非常方便地进行动态观测仿真结果。仿真分析过程包括电路图的创建、仿真电路的参数设置和仿真结果的观测。

仿真前，要进行仿真参数的设置，有仿真分析的初始时间、终止时间及仿真的步长。对于参数设置可视具体电路而定。仿真过程中，要注意对于慢过程电路，仿真步长不宜设得太小。

Multisim 10 的仿真分析功能十分灵活，在对电路进行仿真分析的基础上，设计者可对仿真数据进行进一步处理，如通过后处理器可对仿真的结果进行各种运算，还可用图形显示。

习　题

1. 简述 Multisim 10 对电路进行仿真分析时的一般步骤。

2. 利用 Multisim 10 对电路进行仿真分析时，哪一种变量处理方式的设置是必须的？

3. 在哪个分析中所有输入源都被认为是正弦源，即使信号发生器设置为方波或三角波，也将转化为正弦波？

4. 简述 Multisim 10 提供了哪 3 种不同的噪声模型？

5. 简述 Multisim 10 用户自定义（User Defined）分析的作用。

6. Multisim 10 仿真前要进行仿真参数的设置，对于参数设置可视具体电路而定。对于慢过程电路，要注意什么问题？

7. 简述 Multisim 10 的仿真特点。

8. 在 Multisim 10 环境中，创建图 4-61 所示的共射放大电路。

（1）进行直流工作点分析。

（2）进行交流分析。

（3）进行瞬态分析。

（4）进行噪声分析。

（5）进行失真分析。

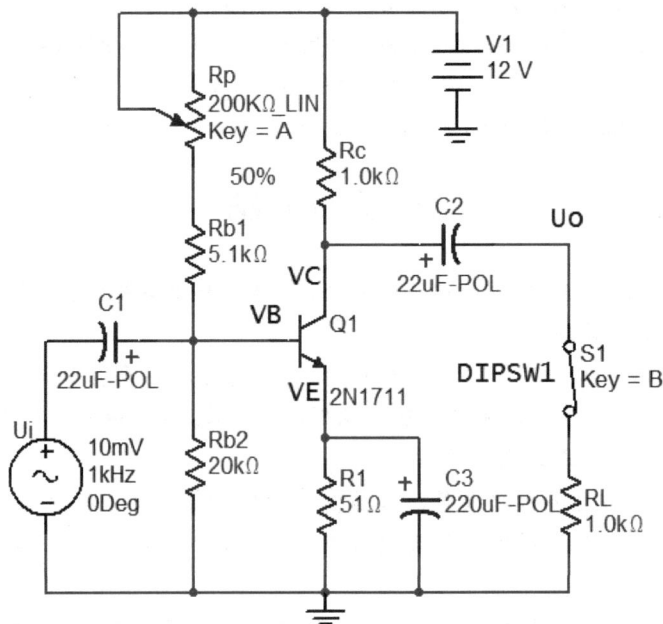

图 4-61

（6）进行直流扫描分析。

（7）进行灵敏度分析。

（8）进行参数扫描分析。

（9）进行温度扫描分析。

（10）进行极点—零点分析。

（11）进行传递函数分析。

（12）进行最坏情况分析。

（13）进行蒙特卡罗分析。

（14）进行批处理分析。

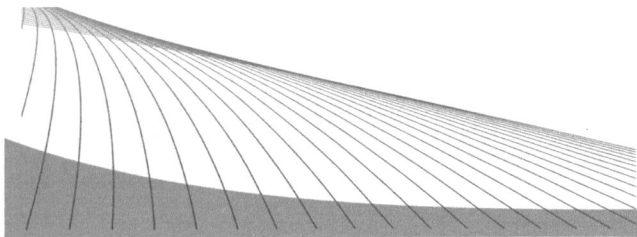

第 5 章

电路设计与仿真实作

5.1　Multisim 10 基本操作

5.1.1　打开、新建和保存

　　新建、打开、保存和打印在工具栏中的按钮依次是 ，蓝色打开为打开安装路径下的自带实例。打开其中的 Colpitts Oscillator 文件，这时电路窗口中显示的就是该电路图，如图 5-1 所示。

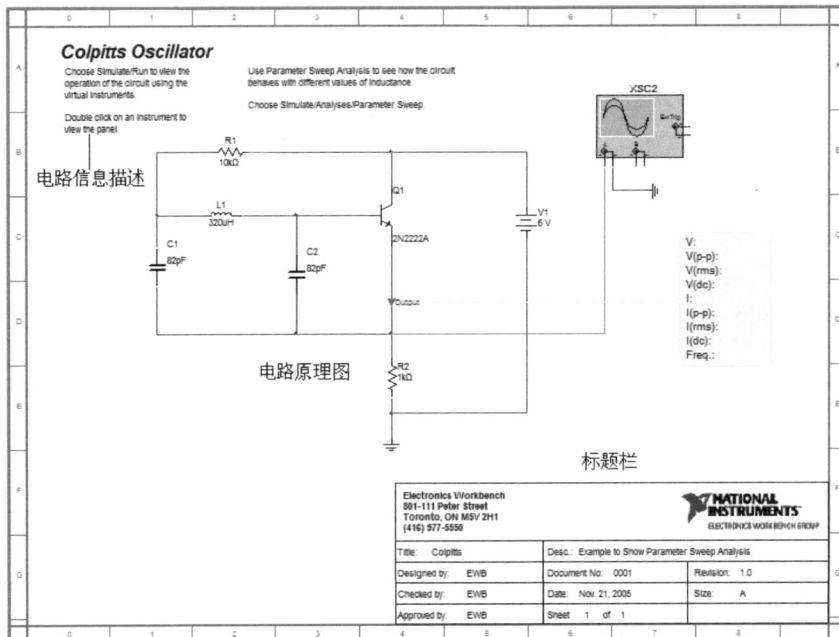

图 5-1　科尔毕兹振荡器

5.1.2　完整电路图的组成

一幅完整的电路图由 3 部分组成,具体如下。

（1）电路原理图:电路设计最核心的部分。其中的器件参数可以修改,虚拟仪表可以用于仿真,观察输入输出。

（2）电路信息描述:给设计者带来方便,使自己的设计更易读。说明电路的名称、作用、功能和操作方法。

（3）标题栏:电路图管理的依据。其中有设计信息、标题、设计者、编号和日期。

5.2　Multisim 10 设计和开发电子电路系统的一般步骤和方法

本章以图 5-2 所示单管放大电路为例,说明 Multisim 10 创建电路、连接仪表、运行仿真和保存电路文件等操作,为创建、运行仿真更复杂的电子线路打下基础。

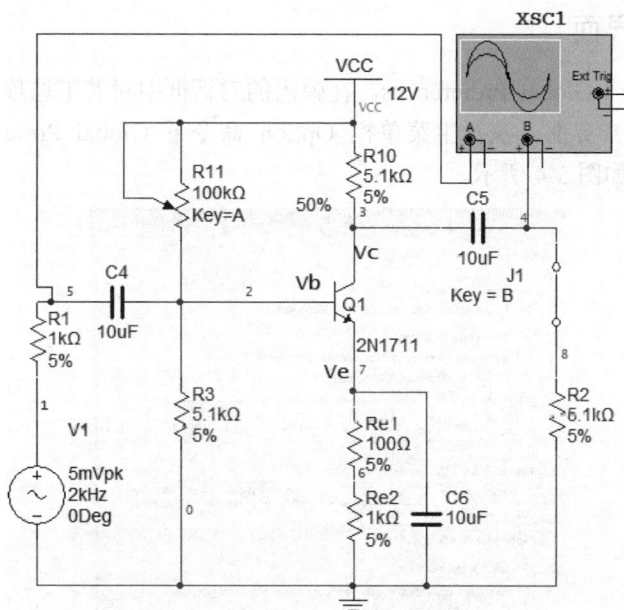

图 5-2　单管放大电路

5.2.1　创建电路文件

启动 Multisim 10,软件就自动创建一个默认标题为"Circuit1"的新电路文件。如图 5-3 所示,该电路文件可以在保存时重新命名。

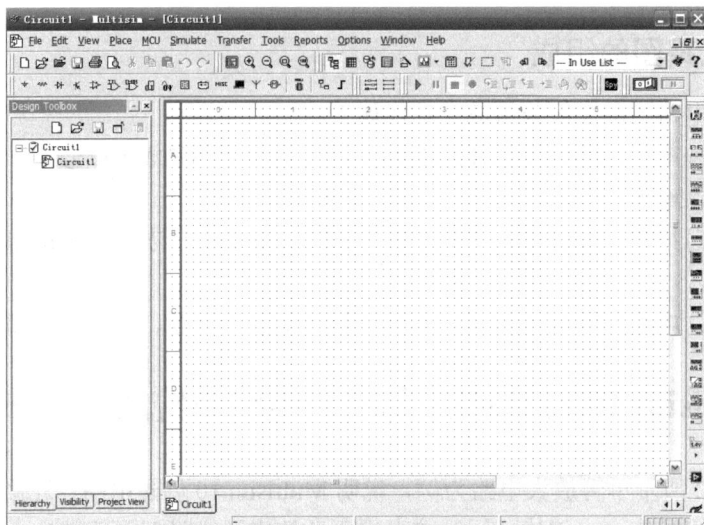

图 5-3　标题为 Circuit1 电路文件窗口

5.2.2　设置电路界面

执行命令 Option | Global Preferences，在弹出的对话框中对若干选项进行设置，规划一个具有特色的个人用户界面。执行主菜单栏 Option 命令下 Global Preferences 选项，弹出 Preferences 对话框。如图 5-4 所示。

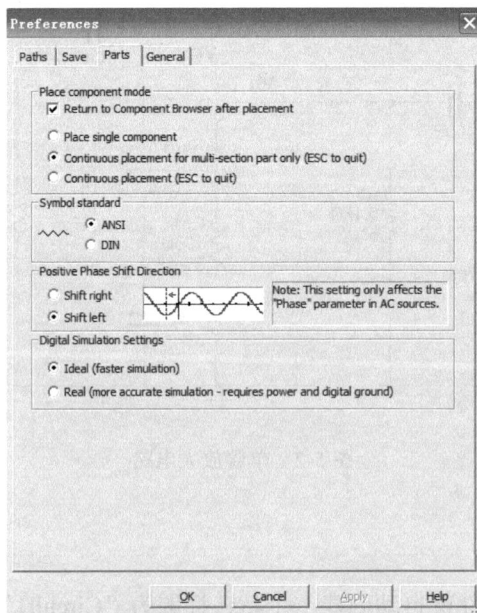

图 5-4　Preferences 对话框

1. Paths 选项卡（见图 5-4）

1）选择元器件操作模式

在 Place component mode 区域选择元器件操作模式。

（1）Place single component：选定时，从元器件库里取出元器件，只能放置一次。

（2）Continuous placement for multi-section part only（ESC to quit）：选定时，如果从元器件库里取出的元器件是 74××之类的单封装内含多组件的元器件，则可以连续放置元器件；停止放置元器件，可按 ESC 键退出。

（3）Continuous placement（ESC to quit）：选定时，从元器件库里取出的零件可以连续放置；停止放置元器件，可按 ESC 键退出。

2）选择元器件符号标准

在 Symbol standard 区域选择元器件符号标准。

（1）ANSI：设定采用美国标准元器件符号。

（2）DIN：设定采用欧洲标准元器件符号。

DIN 与我国现行的标准非常接近，一般选择 DIN。

3）选择相移方向

在 Positive Phase shift Direction 区域选择相移方向，左移（Shift left）或右移（Shift right）。

4）数字仿真设置

在 Digital Simulation Settings 区域选择数字仿真设置。Ideal（faster simulation）状态为理想状态仿真，可以获得较高速度的仿真；Real（more accurate simulation-requires power and digital ground）为真实状态仿真。

2. Paths 选项卡

打开 Paths 选项卡，如图 5-5 所示。

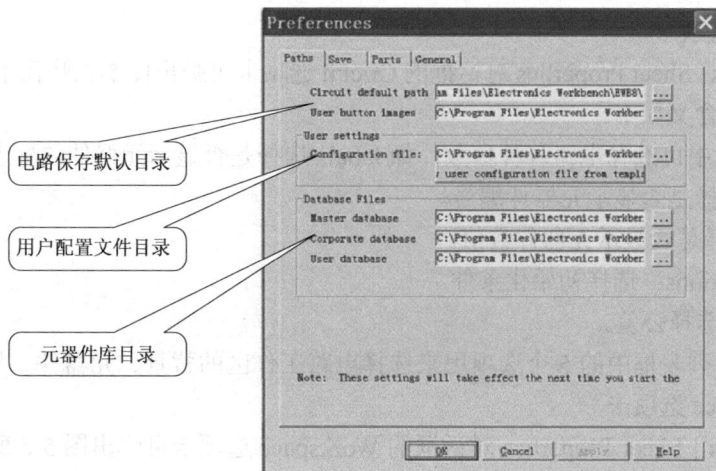

图 5-5　用于设置运行目录

3. Save 选项卡

打开 Save 选项卡，如图 5-6 所示。

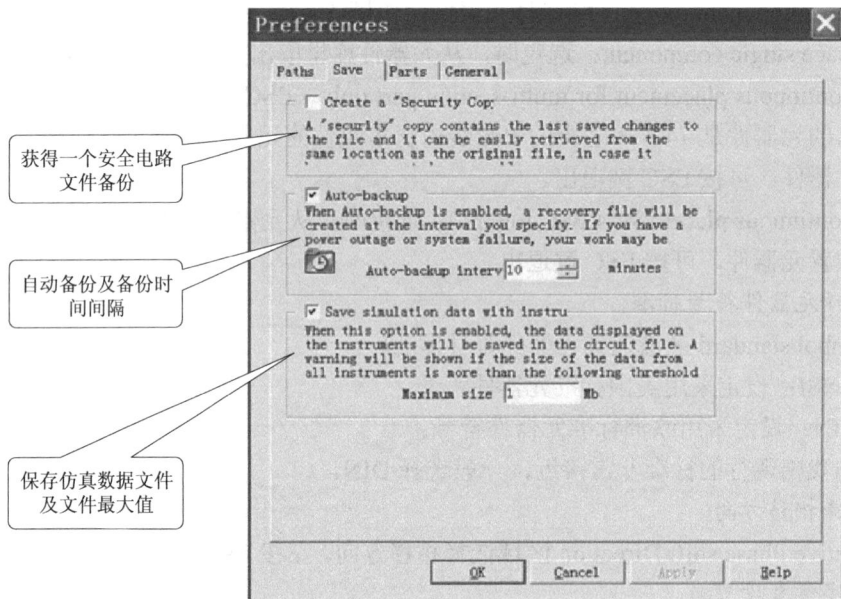

图 5-6　用于设置保存项

5.2.3　电路图选项的设置

选择 Options 菜单中的 Sheet Properties（工作台界面设置）用于设置与电路图显示方式有关的一些选项。

1. Circuit 选项卡

选择 Options | Sheet Properties 对话框的 Circuit 选项卡可弹出图 5-7 所示对话框，在 Circuit 选项卡中部分项含义如下。

Show：图框中可选择电路各种参数，如 labels 选择是否显示元器件的标志。

RefDes：选择是否显示元器件编号。

Values：选择是否显示元器件数值。

Initial Conditions：选择初始化条件。

Tolerance：选择公差。

Color：下拉列表框中的 5 个选项用来选择电路工作区的背景、元器件、导线等的颜色。

2. Workspace 选项卡

选择 Options | Sheet Properties 对话框的 Workspace 选项卡可弹出图 5-8 所示对话框，在 Workspace 选项卡中部分项含义如下。

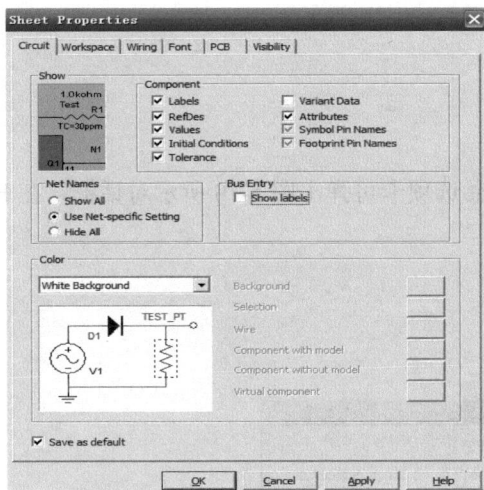

图 5-7　Circuit 选项卡

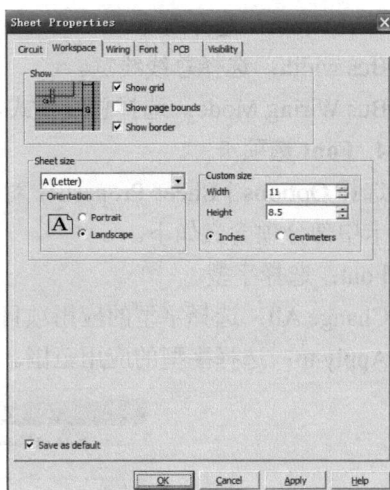

图 5-8　Workspace 选项卡

Show grid：选择电路工作区里是否显示格点。

Show page bounds：选择电路工作区里是否显示页面分隔线（边界）。

Show border：选择电路工作区里是否显示边界。

Sheet size：设定图纸大小。

3．Wiring 选项卡

选择 Options | Sheet Properties 对话框的 Wiring 选项卡可弹出图 5-9 所示对话框，在 Wiring
选项卡中部分项含义如下。

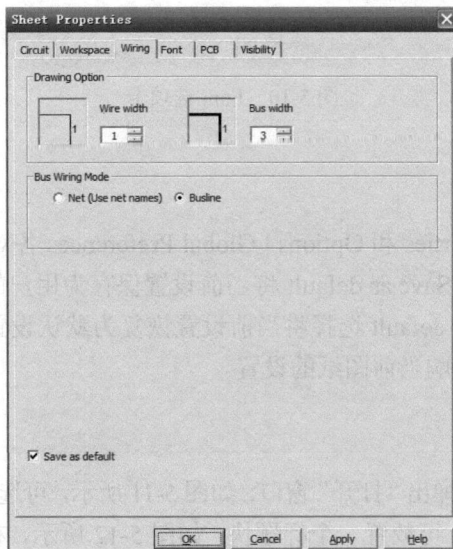

图 5-9　Wiring 选项卡

Wire width：选择线宽。

Bus width：选择总线线宽。

Bus Wiring Mode：选择总线模式。

4. Font 选项卡

选择 Options | Sheet Properties 对话框的 Font 选项卡可弹出图 5-10 所示对话框。在 Font 选项卡中部分项含义如下。

Font：选择字型。

Change All：选择字型的应用项目。

Apply to：选择字型的应用范围。

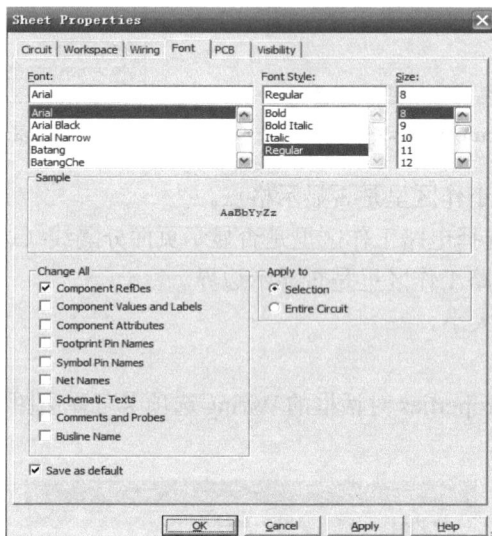

图 5-10　Font 选项卡

5.2.4　Default 对话框

在 Options | Sheet Properties 和 Options | Global Preferences 各对话框的左下角有一个用于用户默认的设置，单击选择 Save as default 将当前设置保存为用户的默认设置，默认设置的影响范围是新建图纸；Save as default 选择将当前设置恢复为默认设置。若仅单击 OK 按钮则不影响用户的默认设置，仅影响当前图纸的设置。

5.2.5　编辑标题块

单击 Place | TitleBlock，弹出"打开"窗口，如图 5-11 所示，可选择标题块。单击 default*.tb7 文件，再单击"打开"按钮，可放置一个标题块，如图 5-12 所示，右击标题块，选择 Edit Titel Block 按钮，弹出标题块编辑窗门，如图 5-13 所示，可对标题块进行编辑。

图 5-11 Title Block 文件窗口

图 5-12 放置标题块

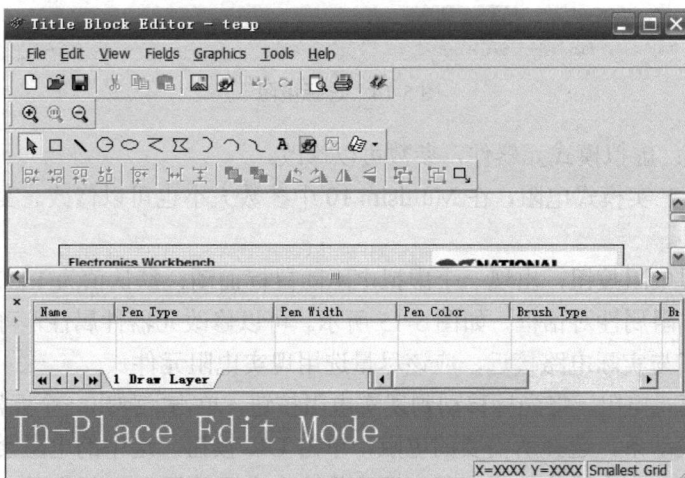

图 5-13 编辑标题块

5.2.6 放置元器件

Multisim 10 软件提供了数量众多精心设计的元器件模型，为了便于管理，分门别类地存放在各个元器件库中。放置元器件就是将电路中所用的元器件从器件库中放置到电路窗口。

1. 放置电阻

用鼠标单击 ～ 或 ▦ 按钮，即可打开该器件库，显示出内含的器件库。 ～ 可放置实模式基本元器件或虚拟模式元器件，▦ 只能放置虚拟模式元器件，实模式电阻阻值符合电工标准，如 1.0 kΩ、2.2 kΩ 及 5.2 kΩ 等。这些元件在市面上可以买到，有封装，如图 5-14 所示。可选择需要的电阻。

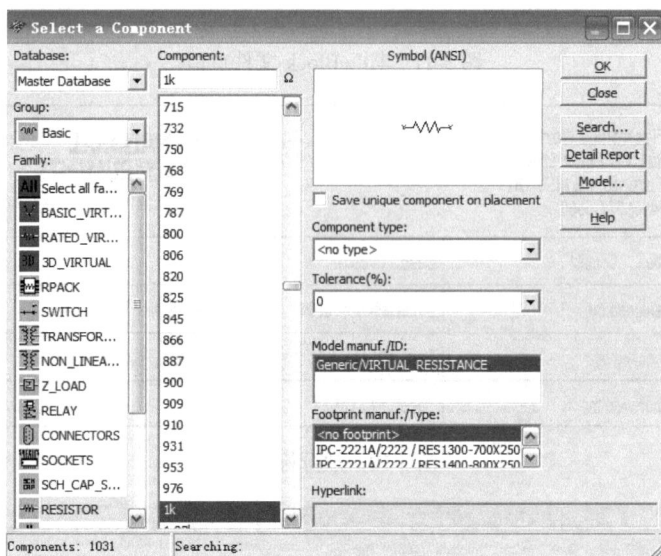

图 5-14　选择电阻

▦ RATED_VIR... ：虚拟模式元器件，参数可以修改。

～ RESISTOR ：实模式电阻，在 Multisim 10 中参数大小也可以修改。实模式电阻包括普通封装和贴片封装。

（1）单击虚拟电阻按钮，出现一个虚拟电阻随鼠标而动，默认值为 1 kΩ，双击虚拟电阻符号，弹出虚拟电阻属性对话框，如图 5-15 所示。可以修改元器件属性，可以对虚拟电阻设置任意阻值。为了与实际电路接近，应该尽量选用现实电阻元件。

（2）放置实模式电阻。将光标移动到现实电阻按钮，单击，弹出一个元器件浏览对话框，在对话框中拉动滚动条，选择所需要的电阻，单击 OK 按钮，选中的电阻紧随着鼠标指针在电路窗口内移动，移到合适位置后，单击即可将这个电阻放置在当前位置。

让光标指向某元件，右击，可弹出一个编辑菜单，如图 5-16 所示，可以对该元件进行剪切、复制、旋转和改变颜色。

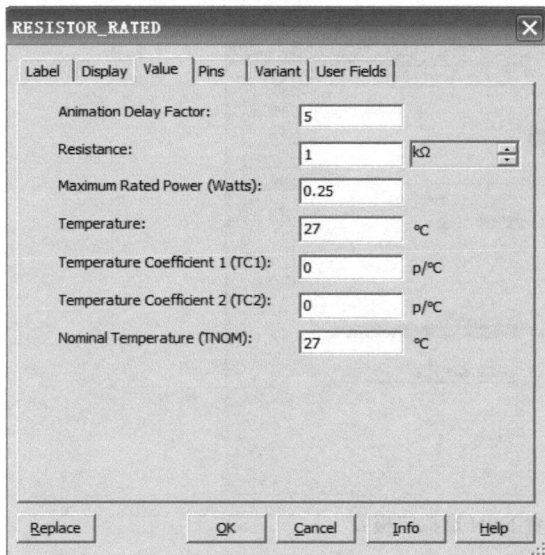

图 5-15　修改元器件属性

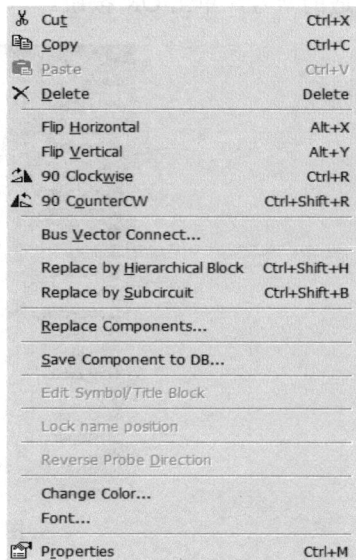

图 5-16　元件操作快捷菜单

2. 放置电容

与前述放置电阻相似，在实模式电容器件箱中选择电容，并将其放置到电路窗口的合适位置。图 5-17 所示。

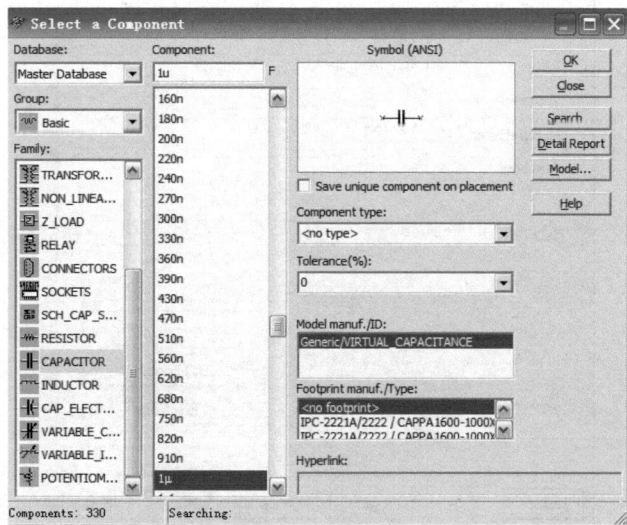

图 5-17　放置电容

3. 放置 NPN 三极管

单击三极管库按钮，即可打开该器件库，如图 5-18 所示，显现出包含的所有三极管。选择合适的型号，单击 OK 按钮。

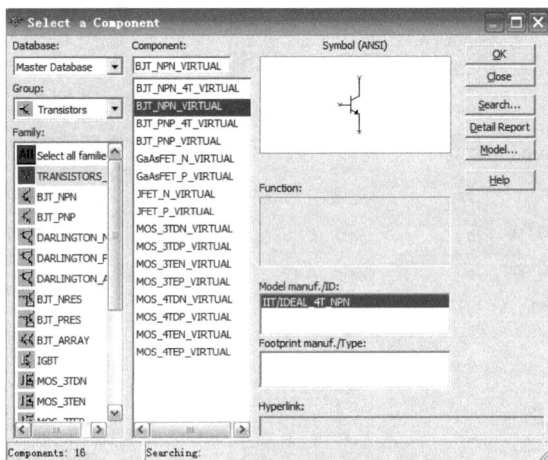

图 5-18 放置 NPN 虚拟三极管

如果单击，可以选择虚拟晶体管，单击 OK 按钮，三极管跟随光标移动，到合适位置单击将其放置在该处，然后双击该元件，弹出 TRANSISTORS_VIRTUAL 对话框，如图 5-19 所示，可以修改其属性。

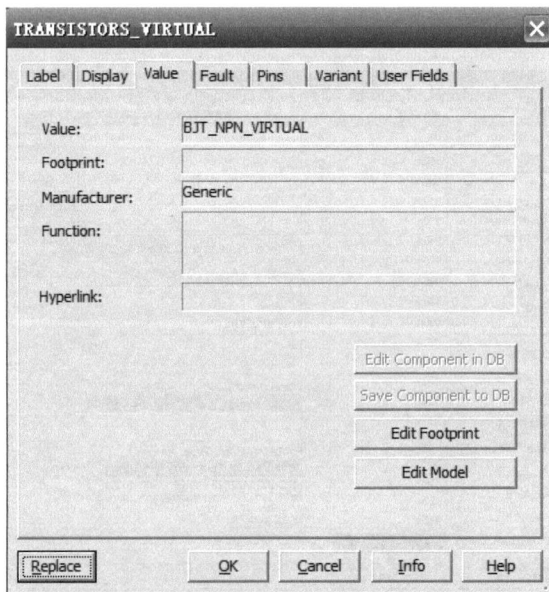

图 5-19 TRANSISTORS_VIRTUAL 对话框

在 Label 选项卡中将其标号修改为 V1；单击 Value 选项卡中的 Edit Model 按钮，弹出编辑模型对话框，在对话框中将 BF（即 β）数值 100 修改为 80，然后单击 Change Part Model 按钮，回到 TRANSISTORS_VIRTUAL 对话框，单击 OK 按钮，则完成对 BJT_NPN_VIRTUAL 的修改。

图 5-2 所示"单管放大电路"所用三极管为实模式元器件 2N1711，选中单击，可以选择 2N1711 晶体管，如图 5-20 所示，单击 OK 按钮，三极管跟随光标移动，到合适位置单击，将其放置在该处，然后双击该元件，弹出 BJT_NPN 对话框，如图 5-21 所示，可以修改其属性。

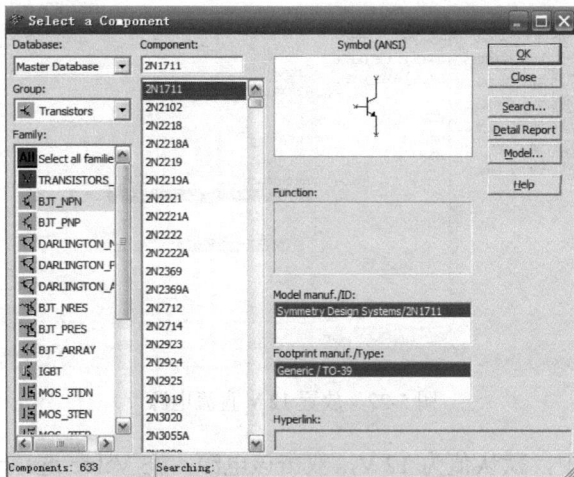

图 5-20　放置 NPN 实模式三极管

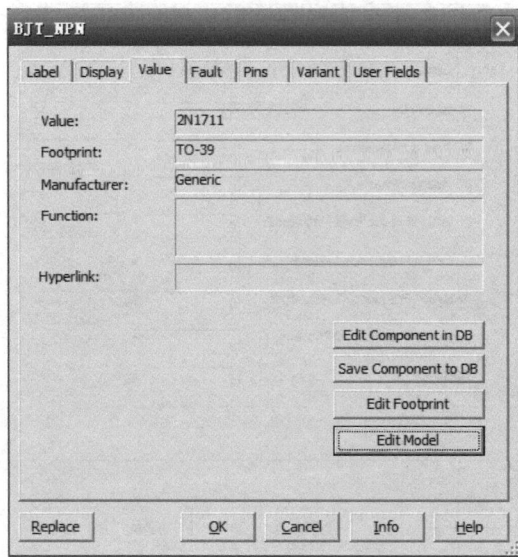

图 5-21　BJT_NPN 对话框

4. 放置 12 V 直流电源

直流电源为放大电路提供电能，可从 Sources 电源库来选取。图 5-22 所示界面中，单击 Sources 电源库，在弹出的电源箱中单击 POWER_SOURCES，选择 DC_POWER，单击 OK 按钮，出现一个直流电源跟随光标移动，移到合适位置单击放置。

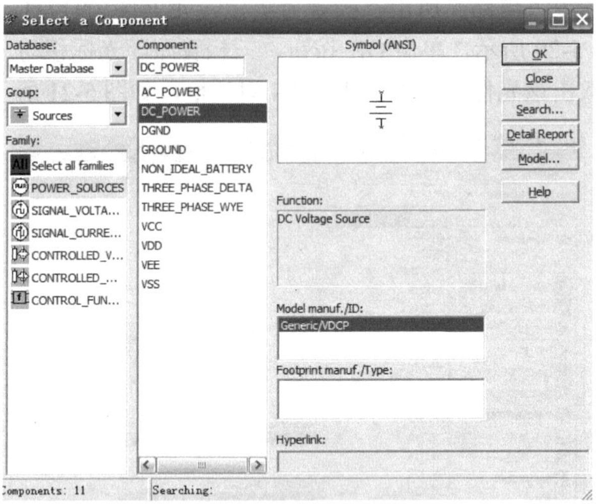

图 5-22　放置 12 V 直流电源

图 5-23 所示界面中，默认值为 12 V，双击该电源，在 Value 选项卡中将 Voltage 电压值进行修改，单击下部的 OK 按钮即可。

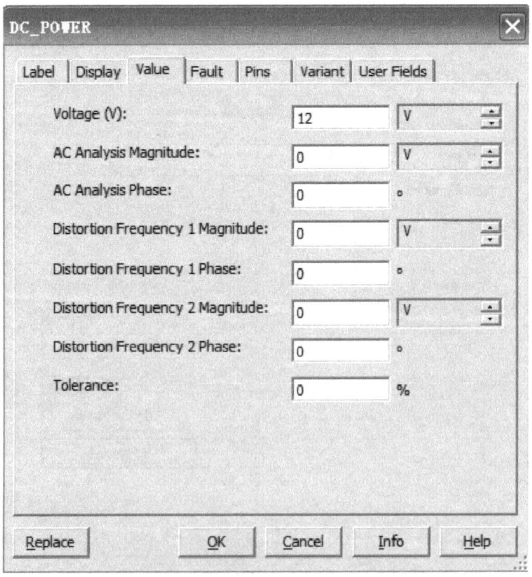

图 5-23　DC_POWER 属性对话框

5. 放置交流信号源

单击 Source 电源库中的图标 🖽 SIGNAL_VOLTA... ，选择 AC_VOLTAGE ，单击 OK 按钮，一个参数为 1 V | 1 000 Hz | 0 Deg 的交流信号源跟随光标出现在电路窗口，将其放到适当位置上。

6. 放置接地端

接地端是电路的公共参考点，其电位为 0 V。一个电路可以有多个接地端，但它们的电位都是 0 V，实际上属于同一点。一个电路中没有接地端，不能进行仿真分析。单击 Source 器件库中 POWER_SOURCES 选择 DGND 或 GROUND 接地按钮后，再将其拖到电路窗口的合适位置即可。

5.2.7 连接线路和放置节点

1. 连接线路

Multisim 10 软件具有非常方便的连线功能，单击连线的起点和终点，就会自动连接起来。当然也可以单击起点，到达连线的拐点处单击一下，继续移动光标到下个拐点处再单击一下，接着移动光标到要连接的元器件管脚处再单击一下，一条连线就完成了。如图 5-24 所示。

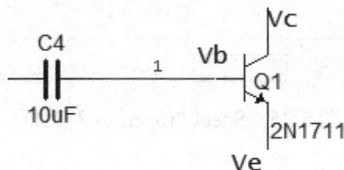

图 5-24 连接线路

2. 改变导线的颜色

在复杂的电路中，可以将导线设置为不同的颜色。要改变导线的颜色，用鼠标指向该导线，右击可以出现菜单，选择 Change Color 选项，出现颜色选择框，然后选择合适的颜色即可。

3. 在导线中插入元器件

将元器件直接拖曳放置在导线上，然后释放即可插入元器件在电路中。

4. 放置节点

执行菜单命令 Place | junction，会出现一个节点跟随光标移动，即可将节点放置到导线上合适位置。节点即导线与导线的连接点，在图中用一个小圆点表示。一个节点最多只能在上下左右每个方向各连接一条导线，且节点可以直接放置在连线中。

Multisim 10 自动为每个节点分配一个编号，单击命令 Options | Sheet Properties，弹出 Sheet Properties 对话框，如图 5-25 所示。打开 Circuit 选项卡，将 Show 区的 Show All 项选中，单击 OK 按钮即可在电路图中显示节点编号。

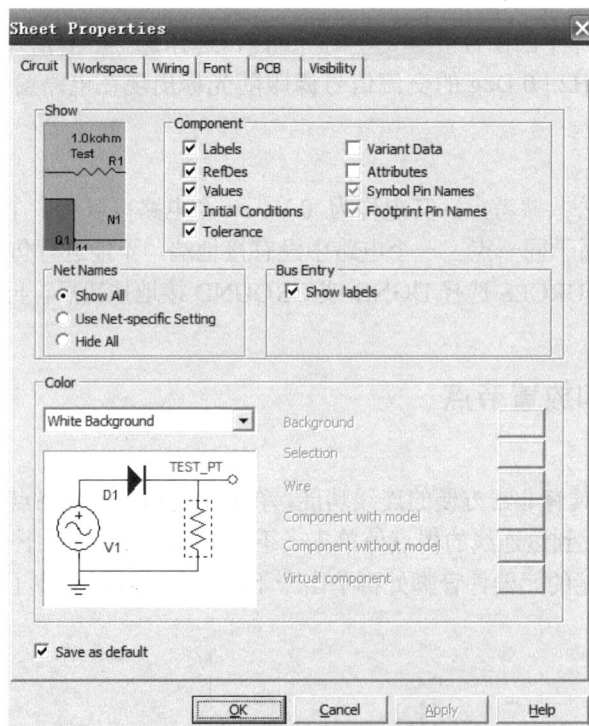

图 5-25　Sheet Properties 对话框

5. 从电路删除元器件、连线或节点

（1）让光标箭头端部指向元器件、连线或节点，单击将其选中，然后按下 Del 键，或执行 Edit | Delete 命令。

（2）让光标箭头端部指向元器件、连线或节点，右击，在出现的快捷菜单中，执行 Delete 命令。

5.2.8　放置输入/输出端

单击 Place | Connectors 选项取出所需要的一个输入/输出端。输入/输出端菜单如图 5-26 所示。在电路控制区中，输入/输出端可以看作是只有一个引脚的元器件，所有操作方法与元器件相同。不同的是输入/输出端只有一个连接点。

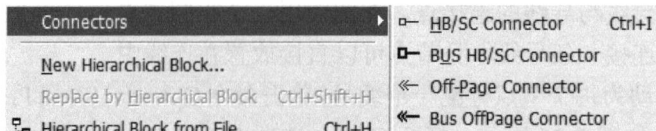

图 5-26　输入/输出端菜单

5.2.9　连接仪器仪表

单击仪器库按钮,弹出仪器件工具条,找到示波器图标并单击,示波器图标就跟随光标出现在电路窗口,移动光标在合适位置放置示波器,然后将其与单管放大电路连接,示波器的 A 通道端接在输入信号源端,示波器的 B 通道端接在电路的输出端,示波器的接地端直接接地(也可不接地)。

连线的颜色就是波形的颜色,将仪器的输入、输出线连线设置为不同的颜色,可以方便读数。右击该导线,弹出快捷菜单,执行 Color 命令即弹出“颜色”对话框,根据需要单击所需色块,并单击 OK 按钮即可。连接好后的单管放大电路如图 5-27 所示。

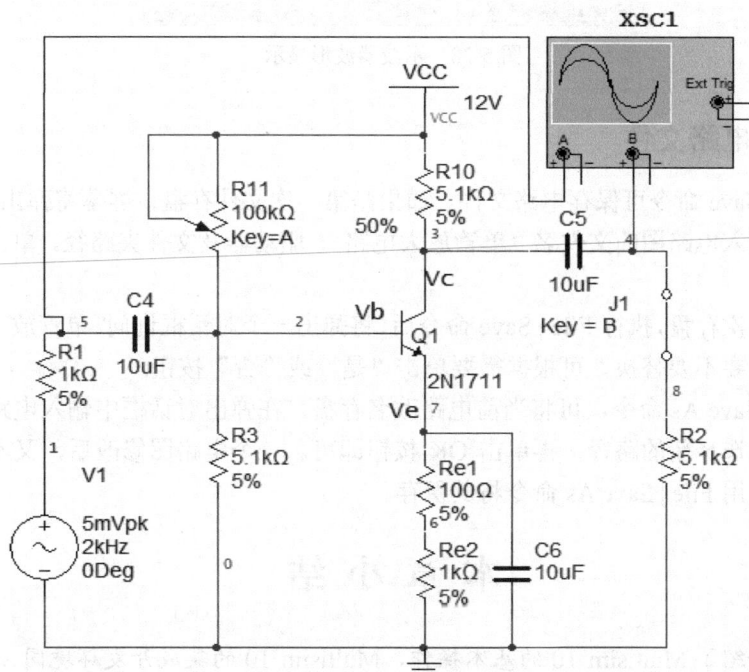

图 5-27　单管放大电路

5.2.10　运行仿真

电路图绘制好后,单击图标 ⚡ 或执行 Simulate | Run 命令,软件自动开始运行仿真,模拟实效。双击示波器图标,展开示波器的面板并对示波器做适当的设置,就可以显示波形、测试数值。如图 5-28 所示。

单击图标 ⚡ ,可停止仿真。也可以选择 Simulate | Pause 命令暂停仿真。再次执行 Simulate | Run 命令,可停止仿真。

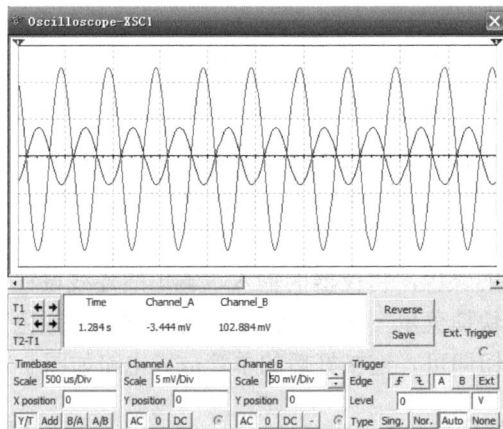

图 5-28　示波器波形显示

5.2.11　保存电路文件

执行 File | Save 命令可保存电路文件。如果是第一次文件存盘，屏幕将弹出一个对话框，此时可以选择输入电路图的文件名"单管放大电路"、驱动器及文件夹路径，单击 OK 按钮即可将文件存盘。

如果不是首次存盘，执行 File | Save 命令后，将弹出一个对话框询问"单管放大电路.ms10"文件已经存在，要不要替换？可根据需要单击"是"或"否"按钮。

选择 File | Save As 命令，可将当前电路改名存盘，在弹出对话框中输入电路图的新文件名，当然还可以选择新的路径，再单击 OK 按钮即可。一个电路图修改后，又不想冲掉原来的电路图时，可用 File | Save As 命令将其保存。

本 章 小 结

本章首先介绍了 Multisim 10 的基本操作，Multisim 10 的集成开发环境同 Windows 应用软件一样，有菜单栏、工具栏、显示窗口及状态栏，操作方法也与 Windows 应用软件的基本操作有相似之处。其次说明在 Multisim 10 的集成环境中创建和分析电路的一般步骤和方法，这涉及电路文件的建立与存储，元器件的选择及参数设置，电路连接等内容。最后介绍了元器件编辑的一般步骤和方法。

习　　题

1. 如何改变元件的欧美标准？
2. 如何调整电位器滑动阻值？

3. 如何放置设计图纸标题？

4. 如何设置元件的显示属性？

5. 如何改变设计窗口的配色？

6. 如何调整图纸的大小？

7. 在 Multisim 10 中，一幅完整的电路图由哪几部分组成？

8. 在 Multisim 10 环境中，创建图 5-29 所示电路，试判断图中每个二极管的导通、截止情况并求出输出电压。

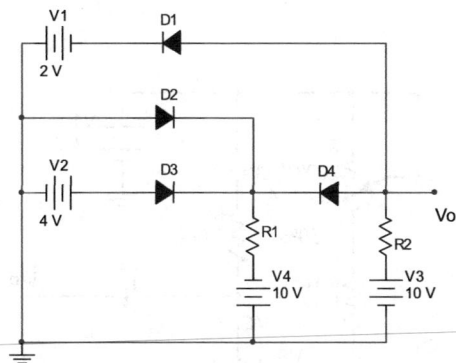

图 5-29

9. 在 Multisim 10 环境中，创建图 5-30 所示一基本共射放大电路，分析其直流工作点（5、6、7 点），并写下各点的电压值。

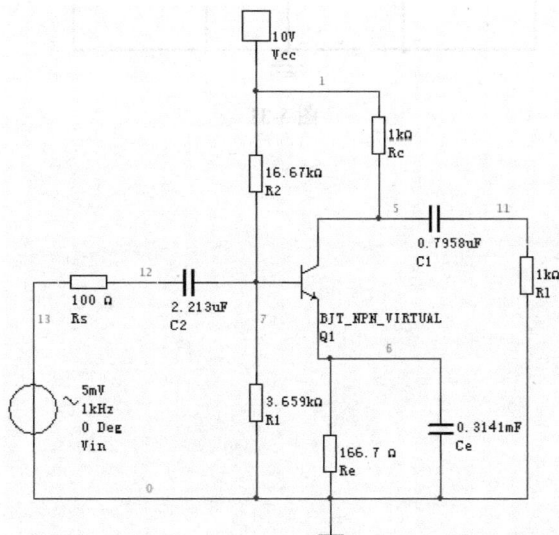

图 5-30

10. Multisim 10 环境中，创建图 5-31 所示共射放大电路。

（1）分析其直流工作点 V_C、V_B、V_E。

（2）当 Rp 调在 50% 时，S1 断开时，中频时 $A_u=U_o/U_i=$？

（3）当 Rp 调在 50% 时，S1 闭合时，中频时 $A_u=U_o/U_i=$？

（4）当 Rp 调在 20% 时，S1 闭合时，从示波器上看到怎样的波形？共射放大电路能否正常放大？

（5）当 Rp 调在 50% 时，S1 断开时，如改变三极管 Q1 的 BF（即 β）值为 50 时，则中频时 $A_u=U_o/U_i=$？

（保留小数点后 2 位）

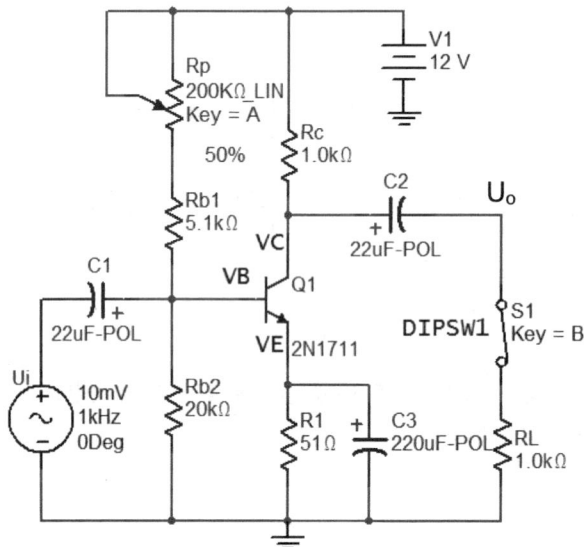

图 5-31

第 6 章

Multisim 10 在电路分析中的应用

电路分析是电类学科的专业基础课，对电路分析中的定律、定理、分析方法的理解和掌握，是学好后续专业基础课及专业课的基础。在 Multisim 10 仿真环境中有大量的电路模型和各种测试仪器，并有各种仿真分析方法可用于电路工作原理的分析。

本章进行节点分析法、叠加定理、戴维南等效电路、最大功率传输、电路过渡过程、电路谐振、三相电路、网络函数、二端口电路的仿真分析。使用户既明确 Multisim 10 在电路分析中的应用开发，加深对电路分析中基本理论、基本概念的理解和掌握，也为电路实验课奠定良好的基础。

6.1 节点分析法的仿真分析

在电路中任意选择一个节点为非独立节点，称此节点为参考点。其他独立节点与参考点之间的电压，称为该节点的节点电压。

节点分析法是以节点电压为求解电路的未知量，利用基尔霍夫电流定律和欧姆定律导出 $(n-1)$ 个独立节点电压为未知量的方程，联立求解，得出各节点电压。然后进一步求出各待求量。节点电压法适用于结构复杂、非平面电路、独立回路选择麻烦及节点少、回路多的电路的分析求解。但当电路的节点较多时，计算时需要求解多元方程组，但利用 Multisim 中提供的测量仪器或分析方法，可以方便地测得各点电压。本节以节点分析法电路为例，分别用 DC Operating Point（静态工作点）分析法和采用虚拟仪器分析电路的输出电压 U_o，说明用 Multisim 分析计算电路中的各节点电压的过程。

6.1.1 用 DC Operating Point 分析法分析节点电压

分析步骤如下。

（1）创建电路：从元件库中选取电压源、电流源和电阻，创建节点分析法仿真电路，如图 6-1 所示。

（2）放置字符：选择 Place 菜单中的 Text 命令，在图 6-1 所示的电路中放置 "+"、"-"、"U_o" 字符。

（3）节点编号：选择 Options 菜单中的 Sheet Properties 命令，弹出 Sheet Properties（表格属性）对话框，如图 6-2 所示，打开 Circuit 选项卡，在 Net Names 选项组中选中 Show All 单选按钮，这样可为电路中的节点编号。编号时，软件自动将接地点编为 0 号节点，其他节点依次编号为 1、2、3、4 号节点，如图 6-1 所示。

（4）仿真分析：选择 Simulate 菜单中的 Analysis 命令，选择 DC Operating Point 分析节点电压。分析结果如图 6-3 所示。在图 6-3 中，4 号节点电压为 24.035 93 V，则电路的输出电压 U_o = 24.035 93 V。更改电路任意参数，重复第（4）步即可得到新参数下的电路分析结果。

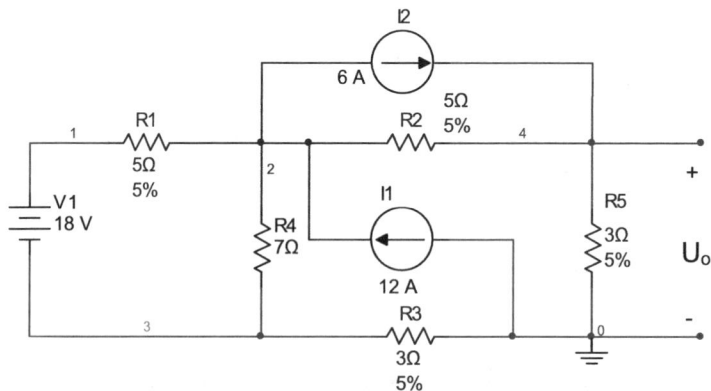

图 6-1 节点分析法仿真电路

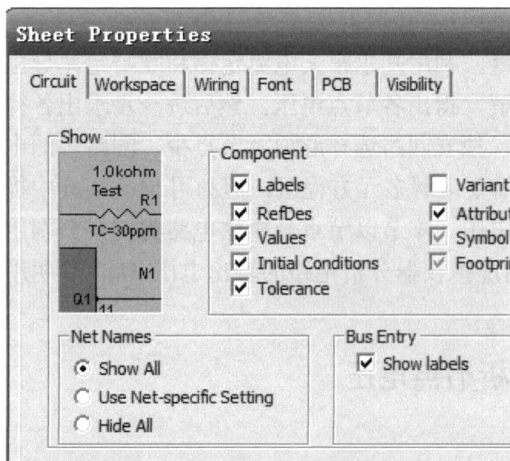

图 6-2 Sheet Properties 对话框

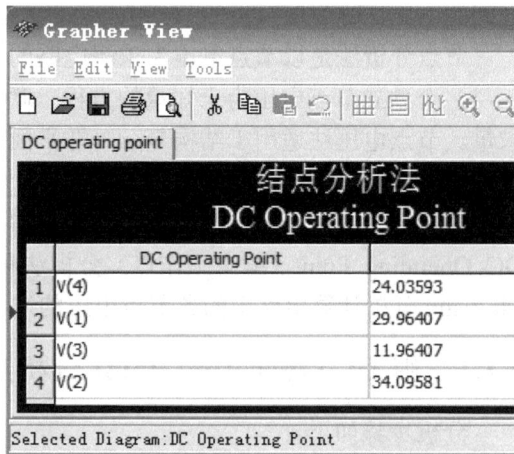

图 6-3 DC Operating Point 分析的结点电压

6.1.2　用虚拟器直接测量各节点电压

分析步骤如下。

（1）同 6.1.1 节中的第（1）步，创建电路如图 6-4 所示。

（2）同 6.1.1 节中的第（2）步，放置字符。

（3）在 Multisim 开发环境中放置万用表 XMM1，并将其和输出电路的输出端连接。创建节点分析法电路如图 6-4 所示。

（4）仿真运行：单击 RUN 按钮，双击万用表 XMM1 图标，弹出万用表显示界面，如图 6-5 所示，选择电压挡（V），可得到输出电压 $U_o = 24.036\ \text{V}$。

通过仿真分析，6.1.1 节和 6.1.2 节的分析结果相同，且和理论计算结果一致。

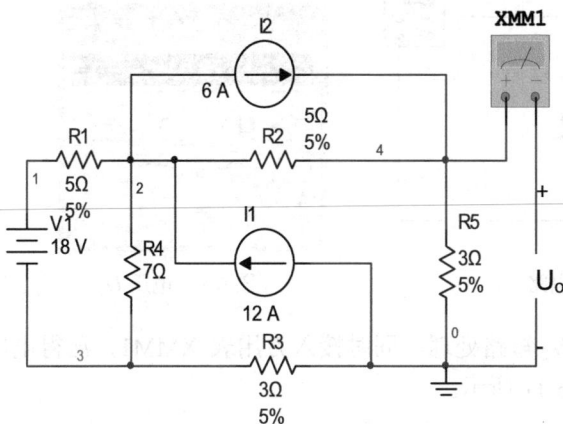

图 6-4　节点分析法仿真电路　　　　　图 6-5　万用表显示界面

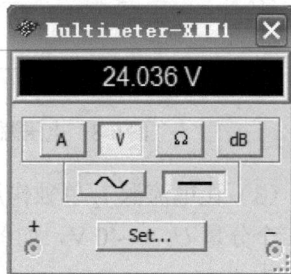

6.2　叠加定理的仿真分析

叠加定理：由两个或两个以上的独立电源作用的线性电路中，任意支路的电流或任意两点间的电压，都可以认为是电路中各个独立电源单独作用而其他独立电源不作用（其他电压源短路、电流源开路）时，在该支路中产生的各电流或在该两点间的各电压的代数和。

叠加定理是电路理论中的重要定理，可用 Multisim 10 分析验证。以图 6-6 所示的电路为例，求电路中的电压 U。

分析步骤如下。

（1）创建电路。从元器件库中选择电压源、电流源、电阻创建叠加原理应用电路，如图 6-6 所示。同时接入万用表 XMM1，测得电压 $U = -17.5\ \text{V}$，如图 6-7 所示。

（2）让电压源 V2 单独作用，电流源 I2 开路处理，同时接入万用表 XMM1，测得电压的第一个分量 $U_1 = 22.5\ \text{V}$，如图 6-8 与图 6-9 所示。

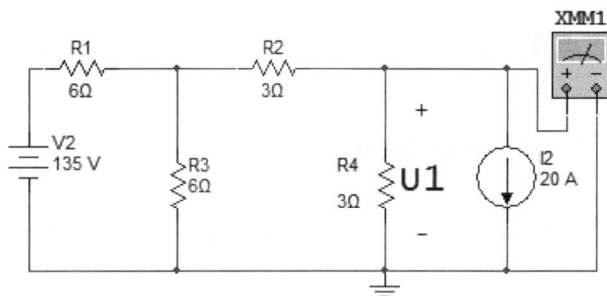

图 6-6　叠加原理应用电路

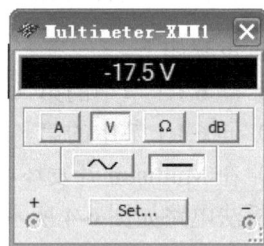

图 6-7　电压 U

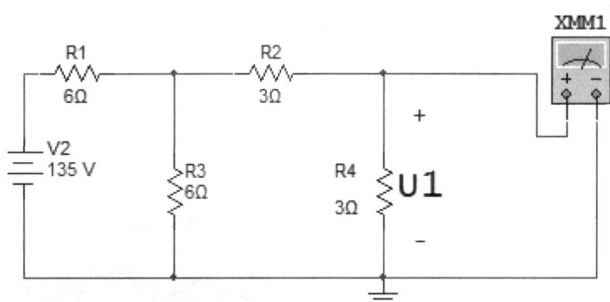

图 6-8　电压源 V2 单独作用电路

图 6-9　电压 U_1

（3）让电流源 I_2 单独作用，电压源 V_2 短路处理，同时接入万用表 XMM1，测得电压的第二个分量 $U_2 = -40\text{ V}$，如图 6-10 与图 6-11 所示。

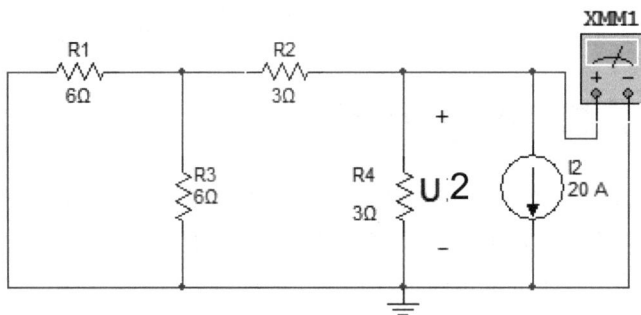

图 6-10　电流源 I2 单独作用电路

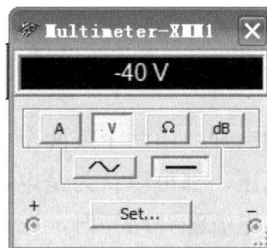

图 6-11　电压 U_2

（4）进行叠加：$U = U_1 + U_2 = -17.5\text{ V}$，该结果验证了叠加定理。

6.3　戴维南等效电路的仿真分析

对于任意含独立源、线性电阻和线性受控源的单口网络（二端网络），都可以用一个电压源与电阻相串联的单口网络来等效。这个电压源的电压，等于此单口网络的开路电压；这个串联电阻就是从此单口网络两端看进去，当网络内部所有独立源均置零时的等效电阻。

在电路分析中，戴维南定理是一项重要内容，利用戴维南定理可将有源端口表示为电压源和等效电阻的串联，从而简化电路，给电路分析带来方便。

以图 6-12 所示有源一端口电路为例，$i_c = 0.65i_1$，求出戴维南等效电路。

分析步骤如下。

（1）创建电路：从元器件库中选择电压源、电阻、受控电流源，创建有源端口仿真电路，如图 6-13 所示，受控电流源的控制量 i_1 要串入电源 V_1 和电阻 R_1 中。

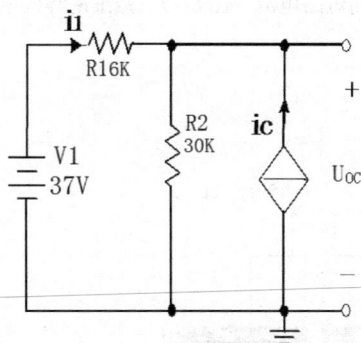

图 6-12　含源端口电路

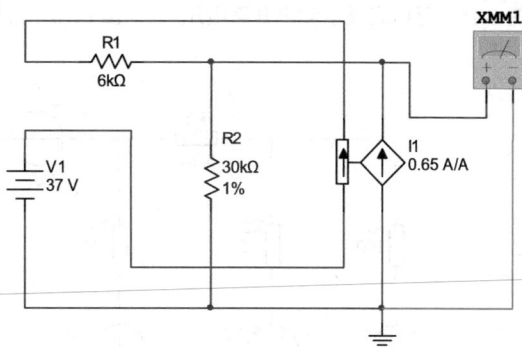

图 6-13　含源端口仿真电路

（2）受控源控制参数设置：双击受控电流源图标，设置受控电流源的属性，如图 6-14 所示。打开 Value 选项卡，将 Current Gain(F)的值设为 0.65。

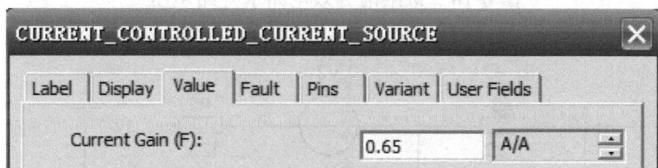

图 6-14　受控电流源属性对话框

（3）仿真运行：单击 RUN 按钮，双击万用表 XMM1 图标，选择电压挡（V），弹出万用表显示界面，如图 6-15 所示，可得输出开路电压 U_{oc}=33 V。选择电流挡（A），弹出万用表显示界面，如图 6-16 所示，可得输出端短路电流 I_{sc}=10.175 mA。

结果分析：根据输出端开路电压 U_{oc} = 33 V，输出端短路电流 I_{sc} = 10.175 mA，可得 $R_{eq} = U_{oc}/I_{oc}$ = 3.24 kΩ。则图 6-12 所示电路对应的戴维南等效电路如图 6-17 所示。

创建图 6-18 所示戴维南等效电路，从指示器库中调用电压表头和电流表头，通过空格键，单击 RUN 按钮，分别求开路电压和短路电流，如图 6-18 与图 6-19 所示，做出戴维南等效电路。

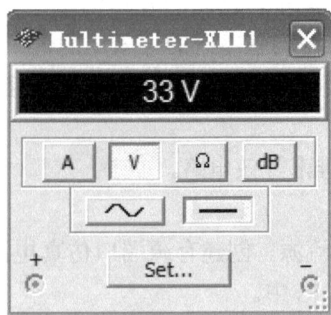

图 6-15　万用表显示输出开路电压　　图 6-16　万用表显示输出端短路电流　图 6-17　戴维南等效电路

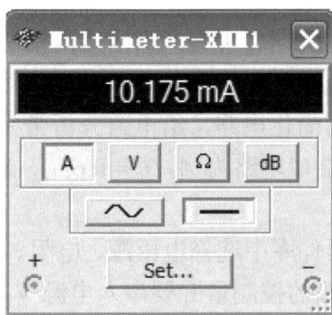

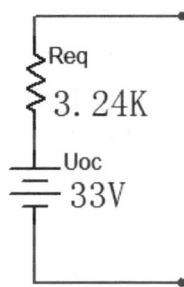

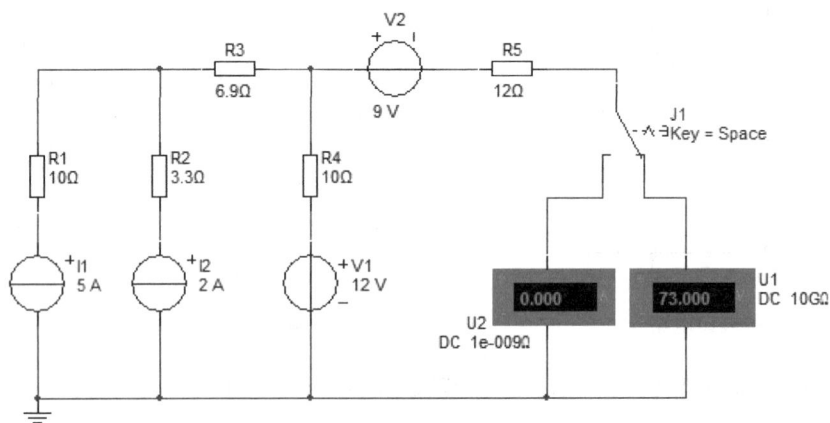

图 6-18　戴维南等效电路求开路电压

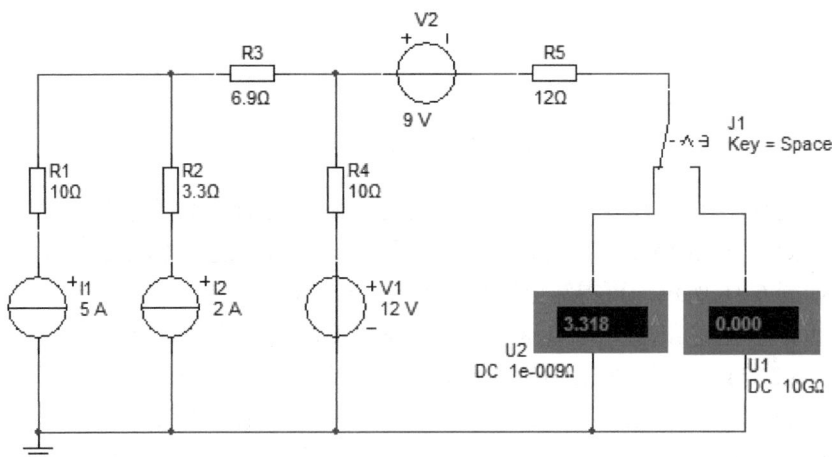

图 6-19　戴维南等效电路求短路电流

6.4　电路过渡过程的仿真分析

　　有储能元件（L、C）的电路在电路状态发生变化时（如电路接入电源、从电源断开、电路参数改变等）存在过渡过程；电路中的 u、i 在过渡过程期间，电路从"旧稳态"进入"新稳态"时 u、i 处于暂时的不稳定状态。所以过渡过程又称为电路的暂态过程。

　　本节以一阶电路和二阶电路为例，分析电路的过渡过程，即电容或电感的充放电过程。在 Multisim 10 中，用虚拟示波器可方便观察电容或电感两端的变化。

6.4.1　一阶电路的过渡过程

　　分析步骤如下。

　　（1）创建电路：从元器件库中选择电压源、电流源、电阻、电容、单刀双掷开关 J_1 和示波器 XSC1，创建图 6-20 所示的一阶电路。电容的充放电由开关 J_1 控制，仿真时，开关的切换由空格键控制，按下一次空格键，开关从一个触点切换到另一个触点。

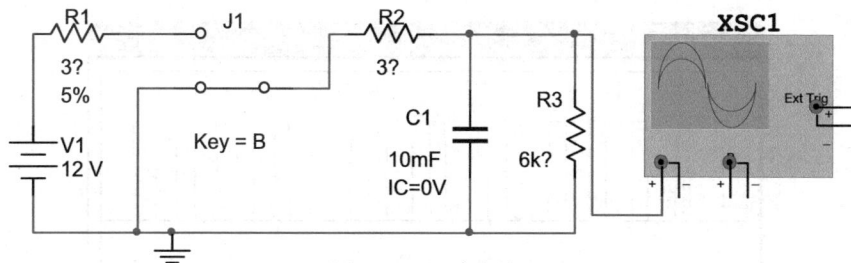

图 6-20　一阶电路

　　（2）电容的充放电过程：当开关 J_1 切换到触点上端时，电压源 V_1 经电阻 R_1、R_2 给电容 C_1 充电；当开关 J_1 切换到触点下端时，电容经电阻 R_2、R_3 放电。

　　（3）仿真运行：单击 RUN 按钮，双击示波器 XSC1 图标，弹出示波器显示界面，反复切换开关 J_1，就得到电容的充放电波形，如图 6-21 所示。

　　（4）当开关 J_1 停留在触点上端时，电源一直给电容充电，电容充到最大值 12 V，如图 6-21 所示电容充放电波形的开始阶段。

　　在进行一阶电路的 Multisim 10 仿真时，电路的参数大小选择比较重要，电路的过渡过程快慢与时间常数大小有关，时间常数越大，则过渡过程越慢；时间常数越小，则过渡过程越快。电路中其他参数不变时，电容容量大小就代表时间常数的大小。图 6-22 所示给出了电容容量较小时，$C = 100\ \mu F$ 时，电容的充放电波形近似为矩形波，充放电加快，上升沿和下降沿变陡。还可以通过改变电阻阻值的大小，观察电容的充放电过程。

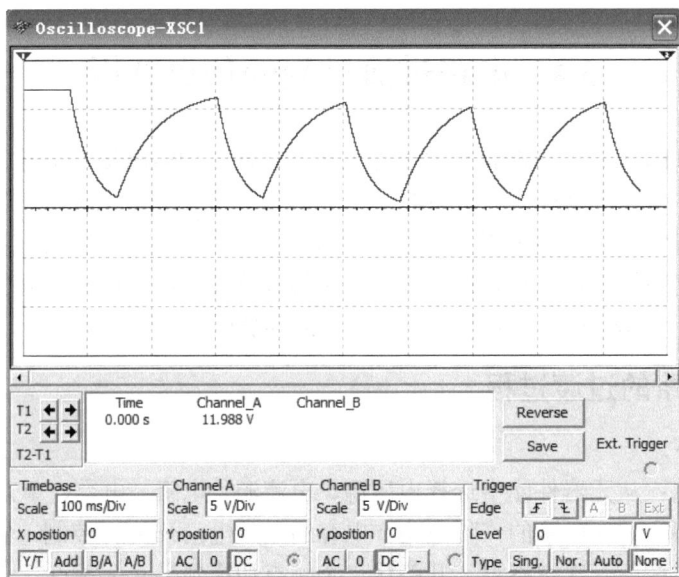

图 6-21　一阶电路电容的充放电波形

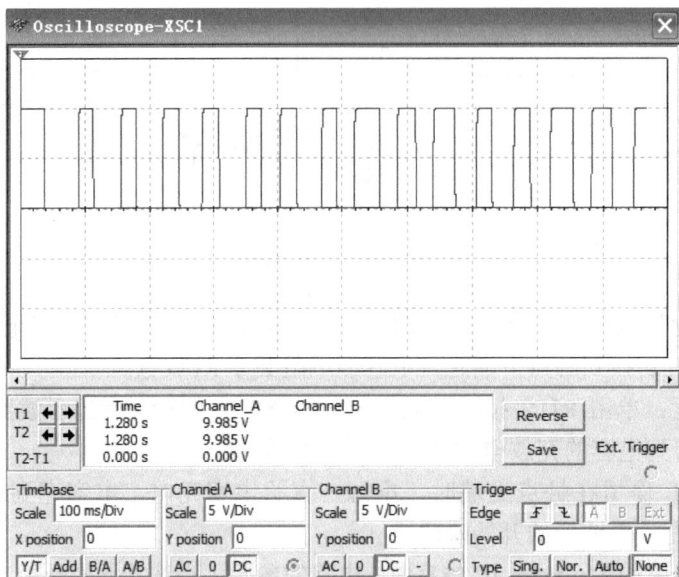

图 6-22　电容容量较小时的充放电波形

6.4.2　二阶电路的过渡过程

二阶电路如图 6-23 所示，电路中，$V = 12\text{ V}$，$C = 1\text{ μF}$，$R_p = 5\text{ kΩ}$，$L = 1\text{ H}$，求：u_c、u_L 波形。

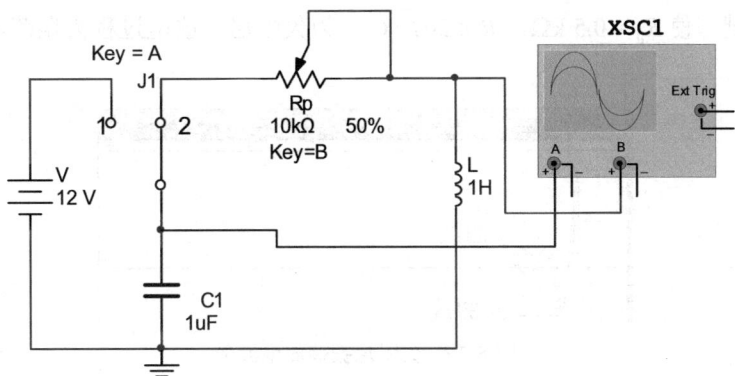

图 6-23　二阶电路

分析步骤如下。

（1）创建电路：从元器件库中选择电压源、电阻、电容、电感、单刀双掷开关和虚拟示波器，创建二阶电路如图 6-23 所示。

（2）操作过程：按 A 键，首先将开关切换到触点 1，让电容充电，获得初始储能；再将开关切换到触点 2，可观察电容和电感的充放电过程。

（3）二阶电路的 3 种过渡状态。

① 按 B 键，使 $R_p = 5\ \text{k}\Omega$，$R > 2\sqrt{L/C}$，放电过程为过阻尼的非振荡放电，波形如图 6-24 所示。

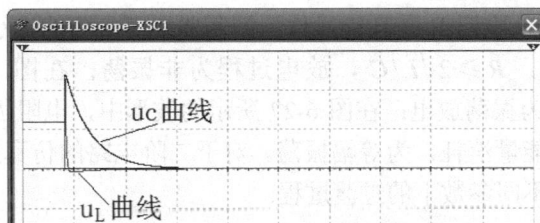

图 6-24　过阻尼非振荡放电波形

② 按 B 键，使 $R_p = 2\ \text{k}\Omega$，$R = 2\sqrt{L/C}$，为临界阻尼，放电过程为（等幅振荡过渡过程）非振荡放电，波形如图 6-25 所示。

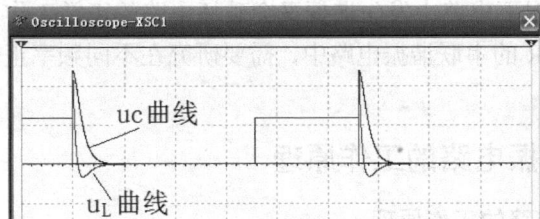

图 6-25　临界阻尼非振荡放电波形

③ 按 B 键，使 $R_p = 0.5\,\text{k}\Omega$，$R < 2\sqrt{L/C}$，为欠阻尼，放电过程为振荡放电，波形如图 6-26 所示。

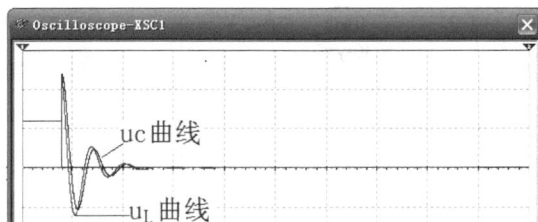

图 6-26　欠阻尼振荡放电波形

④ 按 B 键，使 $R_p = 0$，则放电过程为等幅振荡过渡过程，波形如图 6-27 所示。

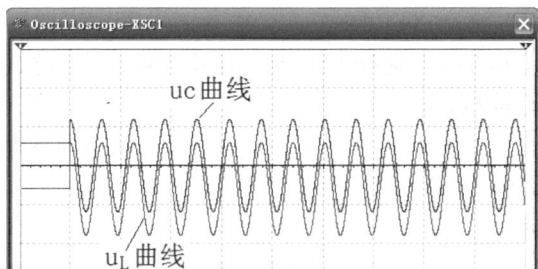

图 6-27　等幅振荡放电波形

在二阶 RLC 电路中，电阻 R 是耗能元件，振荡曲线随电阻的大小而不同，在图 6-24 与图 6-25 所示的波形中，$R \geqslant 2\sqrt{L/C}$，放电过程为非振荡；在图 6-26 所示的波形中，$R < 2\sqrt{L/C}$，放电过程为振荡放电；在图 6-27 所示的波形中，电阻 $R = 0$，放电时，电路无耗能元件，放电过程无能量消耗，为等幅振荡。对于二阶电路的仿真过程可以直观、真实地研究、了解二阶电路在不同参数下的过渡过程。

6.5　电路谐振的仿真分析

电路中对谐振现象的研究有着重要意义。一方面谐振现象在科学技术中得到了广泛的应用；另一方面在某些情况下电路中发生谐振又会破坏电路的正常工作，要加以避免。在含有电感 L、电容 C 和电阻 R 的串联谐振电路中，需要研究在不同频率正弦激励下响应随频率变化的情况，即频率特性。

6.5.1　RLC 串联谐振电路的工作原理

1. RLC 串联谐振电路的工作原理

RLC 串联电路（见图 6-28）的阻抗是电源角频率 ω 的函数，即

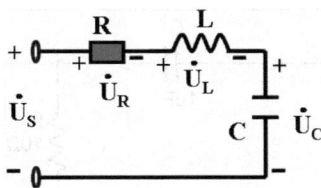

图 6-28　RLC 串联谐振电路

$$Z(\mathrm{j}\omega) = R + \mathrm{j}(\omega L - 1/(\omega C)) = |Z| \angle \varphi$$

当 $\omega L = 1/\omega C$ 时，电路处于串联谐振状态，谐振角频率为

$$\omega_0 = 1/\sqrt{LC}$$

谐振频率为

$$f_0 = 1/(2\pi\sqrt{LC})$$

显然，谐振频率仅与元件 L、C 的数值有关，而与电阻 R 和激励电源的角频率 ω 无关。当 $\omega < \omega_0$ 时，电路呈容性，阻抗角 $\varphi < 0$；当 $\omega > \omega_0$ 时，电路呈感性，阻抗角 $\varphi > 0$。

2. 串联谐振电路特征

（1）由于回路总电抗 $X_0 = \omega_0 L - 1/(\omega_0 C) = 0$，因此，回路阻抗 $|Z_0|$ 为最小值，整个回路相当于一个纯电阻电路，激励电源的电压与回路的响应电流同相位。

（2）谐振电抗称为特性阻抗且为谐振阻抗的 Q 倍。

（3）谐振电流最大且与电抗无关。

（4）电抗元件上电压最大且为总电压的 Q 倍（极易产生过电压）。

（5）有功功率：$P = UI$；无功功率：$Q = Q_L + Q_C = 0$。

表明串联谐振电路与电源没有能量交换，电源的能量全部提供给电阻负载。

本节以串联谐振电路为例，分析电路的谐振现象。在 Multisim 10 中，用虚拟频率特性（Bode Plotter）可方便观察电路的频率特性。

6.5.2　RLC 串联谐振电路的仿真分析

分析步骤如下。

（1）创建电路：从元器件库中选择电压源、电阻、电容、电感连接成串联电路形式，如图 6-29 所示；选择频率特性仪 XBP1，将其输入端和电源连接，输出端和负载连接。

（2）电路的幅频特性：单击 RUN 按钮，双击频率特性仪 XSBP1 的图标，在 Mode 选项组中单击 Magnitude（幅频特性）按钮，可得到该电路的幅频特性，如图 6-30 所示。

从电路的幅频特性可以看出，电路的谐振频率 f_0 约为 1.577 kHz。在信号频率接近 f_0 时幅值（增益）很大，而远离时增益却大大减小。需要说明的是，电路的谐振频率只与电路的结构和元件的参数有关，与外加电源的频率无关。本处电路所选电源频率为 2 kHz，若选择其他频率，该电路的幅频特性不变。

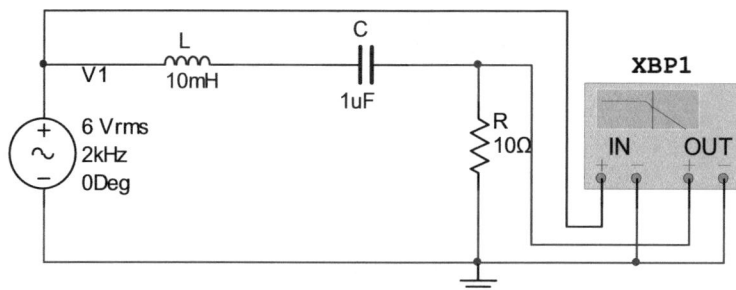

图 6-29　串联谐振电路

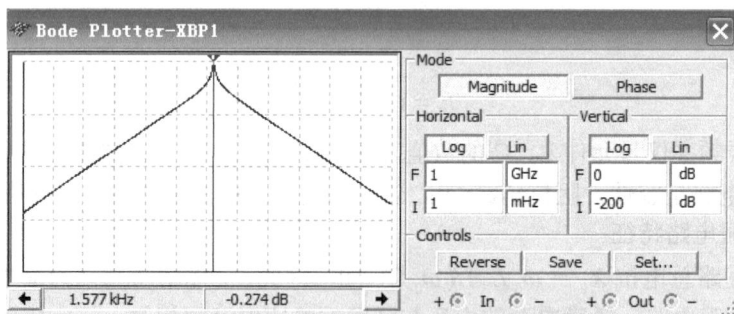

图 6-30　串联谐振电路的幅频特性（$Q = 10$）

（3）电路的相频特性：在 Mode 选项中单击 Phase（相频特性）按钮，可得到该电路的相频特性，如图 6-31 所示。

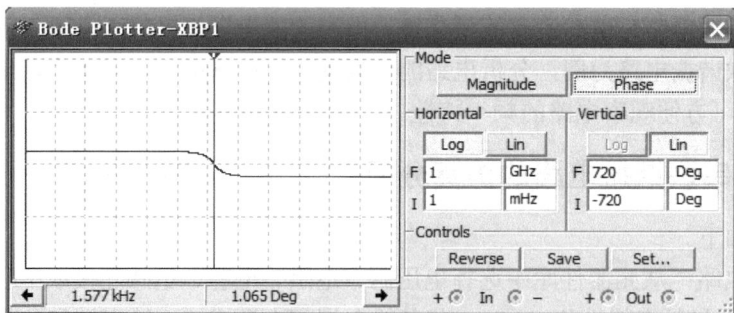

图 6-31　串联谐振电路的相频特性

从电路的相频特性可以看出，电路以谐振频率 f_0 为分界点，当信号频率低于 f_0 时，相位超前；当信号频率高于 f_0 时，相位滞后。因为当信号频率低于 f_0 时，整个电路成容性，电流相位（负载电阻上的电压相位）超前于电压（外加电源）的相位；而当信号频率高于 f_0 时，整个电路呈感性，电流相位（负载电阻上的电压相位）滞后于电压（外加电源压）的相位。该仿真结果和理论分析一致。

（4）电路的品质因数 Q 值和电路的选择性关系如下。

在保证谐振频率不变的情况下，改变元件参数，可改变电路的品质因数 Q 值。若选择 $R = 10\ \Omega$，$L = 1\ \text{mH}$，$C = 10\ \mu\text{F}$，对应的 $Q = (1/R)\sqrt{L/C} = 1$，对应的幅频特性如图 6-32 所示。

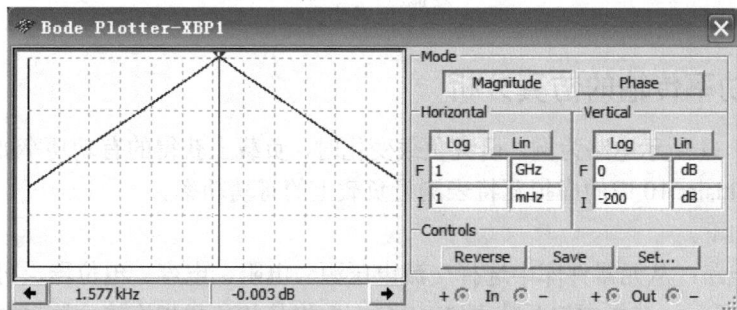

图 6-32　串联谐振电路的幅频特性（$Q = 1$）

从图 6-32 所示的幅频特性与如图 6-30 所示的幅频特性可以看出，对于 RLC 串联谐振电路来说，不同的 Q 值对应的幅频特性曲线不同，Q 值越大，对应的幅频特性曲线越尖，电路的选择性越好，如果用串联谐振电路作为无线电检波电路，意味着其灵敏度越高，抗干扰能力则越低。Q 值越小，对应的幅频特性曲线越钝，电路的选择性变差，如果作为无线电检波电路，意味着其灵敏度降低，但抗干扰能力将提高。因此，串联谐振电路的 Q 值大小，要根据不同的应用场合灵活选择，不能一概而论。

6.6　最大功率传输的仿真分析

6.6.1　最大功率传输的工作原理

在信息工程、通信工程和电子测量中，常常遇到负载能从电路中获得最大功率的问题。有源一端口 N 向终端负载 Z 传输功率，电路如图 6-33 所示，当传输的功率较小（如通信系统、电子产品），而不需要考虑传输效率时，常常要研究使负载获得最大功率（有功功率）的条件。

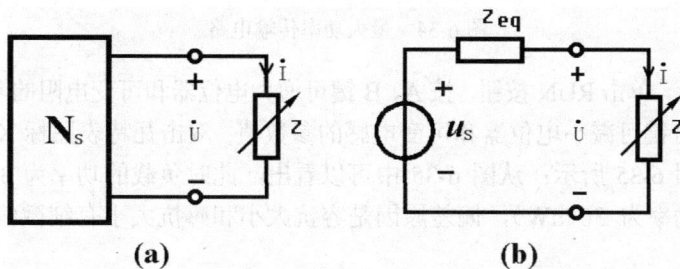

图 6-33　最大功率传输

由电路分析理论知识，若满足条件：$Z = R_{eq} - jX_{eq} = Z_{eq}^*$

负载电阻 Z 从单口网络获得最大功率

$$P_{max} = \frac{U_{OC}^2}{4R_{eq}}$$

6.6.2 最大功率传输的仿真分析

本节以图 6-34 所示电路为例，研究负载变化时，负载上获得的有功功率如何变化。仿真分析时，用 Multisim 10 中的虚拟瓦特表测量负载上的有功功率。

分析步骤如下。

（1）创建电路：从元器件库中选择交流电压源、电阻、电容、电位器、可变电感，创建电路如图 6-34 所示；选择虚拟瓦特表 XWM1，并将其和负载相连接。连接时将瓦特表中的电压表和负载并联，将电流表串入负载电路中。

（2）电路分析：图 6-34 所示电路中可变电感 L 和电位器 R_p 组成负载 Z，电阻 R 和电容 C 作为电压源的等效阻抗 Z_{eq}；电路中，交流电压源的频率为 1 590 Hz，电容为 1 μF，可变电感为 20 mH（50%时为 10 mH），这时容抗约等于感抗，若 2 kΩ的电位器在 40%的位置，这符合最大功率传输条件。

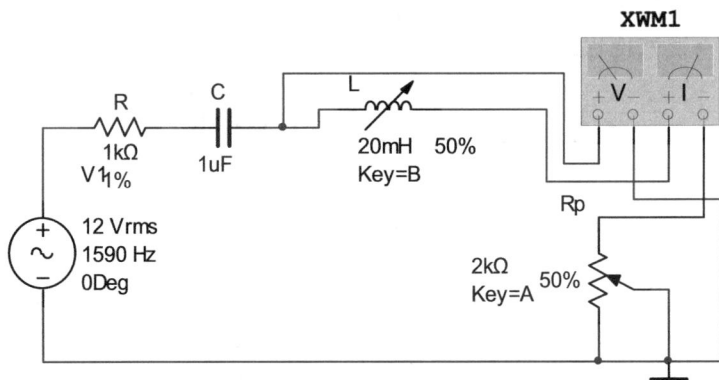

图 6-34 最大功率传输电路

（3）仿真运行，单击 RUN 按钮，按 A、B 键可增大电位器和可变电阻的参数值，按 Shift + A 和 Shift + B 组合键可减小电位器和可变电感的参数值；双击瓦特表图标 XWM1，得到瓦特表显示界面，如图 6-35 所示；从图 6-35 中可以看出，此时负载的功率为 35.999 mW（理论计算负载的最大功率为 36 mW），偏差原因是容抗大小和感抗大小有细微偏差；负载功率因数为 0.995。

（4）仿真分析如下。

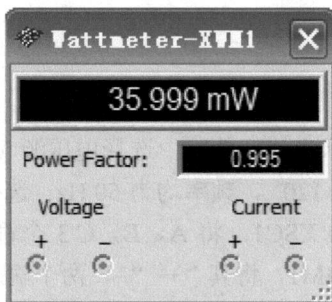

图 6-35　瓦特表数据显示

① 当 $R_e[Z] = R_e[Z_{eq}]$ 时，保持电位值不变，位置在 50%，改变电感值的大小（即改变负载虚部的大小），看负载有功功率和负载功率因数的变化。

② 当 $I_m[Z] = I_m[Z_{eq}]$ 时，可变电感为 20 mH（50% 时为 10 mH），只改变 R_p 的大小（即改变负载实部的大小），看负载有用功率和负载功率因数的变化。

③ 令 $R_e[Z] \neq R_e[Z_{eq}]$，$I_m[Z] \neq I_m[Z_{eq}]$，看负载有用功率和负载功率因数的变化。

由以上仿真结果可知，当 $R_e[Z] = R_e[Z_{eq}]$，$I_m[Z] = I_m[Z_{eq}]$ 时，可变电感调节 50% 时为 10 mH，这时容抗约等于感抗，R_p 电位器在 50% 的位置，这符合最大功率传输条件，功率为 35.999 mW，负载功率因数为 0.995；当 R_p 为 0 时，负载为纯电感，负载有功功率为 0，负载功率因数为 0。当 L 调到最小值时，负载近似为纯电阻，负载有功功率为 35.914 mW，负载功率因数为 1。当可变电感和电位器调到其他值时，负载上获得的有用功率都小于最大值 35.999 mW，负载功率因数在 0～1。仿真分析结果和理论计算基本一致。

6.7　三相电路的仿真分析

由 3 个频率相同、相位互差 120° 的正弦交流电源供电的系统称为三相制电力系统，电力系统所采用的供电方式绝大多数属于三相制，日常用电是取自三相制中的一相。

三相电源连接方式通常有两种：一种是星形连接（Y 形），另一种称为三角形连接（△形）。从 3 个电源的始端 a、b、c 引出的 3 条导线称为端线（又称相线、火线）。星形连接有一个公共点称为中性点，其引出中性线又称零线。在低压系统，中性点通常接地，所以也称地线。

相电压：端线与中性线间的电压。

线电压：端线与端线间的电压。

电力系统中电能的生产、传输和供电方式大多数采用三相制。三相电力系统是由三相电源、三相负载和三相输电线路 3 部分组成。三相电路是电路分析理论中的一个重要内容，本节以对称三相电路为例，用 Multisim 10 软件对其进行仿真分析。

6.7.1 对称三相电路的电压

三相电路分析步骤。

（1）创建电路。图 6-36 所示为从元件库中选择电压源 V₁，V₂，V₃，设定电压有效值为 220 V，相位分别为 0°，−120°，120°，频率均为 50 Hz；选择三相对称负载为纯电阻，阻值为 1 kΩ；选择多通道虚拟示波器 XSC1，将 A，B，C 3 个输入通道分别接入三相电源 V1，V2，V3 的正极；选择万用表 XMM1，将其"+""−"两个输入端子分别接入电源的中性点和负载的中性点。

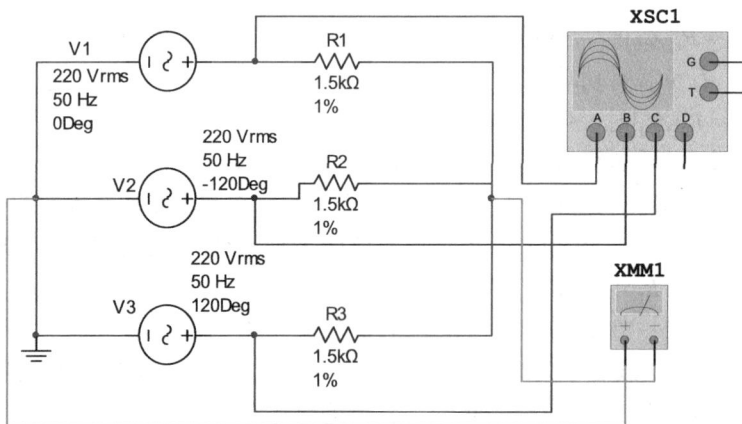

图 6-36　三相对称电路

（2）对称三相电路的中线电流测量。单击 RUN 按钮，双击万用表 XMM1 图标，可得万用表 XMM1 的显示界面，如图 6-37 所示。选择电流（A）挡，得到电流为 0，说明对称三相电路 Y-Y 接时，电源中性点和负载中性点是等电位点。

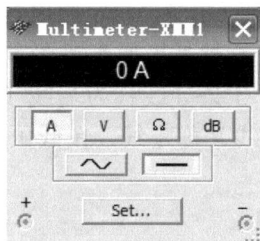

图 6-37　三相电路中线电流

（3）对称三相电源电压测量。双击示波器 XSC1 图标，可得示波器 XSC1 的显示界面，如图 6-38 所示。电压测量时，通过示波器旋钮，分别将示波器的纵坐标刻度设定为 200 V/Div，以便于观察电压波形。

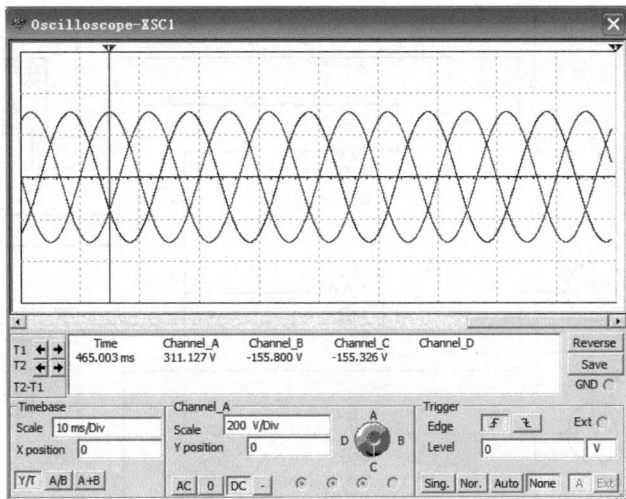

图 6-38 对称三相电源电压波形

从图 6-38 可看出，三相电压幅值相同，都为 220 V（有效值），拖动示波器上的红色指针到 A 相峰值处，途中标尺显示 A 通道电压最大值为 311.127 V，三相电压的相位差均为 120°。从电压的幅值、电压的相位来看，测量结果反映了三相电源的基本特征，测量结果和理论结论一致。使读者验证并加深理解了三相电路的有关概念，又了解了三相电路的仿真分析方法。

6.7.2 三相电路的功率

无论负载为 Y 或 △ 连接，每相有功功率都应为 $P_p = U_p I_p \cos \varphi$，式中 φ 为相电压与相电流的相位差。

三相电路的瞬时功率等于各相瞬时功率之和，当负载对称时，$P = 3U_p I_p \cos \varphi$。

仿真分析如下。

（1）创建电路。从元件库中选择电压源 V_1，V_2，V_3，三相对称负载（电阻 R_1、R_2 和 R_3）；选择虚拟瓦特表 XWM2，将瓦特表 XWM1 的电压表并接在 A、C 之间，瓦特表 XWM1 的电流表串入 A 相电路，将瓦特表 XWM2 的电压表并接在 B、C 之间，瓦特表 XWM2 的电流表串入 B 相电路，创建电路如图 6-39 所示。

二瓦法，是用两只功率表来测量三相负载的功率。测量时通过功率表的电流和作用在功率表的电压分别是线电流和线电压。

总功率：$P = |P_1 + P_2|$。两瓦法测量三相电路的功率，适用于对称电路和不对称电路，也适用于 Y 形接法和 △ 形接法。测量中，一个瓦特的读数是没有意义的。

（2）三相电路功率测量。单击运行（RUN）按钮，双击瓦特表 XWM1 和瓦特表 XWM2 的图标，得到三相电路的功率，如图 6-40 所示。

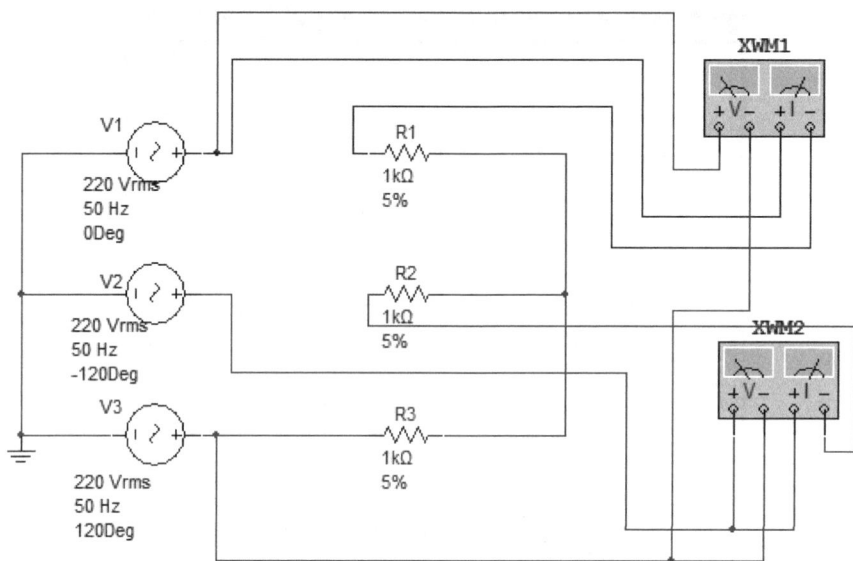

图 6-39　三相对称电路功率测量电路

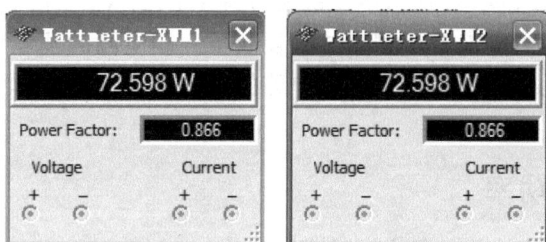

图 6-40　三相对称电路的功率

（3）结果分析。仿真结果负载功率 $P=|P_1+P_2|=72.598+72.598=145.196$ W；理论计算，负载功率 $P=3U_p I_p\cos\varphi=\sqrt{3}\times380\times0.22\times1=144.799$ W，仿真结果同理论计算基本一致，偏差主要在计算精度上。

（4）三相四线制接法中，一般不用两瓦法测量三相功率，主要是由于在一般情况下，3个线电流的代数和不等于 0，测量时可采用三瓦法。

6.8　网络函数的仿真分析

网络函数：在零初始条件下，且电路的输入激励是单一的独立电压源或电流源时，电路的零状态响应 $r(t)$ 的象函数 $R(s)$ 与输入激励 $e(t)$ 的象函数 $E(s)$ 之比。

网络中的激励、响应可以是电压或电流，网络函数有 4 种类型：① 激励与响应均为电压（流）时，网络函数是转移电压（流）比。② 激励是电压、响应是电流时，网络函数称为转移导纳。③ 激励是电流、响应是电压时，网络函数称为转移阻抗。④ 激励电压（流）和响应电流（压）同在一个端口时，网络函数称为驱动点导纳（阻抗），又称驱动点函数。

　　网络函数是电路的固有品质，其极零点在 S 平面上的分布与网络的时域响应有着密切的关系，如图 6-41 所示的二阶电路，用 Multisim 10 的极点—零点分析（Pole-Zero Analysis）工具分析电路的极零点，以确定电路的极点—零点分布及其与时域相应的关系。

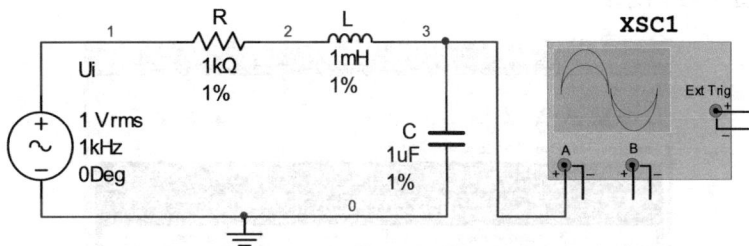

图 6-41　极点—零点分析电路

仿真分析如下。

（1）创建电路。如图 6-41 所示，并对电路进行编号。

（2）进行极点—零点分析。在 Simulate 菜单中选择 Analyses 命令，运行 Pole-Zero 分析，得到极点—零点分析参数设置对话框，如图 6-42 所示。

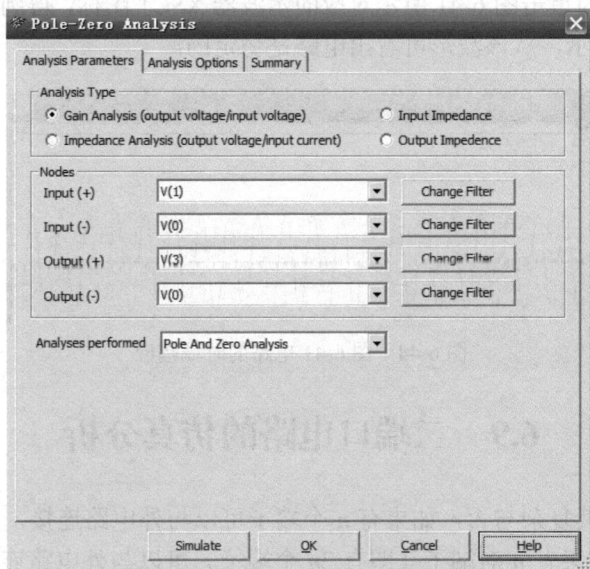

图 6-42　极点—零点分析参数设置对话框

　　（3）极点—零点分析的参数设置。在图 6-42 所示的极点—零点分析参数设置对话框中打开 Analysis Parameters 选项卡，在 Analysis Type 选项组中选中 Gain Analysis（增益分析）单选项；在 Nodes 选项组中，在 Input（+）（输入节点的正极）下拉列表框中选择电路（见图 6-41）的 V（1）节点，在 Input（−）下拉列表框中选择电路的 V（0）节点，在 Output（+）下拉列表框中选择电路的 V（3）节点，在 Output（−）下拉列表框中选择电路的 V（0）节点，在 Analyses Performed 下拉列表框中选择 Pole And Zero Analysis。

（4）运行极点—零点仿真。单击图 6-42 所示的 Simulate 按钮，得到电路图 6-41 所示的分析结果，如图 6-43 所示。

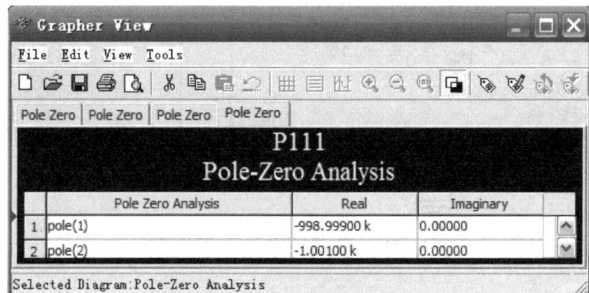

图 6-43　极点—零点分析结果

从图 6-43 所示的分析结果看出，电路有两个极点，位于 S 平面的负实轴上，说明电路是稳定的。此电路稳定也可通过对电路的时域信号的响应分析（见图 6-44）进一步证明。时域信号的响应分析过程为单击图 6-41 所示对应的示波器 XSC1 图标，得到正弦激励下的稳态响应波形，如图 6-44 所示，从该波形可看出电路是稳定的。

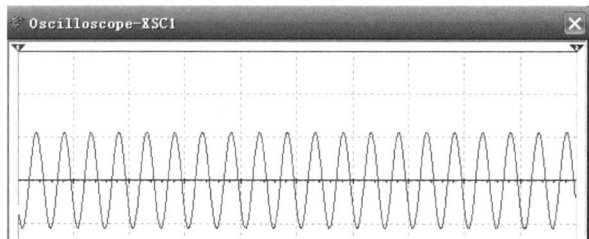

图 6-44　图 6-41 电路的时域响应

6.9　二端口电路的仿真分析

一个网络，不论其复杂与否，如果有 n 个端子可以与外电路连接，则称为 n 端网络，如图 6-45（a）所示。如果有 n 对端子（即有 $2n$ 个端子）可以与外电路连接，且满足端口条件（即每一对端子，流入一个端子的电流恒等于流出另一个端子的电流），则称为 n 端口网络，如图 6-45（b）所示。仅有一个端口的网络称为一端口电路或单端口网络，如图 6-45（c）所示。只有两个端口的网络称为双端口网络或称二端口电路，如图 6-45（d）所示。

　　分析研究二端口电路具有现实意义,有些比较复杂的电路,其内部结构及元件的特性是无法完全知道的或难以确定的,而该电路的端口电压、电流及相互之间的关系可以通过一些参数表示,这些参数只取决于构成二端口本身的元件及其连接方式。一旦确定二端口的参数后,当一个端口的电压、电流发生变化时,就能较容易得到另一个端口的电压、电流的变化。同时,还可以利用这些参数比较不同的二端口网络在传递电能和信号方面的性能,从而评价其质量。

　　二端口电路网络内部可以含独立电源、受控电源。对于电路中既无独立电源、又无受控源,只含有线性电阻、电感和电容元件组成的电路称为无源线性二端口电路。

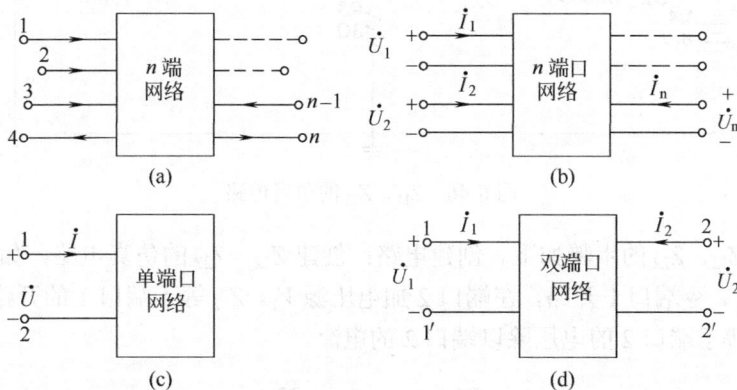

图 6-45　端口网络框图

6.9.1　二端口电路的 Z 方程和 Z 参数

1. 二端口电路的 Z 方程和 Z 参数

　　图 6-45(d)所示为一线性二端口电路,在分析中将按正弦稳态情况考虑,并应用相量法,规定电压和电流为关联参考方向,符号说明如下。

　　$\dot{U}_1$、$\dot{U}_2$:输入端口 1—1′ 和输出端口 2—2′ 的电压。

　　$\dot{I}_1$、$\dot{I}_2$:输入端口 1—1′ 和输出端口 2—2′ 的电流。

　　设端口电流 $\dot{I}_1$ 和 $\dot{I}_2$ 为已知,要求端口电压 $\dot{U}_1$ 和 $\dot{U}_2$,参见图 6-45(d)。应用线性叠加原理,由两个电流源分别作用叠加求得 $\dot{U}_1$ 和 $\dot{U}_2$。

$$\dot{U}_1 = Z_{11}\dot{I}_1 + Z_{12}\dot{I}_2$$
$$\dot{U}_2 = Z_{21}\dot{I}_2 + Z_{22}\dot{I}_2$$

　　上式称为二端口的 Z 参数方程,式中 Z_{11}、Z_{21}、Z_{12}、Z_{22} 称为 Z 参数,这些参数具有阻抗的性质,是与网络内部结构和参数有关而与外部电路无关的一组参数,求得 Z 参数如下。

　　$Z_{11}=\dot{U}_1/\dot{I}_1$,$Z_{11}$ 是输出端口开路时,输入端口的入端阻抗。

$Z_{21}=\dot{U}_2/\dot{I}_1$，$Z_{21}$ 是输出端口开路时，输出端口电压对输入端口电流的转移阻抗。

$Z_{12}=\dot{U}_1/\dot{I}_2$，$Z_{12}$ 是输入端口开路时，输入端口电压对输出端口电流的转移阻抗。

$Z_{22}=\dot{U}_2/\dot{I}_2$，$Z_{22}$ 是输入端口开路时，输出端口的入端阻抗。

2. 二端口电路的 Z 参数仿真分析

Z 参数矩阵 4 个参数的仿真分析分两步进行，先分析 Z_{11}、Z_{21}，再分析 Z_{12}、Z_{22}。

（1）分析 Z_{11}、Z_{21} 的步骤如下。创建电路：创建 Z_{11}、Z_{21} 的仿真电路，如图 6-46 所示。

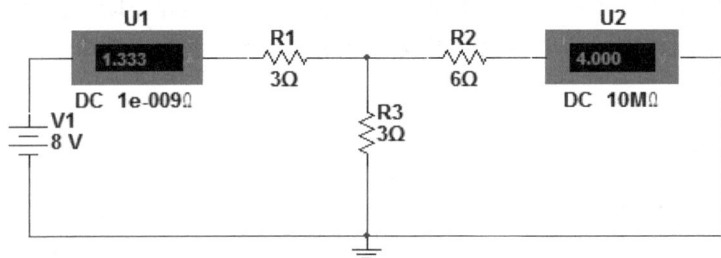

图 6-46　Z_{11}、Z_{21} 的仿真电路

（2）分析 Z_{12}、Z_{22} 的步骤如下。创建电路：创建 Z_{12}、Z_{22} 的仿真电路，如图 6-47 所示。分析 Z_{12}、Z_{22} 时，令端口 1 开路，在端口 2 加电压源 V_1。Z_{12} 等于端口 1 的开路电压除以端口 2 的电流；Z_{22} 等于端口 2 的电压除以端口 2 的电流。

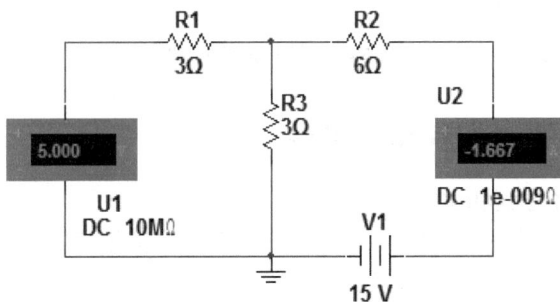

图 6-47　Z_{12}、Z_{22} 的仿真电路

6.9.2　二端口电路的 Y 方程和 Y 参数

1. 二端口电路的 Y 方程和 Y 参数

设两个端口电压 $\dot{U}_1$ 和 $\dot{U}_2$ 为已知，要求端口电流 $\dot{I}_1$ 和 $\dot{I}_2$，参见图 6-46。应用线性叠加原理，由两个电压源分别作用叠加求得电流 $\dot{I}_1$ 和 $\dot{I}_2$。

$$\dot{I}_1 = Y_{11}\dot{U}_1 + Y_{12}\dot{U}_2$$

$$\dot{I}_2 = Y_{21}\dot{U}_1 + Y_{22}\dot{U}_2$$

上式称为 Y 参数方程，式中 Y_{11}、Y_{12}、Y_{21}、Y_{22} 称为 Y 参数，这些参数具有导纳的性质，是与网络内部结构和参数有关而与外部电路无关的一组参数，Y 参数可按计算方法或用实验测量求。

$Y_{11}=\dot{I}_1/\dot{U}_1$，$Y_{11}$ 是输出端口短路时，输入端口的入端导纳。

$Y_{21}=\dot{I}_2/\dot{U}_1$，$Y_{21}$ 是输出端口短路时，输出端口电流对输入端口电压的转移导纳。

$Y_{12}=\dot{I}_1/\dot{U}_2$，$Y_{12}$ 是输入端口短路时，输入端口电流对输出端口电压的转移导纳。

$Y_{22}=\dot{I}_2/\dot{U}_2$，$Y_{22}$ 是输入端口短路时，输出端口的入端导纳。

2．二端口电路的 Y 参数仿真分析

（1）分析 Y_{11}、Y_{21} 的步骤如下。创建电路：创建 Y_{11}、Y_{21} 的仿真电路，如图 6-48 所示。分析 Y_{11}、Y_{21} 时，令端口 2 短路，Y_{11} 等于端口 1 的电流除以端口 1 的电压；Y_{21} 等于端口 2 短路电流除以端口 1 的电压。

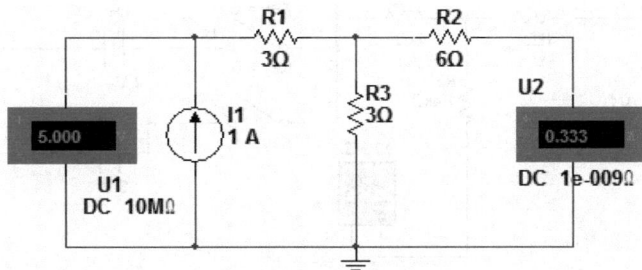

图 6-48　Y_{11}、Y_{21} 的仿真电路

（2）分析 Y_{12}、Y_{22} 的步骤如下。创建电路：创建 Y_{12}、Y_{22} 的仿真电路，如图 6-49 所示。分析 Y_{12}、Y_{22} 时，令端口 1 短路，Y_{12} 等于端口 1 的短路电流除以端口 2 的电压；Y_{22} 等于端口 2 的电流除以端口 2 的电压。

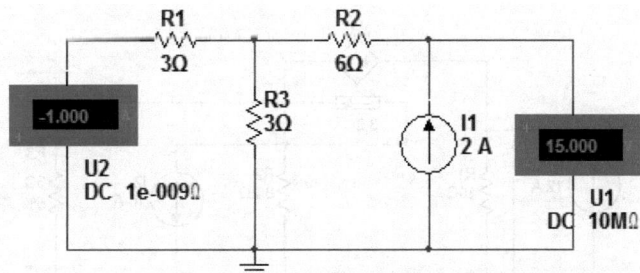

图 6-49　Y_{11}、Y_{22} 的仿真电路

本 章 小 结

本章介绍了 Multisim 10 在电路分析中的应用。主要内容包括结点电压法的仿真分析、戴

维南定理和叠加定理的仿真分析、RLC 串联谐振电路的仿真分析、最大功率传输定理的仿真分析、一阶电路和二阶电路的仿真分析、三相电路的仿真分析、网络函数及二端口电路的仿真分析。电路分析仿真分析中涉及的分析方法主要有电路的静态分析、瞬态分析和零—极点分析等。电路分析仿真分析中涉及的测试仪器有万用表、示波器、瓦特表及频率特性仪等。

习　　题

1. 在 Multisim 10 环境中，创建电路如图 6-50 所示，试分别按 A、B、C 键切换开关 J1A、J1B、J1C 的触点观测仿真结果。并用叠加定理分析计算 V1、V2、V3 共同作用时，万用表电流挡测得电流的大小。

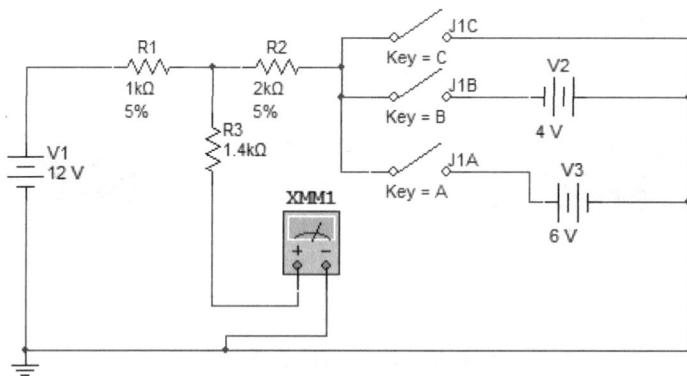

图 6-50　习题 1 的电路图

2. 在 Multisim 10 环境中，创建电路如图 6-51 所示，试观测仿真结果。图 6-51 所示的受控源 V1 的 3 Ω表示受控源电压数值相当于 3 倍的控制电流数值。

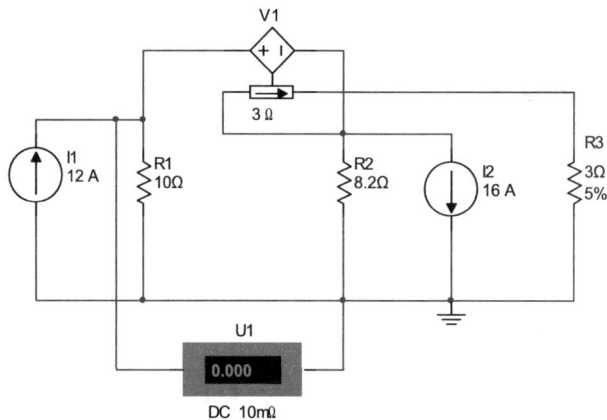

图 6-51　习题 2 的电路图

3. 在 Multisim 10 环境中，创建电路如图 6-52 所示，求图 6-52 所示的一端口戴维南等效电路。

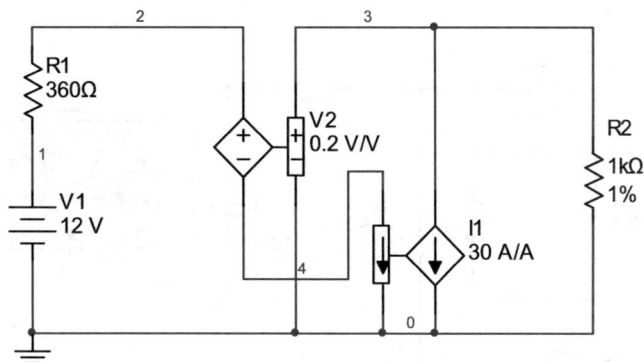

图 6-52　习题 3 的电路图

4. 在 Multisim 10 环境中，创建电路如图 6-53 所示，电路源已达稳态，试仿真分析当开关 J1 合上以后，电感 L1 两端电压的波形。

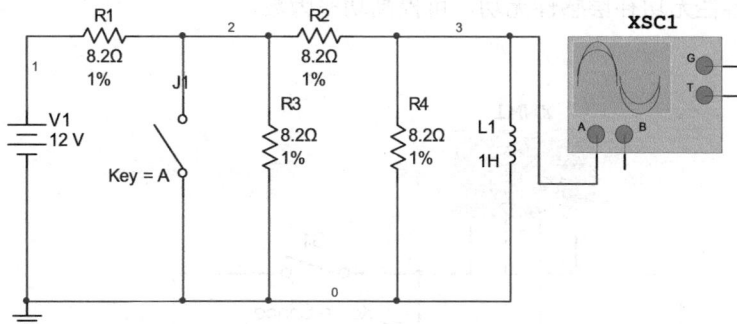

图 6-53　习题 4 的电路图

5. 在 Multisim 10 环境中，创建电路如图 6-54 所示，试仿真分析当开关 S1 合上以后，电容 C1 两端电压的波形。

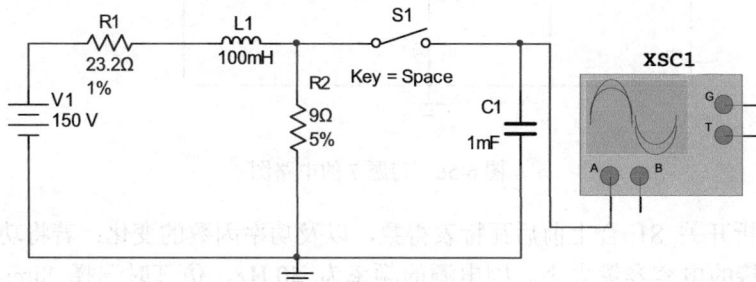

图 6-54　习题 5 的电路图

6. 在 Multisim 10 环境中，创建电路如图 6-55 所示，试仿真分析当开关 S1 合上以后，电容 C1 两端电压的波形，并判断电路的过渡过程是过阻尼还是欠阻尼。

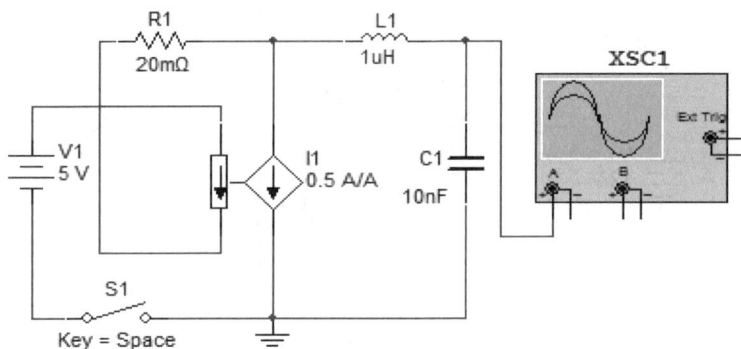

图 6-55　习题 6 的电路图

7. 在 Multisim 10 环境中，创建电路如图 6-56 所示，该电路为无功补偿电路，当开关 S1 合上以后，由容性无功补偿感性无功，可提高功率因数。

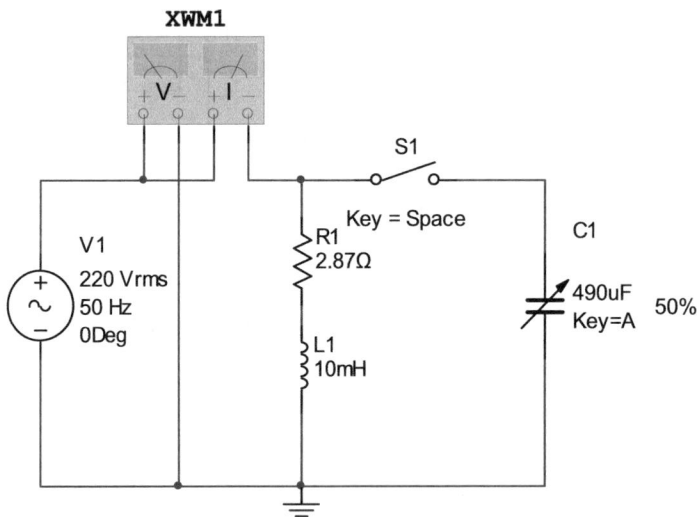

图 6-56　习题 7 的电路图

试仿真分析开关 S1 合上前后瓦特表得数，以及功率因数的变化；若将功率因数提高到 0.95，试求并接的电容容量大小。因电源的频率为 50 Hz，仿真时选择 Simulate 菜单中的 Interactive Simulation Settings 命令，将仿真步长设置为 0.01 s。

8. 在 Multisim 10 环境中，创建电路如图 6-57 所示，试仿真分析电路的幅频特性和相频特性，仿真分析电路的谐振频率 f_0，求电路的品质因数 Q 值。

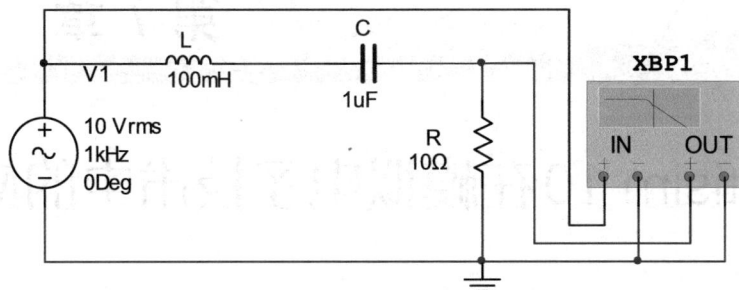

图 6-57　习题 8 的电路图

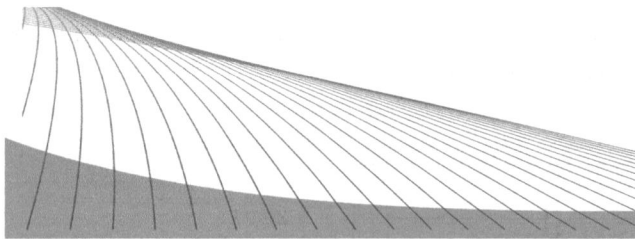

第 7 章

Multisim 10在模拟电子技术中的应用

模拟电子技术实验是通过实验手段，培养学生在模拟电路方面使用电子仪器、设计及调试电路等方面的实际动手能力。由于传统方法受实验设备、场地和时间限制，同时还存在着教学理念陈旧，实验效率低等问题，所以计算机的辅助分析及仿真技术在电子实验运用中得到了广泛的应用。

对模拟电子电路的仿真，可充分利用软件提供的各种仿真分析方法。用 DC Operation Point 可分析放大电路的静态工作点；用 AC Analysis 可分析放大电路的幅频特性和相频特性；用 Temperature Sweep 可分析放大电路随温度变化的特性；用 Parameter Sweep 可分析当电路某参数变化时，对电路输出的影响。另外，用软件提供的图形显示工具（Grapher View）可显示各种分析结果。

本章在对电路仿真分析时，着重分析比较各种电路的特点及相互间的联系，并详细、深入地探讨各种模拟电路的仿真应用技术。

7.1　单管共射放大电路的仿真分析

单管共射放大电路是放大电路的基础，也是模拟电子技术课程的基础部分。放大电路要实现不失真放大，必须设置合适的静态的工作点；放大电路的适用范围是低频小信号，因此，即便静态工作点合适，如果输入信号幅值太大，也会造成输出信号失真；另外，电压放大倍数、输入电阻和输出电阻是分析放大电路的核心指标。

7.1.1　单管共射放大电路

图 7-1 所示为电阻分压式工作点稳定的单管放大器电路图。它的偏置电路采用 R_p、R_{B11}、R_{B12} 组成分压电路，并在发射极中接有电阻 R_E，以稳定放大器的静态工作点。

当在放大器的输入端加入输入信号 u_i 后，在放大器的输出端便可得到一个与 u_i 相位相反，幅值被放大了的输出信号 u_o，从而实现电压放大。

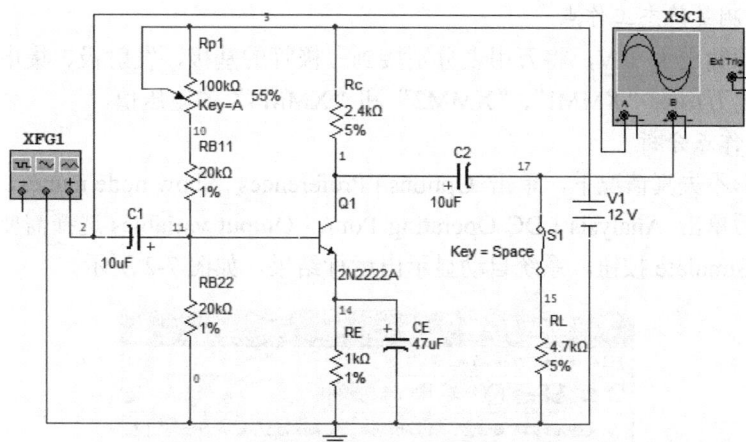

图 7-1　电阻分压式工作点稳定放大电路

在图 7-1 所示电路中，当流过偏置电阻 Rp、R_{B11}、R_{B22} 的电流远大于晶体管的基极电流 I_B 时（一般 5～10 倍），则它的静态工作点可用下式估算。

$$U_B \approx \frac{R_{B11}}{R_{B11} + R_{B22}} V_1$$

$$I_E \approx \frac{U_B - U_{BE}}{R_E} \approx I_C$$

$$U_{CE} = V_1 - I_C(R_C + R_E)$$

电压放大倍数为

$$A_u = -\beta \frac{R_C /\!/ R_L}{r_{be}}$$

输入电阻为

$$R_i = R_{B11} /\!/ R_{B12} /\!/ r_{be}$$

输出电阻为

$$R_o \approx R_C$$

一般电子器件性能的分散性都比较大，在设计和制作晶体管放大电路时，离不开测量和调试技术。在进行设计前应测量所用元器件的参数，为后期电路设计提供必要的依据，在完成设计和装配以后，还必须测量和调试放大器的静态工作点和各项性能指标。一个性能好的放大器，一定是理论设计与实验调整相结合的产物。

7.1.2　单管共射放大电路静态工作点的分析

1. 静态分析

当输入信号 u_i=0，确定静态工作点，求解电路中有关的电流、电压值等。

1）万用表测量静态工作点

设置信号源输出为 0 V，将万用表分别接到三极管的基极、发射极、集电极，打开仿真开关，分别读出万用表"XMM1"、"XMM2"和"XMM3"的电压值。

2）直流工作点分析

在输出波形不失真情况下，单击 Options | Preferences | Show node names，使图 7-1 显示节点编号，然后单击 Analysis | DC Operating Point | Output variables 选择需要用来仿真的变量，然后单击 Simulate 按钮，系统自动显示出运行结果，如图 7-2 所示。

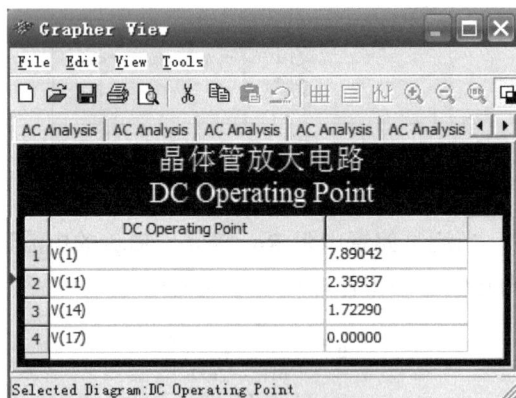

图 7-2　系统运行结果显示

2. 函数信号发生器参数设置

本次仿真函数信号发生器参数设置如图 7-3 所示，改动面板上的相关设置，可改变输出电压信号的波型、大小、占空比或偏置电压等。

Set Rise / Fall Time 按钮：设置所要产生信号的上升时间与下降时间，而该按钮只有在产生方波时有效。单击该按钮后，出现图 7-4 所示的对话框。

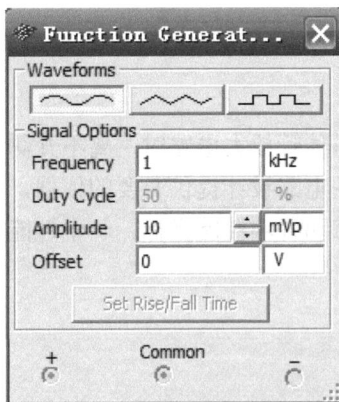

图 7-3　函数信号发生器面板

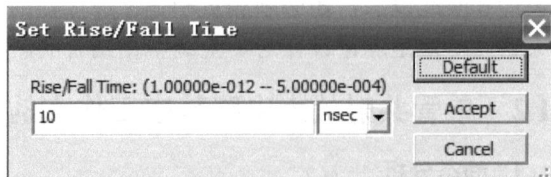

图 7-4　Set Rise/Fall Time 对话框

3. 电位器 R_{P1} 参数设置

双击电位器 R_{P1}，出现图 7-5 所示对话框，单击 Value 选项卡。

Key 区：调整电位器大小所按键盘。

Increment 区：设置电位器按百分比增加或减少。

调整图 7-1 中的电位器 R_{P1} 确定静态工作点。电位器 R_{P1} 旁标注的文字 "Key=A" 表明按键盘上 A 键，电位器的阻值按 1% 的速度增加；按 Shift+A 键，阻值将以 1% 的速度减少。也可直接在电路图上用鼠标拖曳滑动条改变阻值，如图 7-6 所示。电位器变动的数值大小直接以百分比的形式显示在一旁。运行仿真开关，反复按键盘上的 A 键。双击示波器图标，观察示波器输出波形即节点 17 处的波形，如图 7-7 所示。

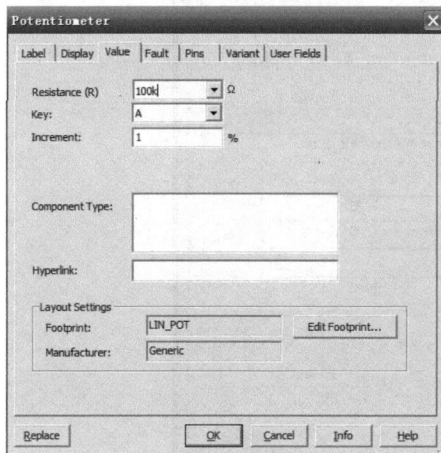

图 7-5　Potentiometer 对话框

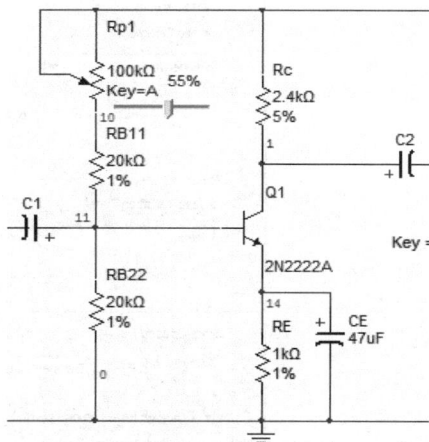

图 7-6　鼠标拖曳

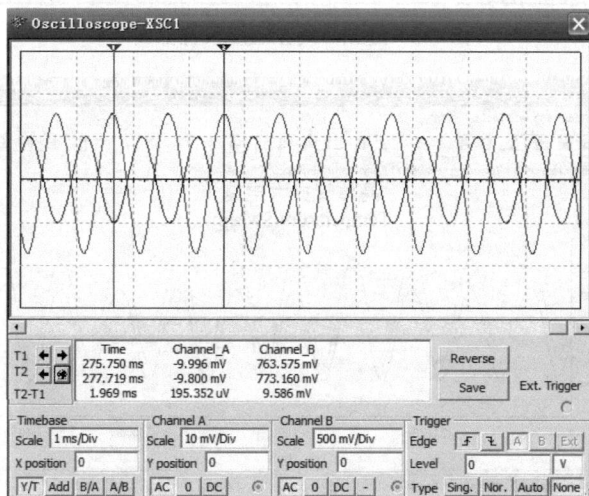

图 7-7　示波器显示节点 17 处的波形

4. 温度变化对静态工作点的影响

温度扫描分析方法是分析温度变化对静态工作点的影响。设置信号源输出为 10 mV，1 kHz 的正弦波信号。

单击 Simulate | Temperature Sweep Analysis，打开 Temperature Sweep Analysis 对话框在 "Analysis Parameters" 选项中进行起始、终止温度的设置，如图 7-8 所示，单击 "Edit Analysis" 按钮，设置开始时间与结束时间，然后设定 "Output" V（1）为输出项，再进行仿真。仿真结果如图 7-9 所示，输出电压 V（1）随温度升高而下降。

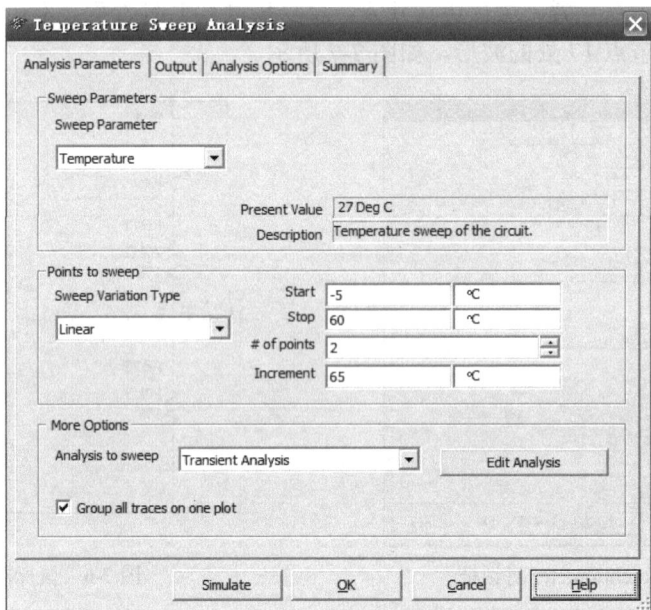

图 7-8　起始、终止温度设置界面

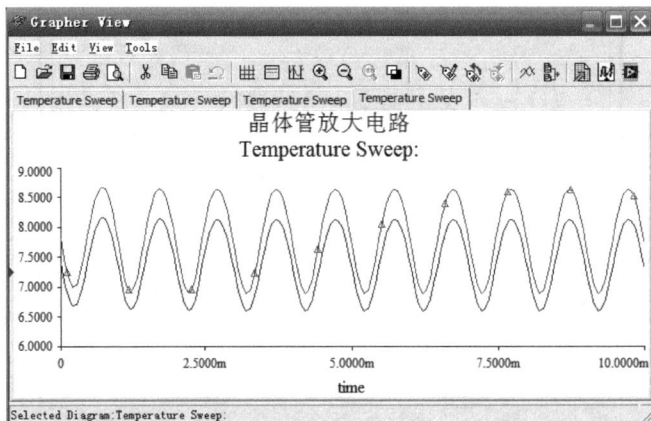

图 7-9　仿真结果

5. 电路直流扫描

直流扫描分析（DC Sweep Analysis）是利用一个或两个直流电源分析电路中某一节点上的直流工作点的数值变化的情况。图 7-1 所示电路中节点"1"随电源电压变化的曲线如图 7-10 所示，单击 ▦ 显示/隐蔽指针，指针与示波器显示屏上的读数指针相同，即拖动指针可测出集电极的电位随电源电压变化的情况。

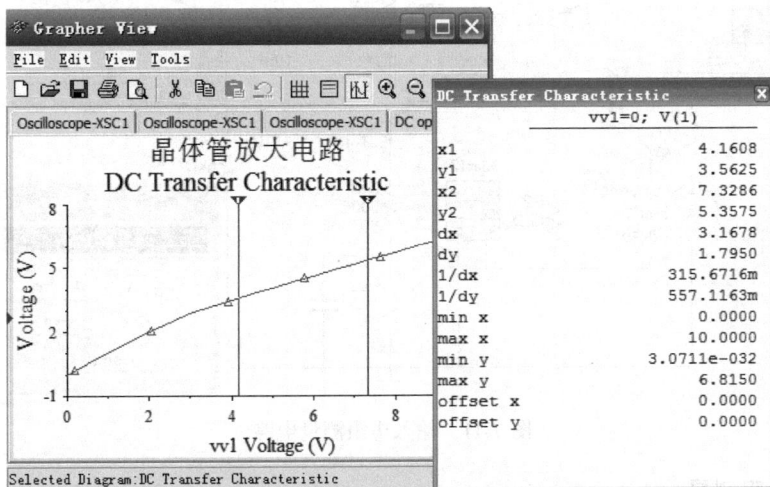

图 7-10　图 7-1 所示电路中节点 1 直流扫描分析结果

7.1.3　单管共射放大电路动态分析

动态分析的任务是计算电压放大倍数、输入、输出电阻、最大不失真输出电压和幅频特性等。现以图 7-1 电阻分压式工作点稳定单管放大器电路进行动态分析。

1. 电压放大倍数

由图 7-7 所示波形图可观察到电路的输入、输出电压信号反相位关系。

1）不带负载电阻 R_L

由图 7-1，开关 S1 处于打开状态，打开仿真开关，读出示波器的输入和输出电压峰值，放大器的放大倍数：$A_v = -1\,093\,mV/9.800\,mV = -111.53$。

2）带负载电阻 R_L

由图 7-1，开关 S1 处于闭合状态，打开仿真开关，读出图 7-7 所示示波器的输入和输出电压峰值，放大器的放大倍数：$A_v = -763.575\,mV/9.996\,mV = -76.39$。

2. 输入电阻测量

建立图 7-11 所示仿真电路。打开仿真开关，双击"XMM1"和"XMM2"两块万用表，并将它们切换在交流电压、交流电流挡上，则输入电阻 $R_i = U_i / I_i = 4.09\,k\Omega$。需要说明的是，实测输入电阻时通常采用间接测量法，原因是电流表、电压表都不是理想仪器。

注意：本处测量的是交流输入电阻，当然也要在合适的静态工作点上测量，因而直流电源要保留。

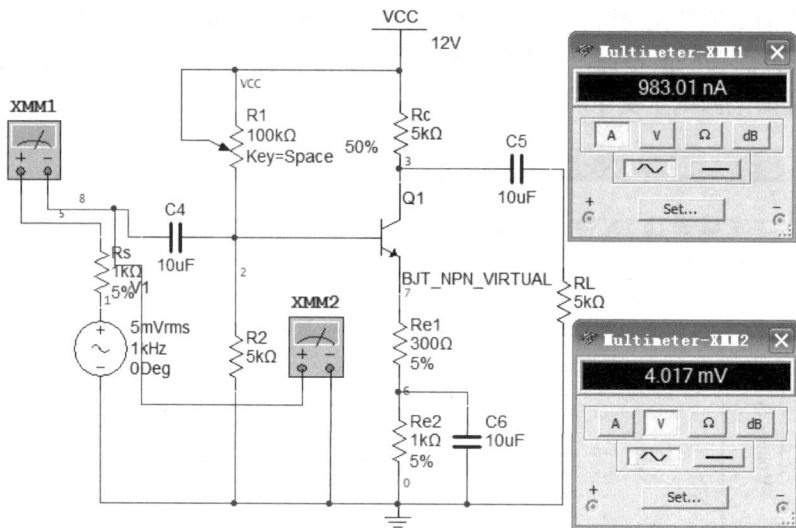

图 7-11　输入电阻测量电路

3. 输出电阻测量

输出电阻的测量采用外加激励法，将电路中的信号源置 0（短路），负载开路，在输出端接电压源、电压表、电流表，测量电压、电流，创建电路如图 7-12 所示。测量结果是：$R_o = U_o / I_o = 5\ k\Omega$，该分析结果同理论分析一致，验证理论的正确性。同样这里测量的是交流输出电阻，也要在合适的静态工作点上测量，因而直流电源要保留。

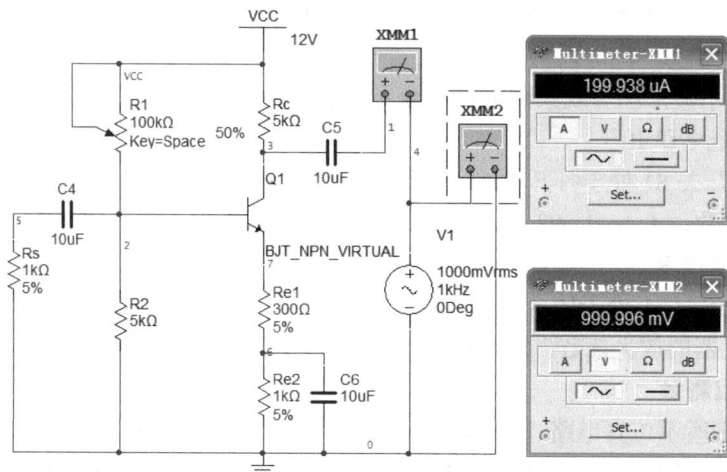

图 7-12　输出电阻测量电路

4. 放大电路的频率响应分析

在实际应用中，电子电路所处理的信号，如语音信号、电视信号等都不是简单的单一频率信号，它们都是由幅度及相位都有固定比例关系的多频率分量组合而成的复杂信号，即具有一定的频谱。如音频信号的频率范围为 20 Hz～20 kHz，而视频信号从十几兆赫到几百兆赫。由于放大电路中存在电抗元件（如管子的极间电容，电路的负载电容、分布电容、耦合电容、射极旁路电容等），使得放大器可能对不同频率信号分量的放大倍数和相移不同。

如放大电路对不同频率信号的幅值放大不同，就会引起幅度失真。如放大电路对不同频率信号产生的相移不同就会引起相位失真。幅度失真和相位失真总称为频率失真，为实现信号不失真放大，所以需要研究放大器的频率响应。

打开图 7-1 所示电路，单击 Simulate | Analysis | AC Analysis，弹出 AC Analysis 对话框，进入交流分析状态。AC Analysis 对话框有 Frequency Parameters、Output、Analysis Options 和 Summary 4 个选项，本例中首先单击其中 Output 选定节点 17 进行仿真，然后单击 Frequency Parameters 选项卡，如图 7-13 所示。

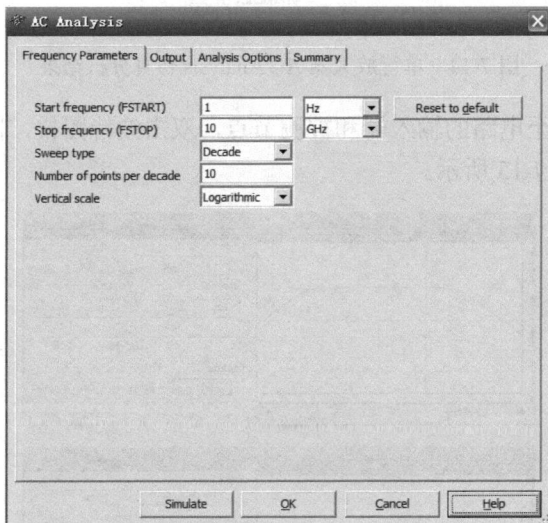

图 7-13　AC Analysis 对话框

1）Frequency Parameters 参数设置

在 Frequency Parameters 参数设置对话框中，可以确定分析的起始频率、终点频率、扫描形式、分析采样点数和纵向坐标（Vertical scale）等参数。在 Start frequency（FSTART）栏中，设置分析的起始频率为 1 Hz；在 Stop frequency（FSTOP）栏中，设置扫描终点频率为 10 GHz。

在 Sweep type 栏中，设置分析的扫描方式为 Decade（十倍程扫描）。在 Number of points per decade 栏中，设置每十倍频率的分析采样数。在 Vertical Scale 栏中，选择纵坐标刻度形式为 Logarithmic（对数）形式。

2）恢复默认值

单击 Reset to default 按钮，即可恢复默认值。

3）分析节点的频率特性波形

单击"Simulate"（仿真）按钮，即可在显示图上获得被分析节点的频率特性波形。交流分析的结果，可以显示幅频特性和相频特性两个图，仿真分析结果如图 7-14 所示。

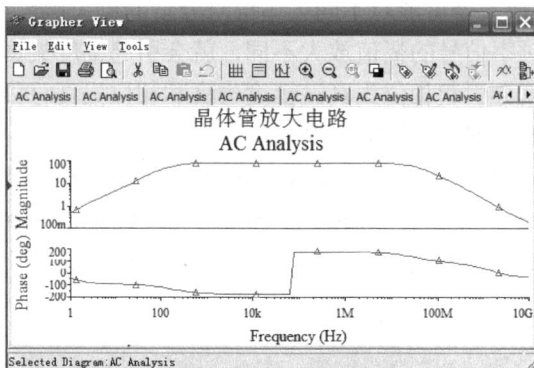

图 7-14　单管放大器 AC Analysis 仿真分析结果

如果用波特图仪连至电路的输入端和被测节点，双击波特图仪，同样也可以获得交流频率特性，显示结果如图 7-15 所示。

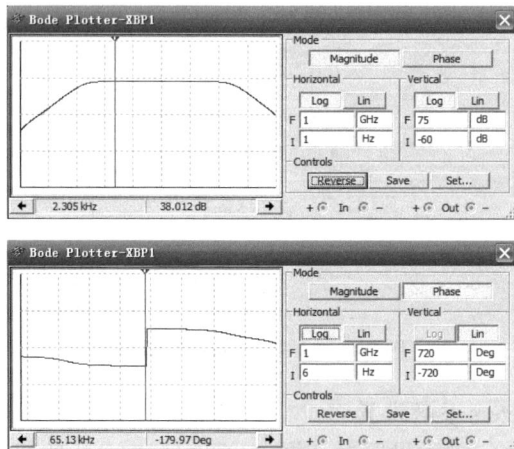

图 7-15　波特图仪测试频率特性显示

5. 放大器幅值及频率测试

双击示波器图标，通过拖拽示波器面板中的指针可分别测出输出电压的峰—峰值及周期。

6. 电路失真分析

失真分析常用于分析电了电路中的谐波失真和内部调制失真互调失真，通常非线性失真会导致谐波失真，而相位偏移会导致互调失真。若电路中有一个交流信号源，该分析能确定电路中每一个节点的二次谐波和三次谐波的幅值。图 7-1 所示电路中的节点"1"，电路失真分析结果如图 7-16 所示。

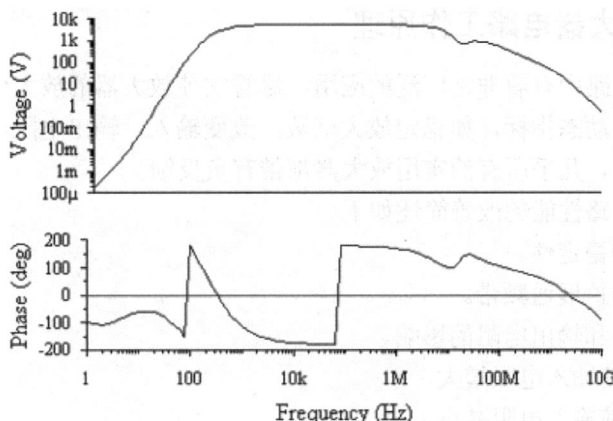

图 7-16　电路节点"1"失真分析结果

7. 最大不失真输出电压

为了获得最大的动态范围，将静态工作点设置在交流负载线的中点，在放大器正常工作的情况下，逐步增大输入信号的幅度，并同时调节静态工作点，用示波器观察 U_o，当输出波形同时出现失真现象时，说明静态工作点已调在交流负载线中点，然后调整输入信号，使输出幅度最大，且无明显失真时，测出 U_o 的同时求出最大不失真输出电压 U_{opp}。连接图 7-1 所示的仿真电路，将 S_1 处于闭合状态，打开仿真开关，反复调整 R_{p1} 和信号源"XFGl"输出信号大小，使得输出电压最大且没有明显失真，读出 R_{p1} 约处于 23%，信号源输出电压 20 mV 最大不失真输出电压如图 7-17 所示，$U_{opp} \approx 3.78$ V。

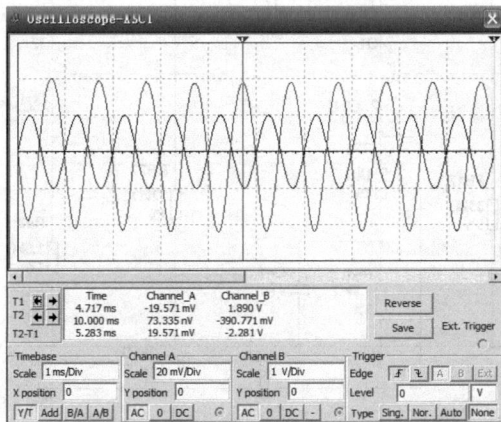

图 7-17　最大不失真输出电压

7.2 负反馈放大器电路

7.2.1 负反馈放大器电路工作原理

负反馈在电子电路中有着非常广泛的应用，尽管它使放大器的放大倍数降低，但能在很多方面改善放大器的动态指标，如稳定放大倍数，改变输入、输出电阻，减小非线性失真和拓宽通频带等。所以，几乎所有的实用放大器都带有负反馈。

负反馈对放大电路性能的改善简述如下。

（1）提高增益的稳定性。

（2）减少失真和扩展通频带。

（3）对输入电阻和输出电阻的影响。

① 串联负反馈使输入电阻增大。

② 并联负反馈使输入电阻减小。

③ 电压反馈使输出电阻减小（稳定了输出电压）。

④ 电流反馈使输出电阻增大（稳定了输出电流）。

图 7-18 所示为带有负反馈的两级阻容耦合放大电路，在电路中通过 R_F、C_F 把输出电压 u_o 引回到输入端，加在晶体管 Q_1 的发射极上，在电阻 R_{F_i} 上形成反馈电压 u_f。根据负反馈的判断法则可知，图 7-18 所示电路属于电压串联负反馈。

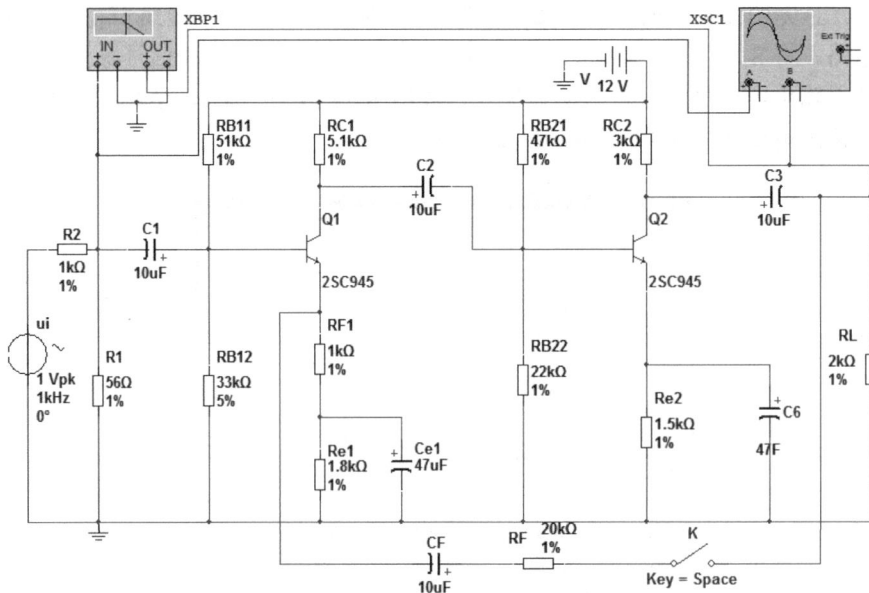

图 7-18 带有负反馈的两级阻容耦合放大电路

主要性能指标如下。

1. 闭环电压放大倍数

$$A_{uf} = \frac{A_u}{1 + A_u F_u}$$

式中：

$$A_u = \frac{U_o}{U_i}$$

A_u——基本放大器负反馈的电压放大倍数，即开环电压放大倍数；

$1 + A_u F_u$——反馈深度，它的大小决定了负反馈对放大器性能改善的程度。

2. 反馈系数

$$F_u = \frac{R_{F_i}}{R_F + R_{F_i}}$$

3. 输入电阻

$$R_{if} = (1 + A_u F_u) R_i$$

4. 输出电阻

$$R_{of} = \frac{R_o}{1 + A_{uo} F_u}$$

式中：R_o——基本放大器的输出电阻。

A_{uo}——基本放大器 $R_L = \infty$ 时的电压放大倍数。

7.2.2　负反馈对失真的改善作用

将图 7-18 所示电路中开关"Key=Space"断开，双击电路窗口中信号源符号，打开 AC_VOLTAGE 对话框，如图 7-19 所示。

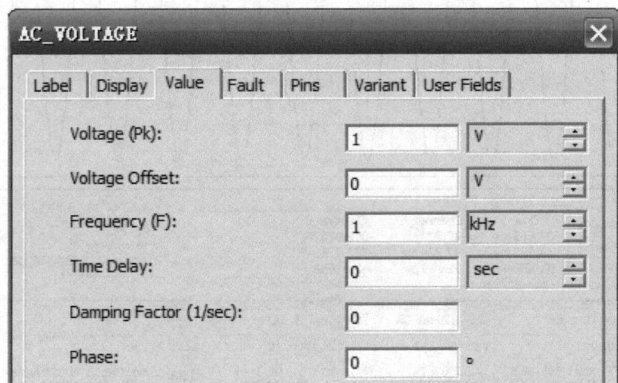

图 7-19　AC_VOLTAGE 对话框

Voltage (PK) 区：设置输入电压的幅值为 1 V。

Frequency (F) 区：设置输入电压频率为 1 kHz。其他均用系统默认值。

逐步加大信号源的幅度，用示波器观察，使输出信号出现失真，如图 7-20 所示。请注意不要过分失真，然后将开关"Key= Space"闭合，从图 7-21 上观察到输出波形的失真得到明显的改善。

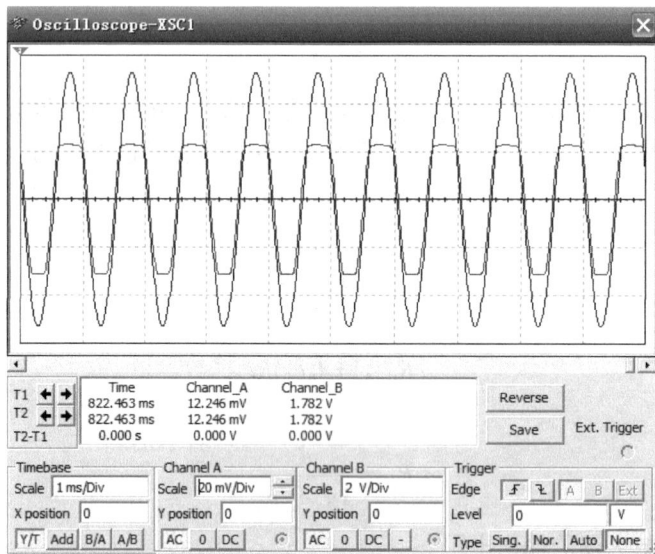

图 7-20　无负反馈图

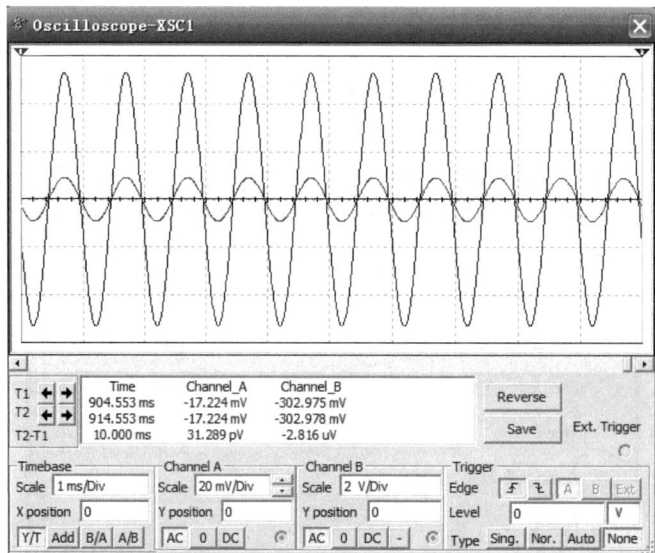

图 7-21　有负反馈图

7.2.3　负反馈对频带的扩展

两级阻容耦合放大电路引入负反馈后，放大电路的中频放大倍数减少了，但是上限频率 f_H 提高了，等于无负反馈时的 $(1+A_uF_u)$，而下限频率降低 f_L 到原来的 $(1+A_uF_u)$，所以总的通频带得到了扩展。

图 7-22 所示是未加负反馈时放大电路的幅频特性，标尺指示的位置参数为 39.192 dB/132.083 kHz。图 7-23 是加入负反馈后放大电路的相频特性，标尺指示的位置参数为 21.901 dB/1.452 MHz。

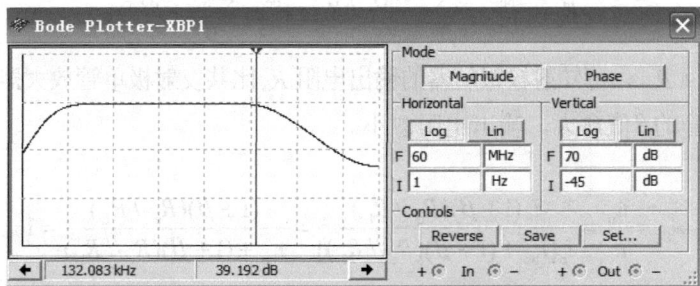

图 7-22　未加负反馈时放大电路的幅频特性

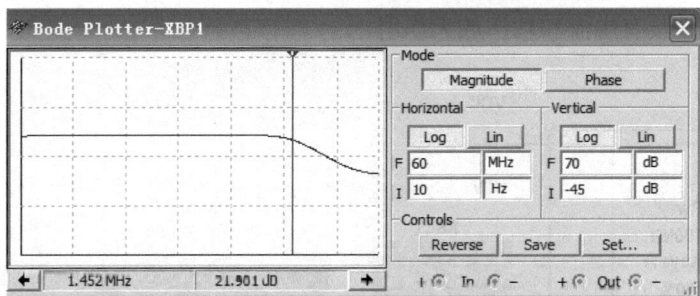

图 7-23　加入负反馈后放大电路的幅频特性

通过仿真，由图 7-22 与图 7-23 可看出波特图仪的参数设置是基本一样的，但是两级阻容耦合放大电路引入负反馈后通频带得到了扩展。

7.3　共集电极电路

7.3.1　共集电极电路工作原理

共集电极电路也称为射极输出器，射极跟随器的原理如图 7-24 所示。它是一个电压串联负反馈放大电路。输入电阻大，对电压信号源衰减小；输出电阻小，带负载能力强。电压增益小于接近于 1，输出电压能够在较大范围内跟随输入电压作线性变化。

1. 输入电阻 R_i

$$R_i = r_{be} + (1+\beta)(R_{e_1} + R_{e_2})$$

考虑偏置电阻和负载的影响，则

$$R_i = R_B // [r_{be} + (1+\beta)(R_e // R_L)]$$

由上式可知射极跟随器的输入电阻比共发射极单管放大器的输入电阻要大得多。

2. 输出电阻 R_o

$$R_o = \frac{r_{be} + (R_S // R_B)}{\beta} // R_e \approx \frac{r_{be} + (R_S // R_B)}{\beta}$$

式中 $R_e = R_{e_1} + R_{e_2}$，可知射极跟随器的输出电阻 R_o 比共发射极单管放大器的输出电阻 $R_o \approx R_c$ 小得多，三极管的 β 值愈大，输出电阻愈小。

3. 电压增益

$$\dot{A}_V = \frac{u_o}{u_i} = \frac{i_b(1+\beta)(R_e // R_L)}{i_b[r_{be} + (1+\beta)(R_e // R_L)]} = \frac{(1+\beta)(R_e // R_L)}{r_{be} + (1+\beta)(R_e // R_L)} \approx 1$$

上式说明射极跟随器的电压增益小于接近于 1，而且为正值。通过仿真，其输入输出波形如图 7-25 所示，这是由于深度电压负反馈的结果。但是它的发射极电流仍比基极电流大 $(1+\beta)$ 倍，所以它具有电流和功率放大作用。

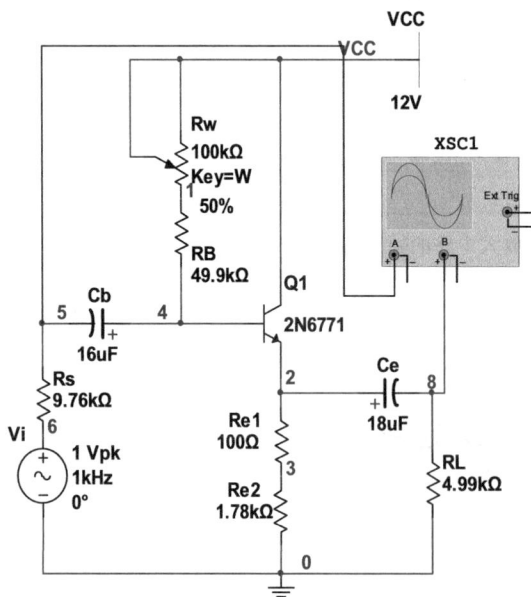

图 7-24 射极跟随器电路图

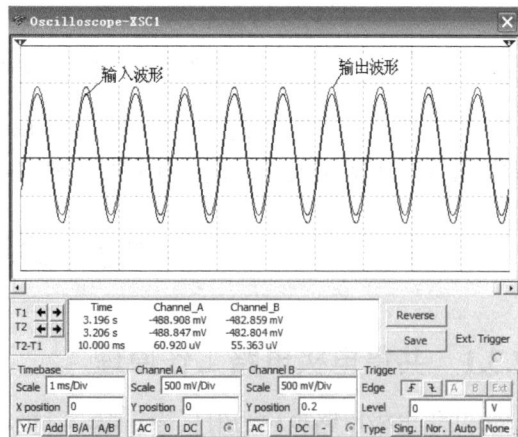

图 7-25 射极跟随器输入输出波形

4. 电压跟随范围

电压跟随范围是指射极跟随器输出电压随输入信号电压作线性变化的区域。当输入信号电压超过一定范围时，输出电压便不能跟随输入信号电压作线性变化，即输出电压波形产生了失真。为了使输出电压的正、负半周对称，静态工作点应选在交流负载线中点，测量时可直接用示波器读取输出电压的峰—峰值，即电压跟随范围。

7.3.2　射极跟随器的瞬态特性分析

瞬态分析是指对所选定的电路节点的时域响应分析，即观察该节点在整个显示周期中每一时刻的电压波形。进行瞬态分析时，直流电源保持常数，交流信号源随时间改变，电容、电感均是储存能量模式元器件。

单击 Simulate | Analysis | Transient Analysis，将弹出 Transient Analysis 对话框，进入瞬态分析状态。Transient Analysis 对话框有 Analysis Parameters、Output、Analysis Options 和 Summary 4 个选项。

其中 Output、Analysis Options 和 Summary 3 个选项与直流工作点分析的设置相同，Analysis Parameters 选项卡及参数设置如图 7-26 所示。

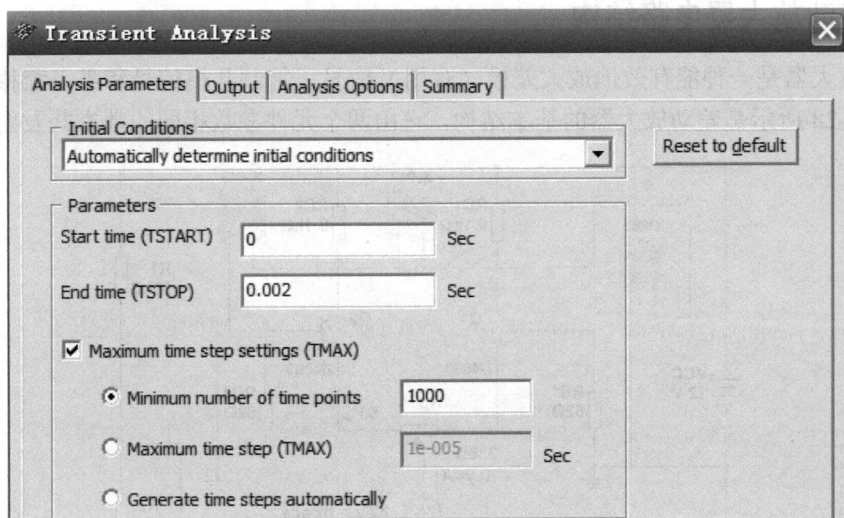

图 7-26　Analysis Parameters 选项卡

单击 Simulate 按钮，启动仿真，结果如图 7-27 所示，得输出电压的峰值 $U_{om} \approx 1$ V，其结果满足下式

$$\dot{A}_V = \frac{u_o}{u_i} = \frac{(1+\beta)(R_e \text{ // } R_L)}{r_{be} + (1+\beta)(R_e \text{ // } R_L)} \approx 1$$

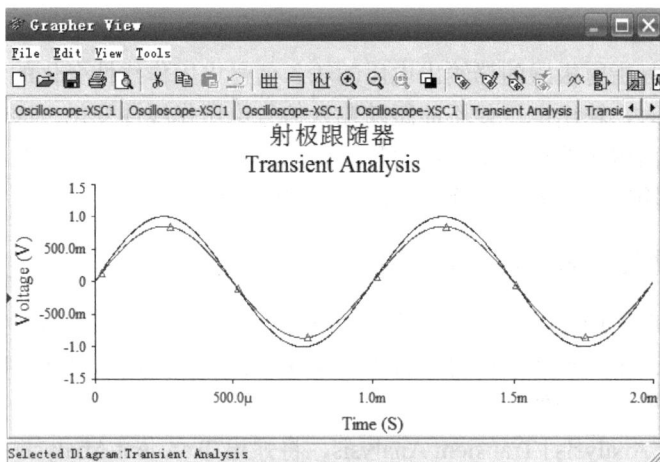

图 7-27　瞬态特性波形图

7.4　差动放大器

7.4.1　差动放大器电路结构

差动放大器是一种能有效地放大差模（有用）信号，抑制共模信号和零点漂移的直流放大器。图 7-28 所示是差动放大器的基本结构。它由两个元件参数相同的基本共发射放大电路

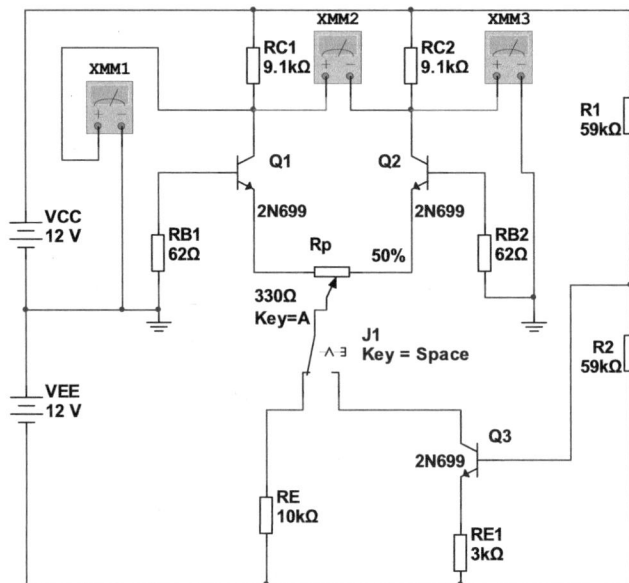

图 7-28　差动放大器原理电路

组成。当开关 J_1 拨向左边时，构成典型的差动放大器。调零电位器 R_P 用来调节 Q_1、Q_2 管的静态工作点，使得输入信号 U_i=0 时，双端输出电压 U_o=0，R_E 为两管共用的发射极电阻，它对差模信号无负反馈作用，故而不影响差模电压放大倍数，但对共模信号有较强的负反馈作用，故可以有效地抑制零漂，稳定静态工作点。

7.4.2　差动放大器的静态工作点分析

在设计时，选择 Q_1、Q_2 管的特性完全相同，相应的电阻也完全一致，调节电位器 R_P 的位置置 50%处，则当输入电压等于零时，$U_{cq_1} = U_{cq_2}$，即 U_o=0。双击图中万用表 XMM1、XMM2、XMM3，分别显示出 U_{cq_1}、U_{cq_2}、U_o 电压，其显示结果如图 7-29 所示。

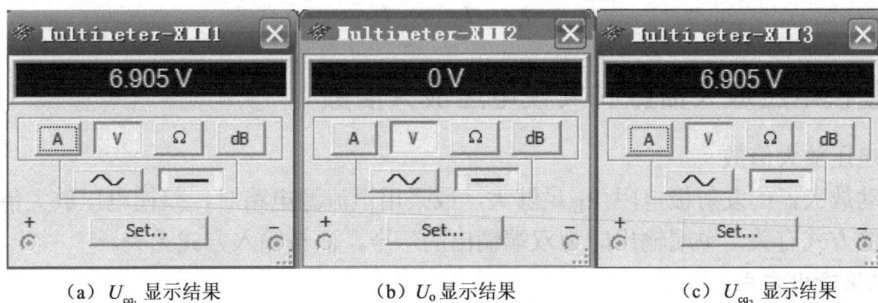

（a）U_{cq_1} 显示结果　　　　（b）U_o 显示结果　　　　（c）U_{cq_2} 显示结果

图 7-29　显示结果

选择 Simulate 菜单中的 Analysis | DC operating Point | Output，选择需要用来仿真的变量，然后单击 Simulate 按钮，系统自动显示出运行结果，如图 7-30 所示。分析差动放大器的静态工作点分析。

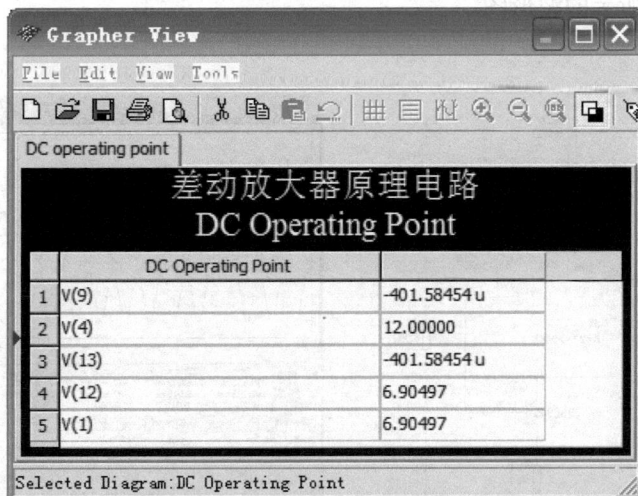

图 7-30　差动放大电路静态工作点

1. 差动放大器电路静态工作点

$$I_E \approx \frac{|V_{EE}| - V_{BE}}{R_E}$$

$$I_{C_1} = I_{C_2} = \frac{1}{2} I_E$$

2. 恒流源差动放大器电路静态工作点

$$I_{C_3} \approx I_{E_3} \approx \frac{\dfrac{R_2}{R_1 + R_2}(V_{cc} + |V_{EE}|) - V_{BE}}{R_{E_1}}$$

$$I_{C_1} = I_{C_2} = \frac{1}{2} I_{C_3}$$

7.4.3 差模电压放大倍数和共模电压放大倍数

差模电压放大倍数

如差动放大器的发射极电阻 R_E 足够大，或采用恒流源电路时，差模电压放大倍数 A_d 只与输出端的方式有关，单端输出时为双端输出的一半，而与输入方式无关。

1) 双端输出方式

$R_E = \infty$，R_P 在中心位置时，则

$$A_d = \frac{\Delta U_o}{\Delta U_i} = -\frac{\beta R_C}{R_B + r_{be} + \dfrac{1}{2}(1 + \beta) R_P}$$

调用四通道示波器，创建图 7-31 所示的仿真电路，并运行双击示波器，调整各通道显示比例，可得图 7-32 所示的波形图。

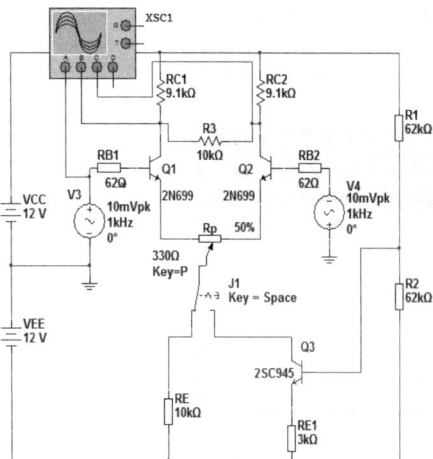

图 7-31 双入双出差分放大电路

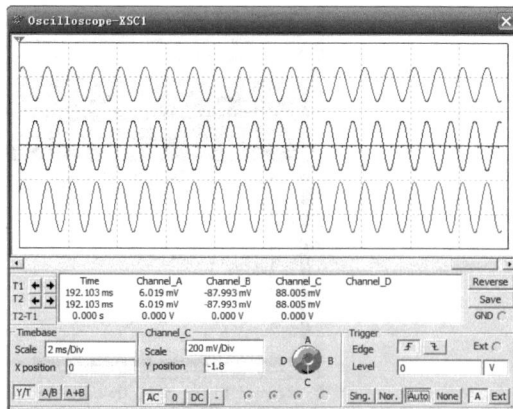

图 7-32 双入双出差分放大电路输入输出波

可根据显示的输入输出波形幅值计算双入双出差分放大电路的差模放大倍数，实验结果与理论分析基本相符。

2）单端输出方式

$$A_{d_1} = \frac{\Delta U_{C_1}}{\Delta U_i} = \frac{1}{2} A_d$$

$$A_{d_2} = \frac{\Delta U_{C_2}}{\Delta U_i} = -\frac{1}{2} A_d$$

双入单出方式差动放大电路如图 7-33 所示。其输入输出波形如图 7-34 所示。

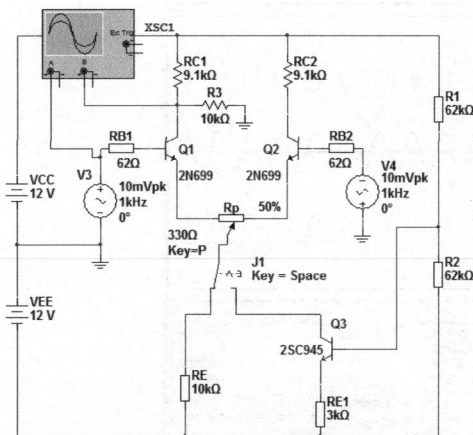

图 7-33　双入单出方式差动放大电路

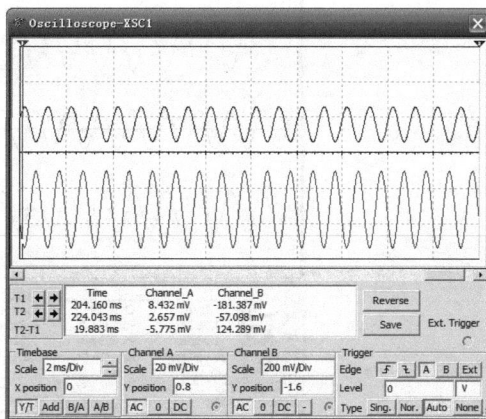

图 7-34　双入单出差分放大电路输入输出波形

7.4.4　共模抑制比 CMRR

为了表征差动放大器对有用信号即差模信号的放大作用及对共模信号的抑制能力，通常用一个综合指标来衡量，即共模抑制比，具体为

$$CMRR = \left| \frac{A_d}{A_c} \right| \quad 或 \quad CMRR = 20\lg \left| \frac{A_d}{A_c} \right| (dB)$$

根据显示的输入输出波形幅值计算双入单出差分放大电路的差模放大倍数，实验结果与理论分析基本相符。

共模电压放大倍数如下。

1）单端输出方式

当输入共模信号时，若为单端输出，则有

$$A_{c_1} = A_{c_2} = \frac{\Delta U_{c_1}}{\Delta U_i} = -\frac{\beta R_c}{R_B + r_{be} + (1+\beta)\left(\frac{1}{2}R_P + 2R_E\right)} \approx -\frac{R_c}{2R_E}$$

2）双端输出方式

若为双端输出，在理想情况下，有

$$A_c = \frac{\Delta U_o}{\Delta U_i} = 0$$

但实际中因为元器件不可能完全对称，因此 A_c 也不会绝对等于零。

在图 7-31 所示电路中，将 V_4 信号源方向反过来，即加上共模电压信号。启动仿真，可得图 7-35 所示差动放大器共模信号输入输出波形。

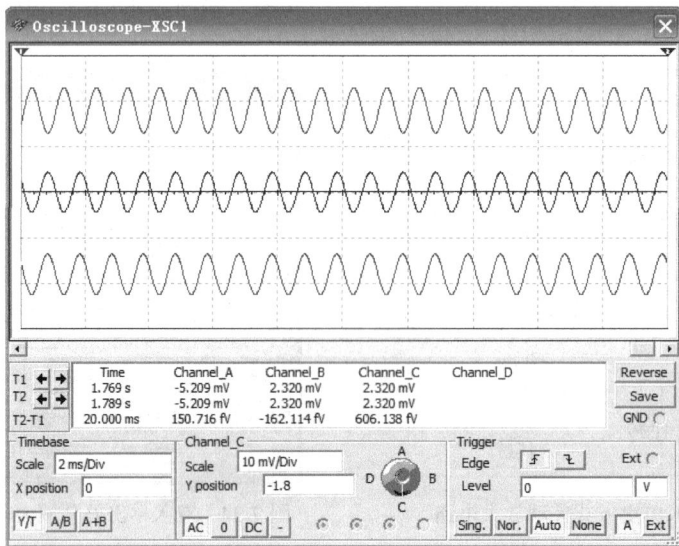

图 7-35 差动放大器共模信号输入输出波形

7.5 低频功率放大器

7.5.1 低频功率放大器工作原理

低频功率放大电路是一种以输出较大功率为目的的放大电路。它一般直接驱动负载，带负载能力要强。主要任务是使负载得到不失真或失真较小的输出功率，要求效率高、失真小、散热好。低频功率放大电路在大信号状态下工作。但无论哪种放大电路，在负载上都同时存在输出电压、电流和功率，从能量控制的观点来看，放大电路实质上都是能量转换电路。

图 7-36 所示为 OTL 低频功率放大器。其中由晶体三极管 Q_1 组成推动级（也称前置放大级），Q_2、Q_3 是一对参数对称的 NPN 和 PNP 型晶体三极管，它们组成互补推挽 OTL 功率放大电路。由于每一个管子都接成射极输出器形式，因此具有输出电阻低、负载能力强等优点，

适合于作功率输出级。Q_1 管工作于甲类状态，它的集电极电流 I_{C_1} 由电位器 R_{P_1} 进行调节。I_{C_1} 部分流经电位器 R_{P_2} 及二极管 VD，给 Q_2、Q_3 提供偏压。调节 R_{P_2}，可以使 Q_2、Q_3 得到比较合适的静态电流而使 OTL 低频功率放大器工作于甲、乙类状态，以克服交越失真。

　　静态时要求输出端中 A 点的电位，可通过调节 R_{P_1} 来实现，因为 R_{P_1} 的一端接在 A 点，所以在电路中引入交、直流电压并联负反馈，一则可以稳定放大器的静态工作点，另外也改善了非线性失真。C_4 和 R 构成自举电路，用于提高输出电压正半周的幅度，以得到大的动态范围。

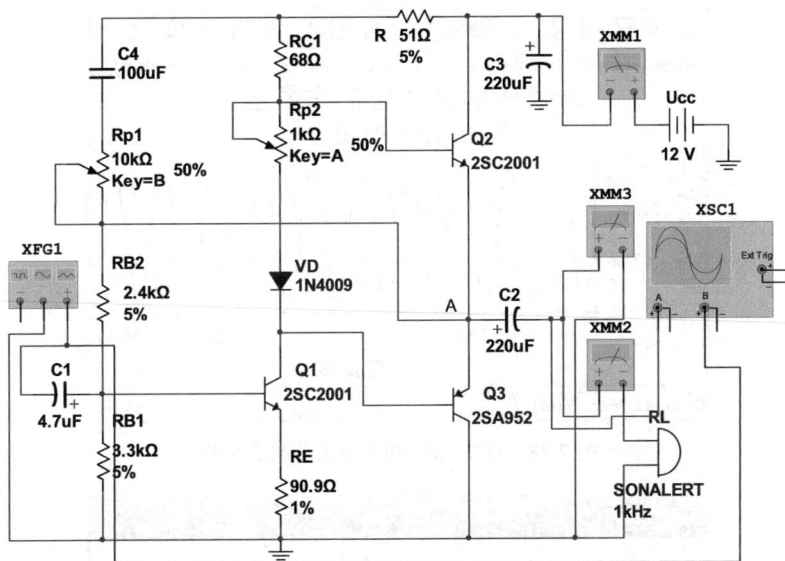

图 7-36 　低频功率放大器工作原理图

　　当输入正弦交流信号 u_i 时，经 Q_1 放大、倒相后同时作用于 Q_2、Q_3 的基极，u_i 的负半周使 Q_2 管导通、Q_3 管截止，有电流通过负载 R_L，同时向电容 C_2 充电，在 u_i 的正半周，Q_3 导通、Q_2 截止，则已充好电的电容器 C_2 起着电源的作用，通过负载 R_L 放电，这样在 R_L 上就得到完整的正弦波，其波形如图 7-37 所示。在仿真中若输出端接喇叭，在仿真时只要输入不

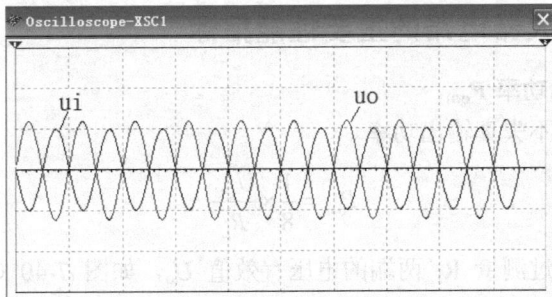

图 7-37 　OTL 低频功率放大器输入输出波形

同的频率信号，就能在喇叭中听到不同的声音。

该电路也可用瞬态分析方法分析电路的动态特性，分析结果如图 7-38 所示。喇叭的设置应根据输入信号的频率及输出信号的幅值（用示波器测出）来设置喇叭的参数。双击喇叭弹出 SONALERT 对话框，在对话框窗口中单击 Value 按钮出现图 7-39 所示对话框，本例对话框中参数设置见图 7-39 所示。

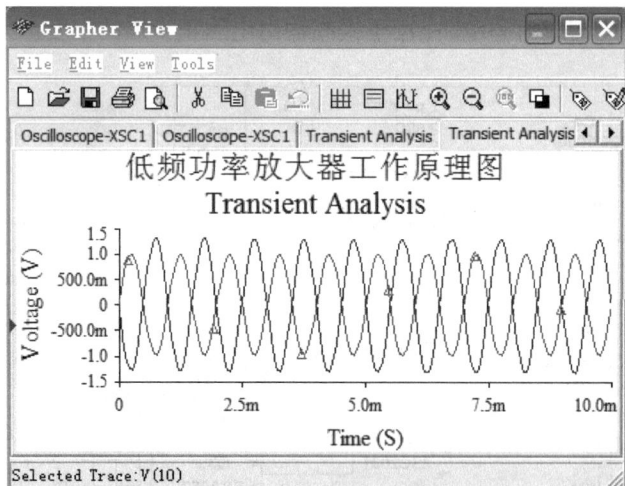

图 7-38　OTL 低频功率放大器瞬态分析

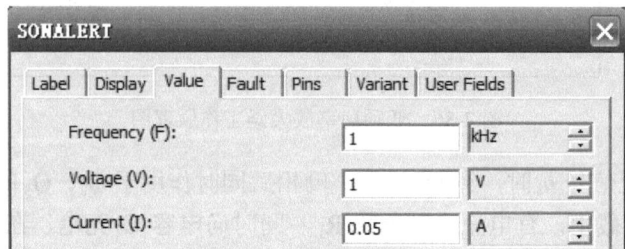

图 7-39　Value 选项卡

7.5.2　低频功率放大器电路的主要性能指标

1. 最大不失真输出功率 P_{om}

理想情况下，最大不失真输出功率

$$P_{om} = \frac{1}{8} \times \frac{U_{CC}^2}{R_L}$$

在仿真电路中可通过测量 R_L 两端的电压有效值 U_o，如图 7-40（a）所示，或测量流过 R_L 的电流，如图 7-40（b）所示，求得实际的最大不失真输出功率

$$P_{\text{om}} = \frac{U_{\text{o}}^2}{R_{\text{L}}} = U_{\text{o}} I_{\text{o}}$$

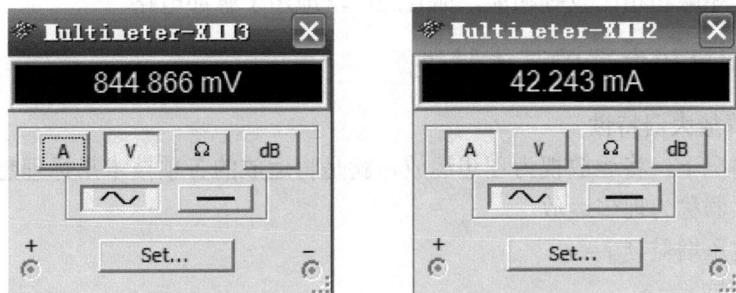

（a）R_{L} 两端的电压有效值　　　　　　　　（b）流过 R_{L} 的电流

图 7-40　最大不失真输出功率 P_{om} 的测量

2. 效率 η

$$\eta = \frac{P_{\text{om}}}{P_{\text{V}}} \times 100\%$$

式中：P_{V}——直流电源供给的平均功率。

理想情况下，$\eta_{\text{max}} = 78.5\%$。可测量电源供给的平均电流 I_{dc}，如图 7-41 所示，从而求得 $P_{\text{v}} = U_{\text{cc}} \cdot I_{\text{dc}}$，负载上的交流功率已用上述方法求出，因而也就可以计算实际效率了。在仿真平台上也可用功率表分别测出最大不失真功率和电源供给的平均功率。

图 7-41　电源供给的平均电流 I_{dc}

7.6　集成运算放大电路仿真分析

集成运算放大器（简称运放）是目前产量最大的线性集成电路。在它的输出端与输入端间加上不同的反馈网络，就可实现多种不同的电路功能。集成运放如使用不同的输入形式，外加不同的负反馈网络，可以实现多种数学运算。由于输入、输出量均为模拟量，所以信号运算统称为模拟运算。在线性应用方面，可组成比例、加法、减法、积分、微分、对数等模拟运算电路。近年来，它的应用范围不断拓宽，用它可以完成振荡、调制和解调，模拟信号的相乘、相除、相减和相比较等功能，而且还广泛地用于脉冲电路。

7.6.1 理想运算放大器的基本特性

1. 理想运算放大器特性

在大多数情况下，将运放视为理想运放，就是将运放的各项技术指标理想化，满足下列条件的运算放大器称为理想运放。

（1）开环电压增益 $A_{ud} = \infty$

（2）输入阻抗 $r_i = \infty$

（3）输出阻抗 $r_o = 0$

（4）带宽 $f_{BW} = \infty$

（5）失调与漂移均为零等。

2. 理想运放在线性应用时的两个重要特性

（1）输出电压 U_o 与输入电压之间满足关系式

$U_o = A_{ud}(U_+ - U_-)$，由分析知 $U_+ \approx U_-$，称为"虚短"。

（2）由于 $r_i = \infty$，故流进运放两个输入端的电流可视为零，即 $I_{iB} = 0$，称为"虚断"。

7.6.2 比例运算电路

1. 反相比例运算电路

电路如图 7-42 所示。对于理想运放，该电路的输出电压与输入电压之间的关系为

$$U_o = -\frac{R_3}{R_1} U_i$$

为减小输入级偏置电流引起的运算误差，在同相输入端应接入平衡电阻 $R_2 = R_1 // R_3$。

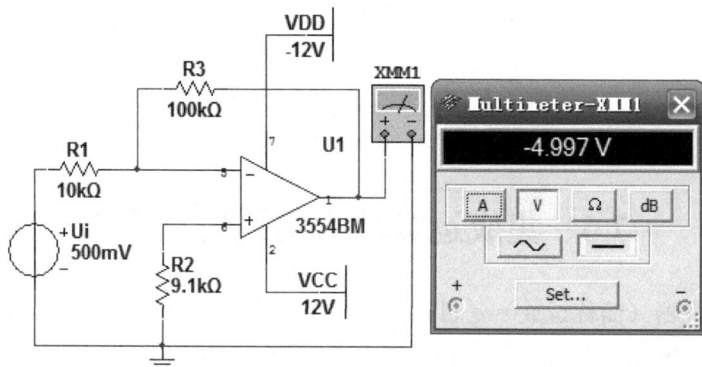

图 7-42 反相比例运算电路

2. 反相比例加法运算电路

电路如图 7-43 所示，单击运行开关并双击示波器 XSC1，可得图 7-44 所示电路波形。

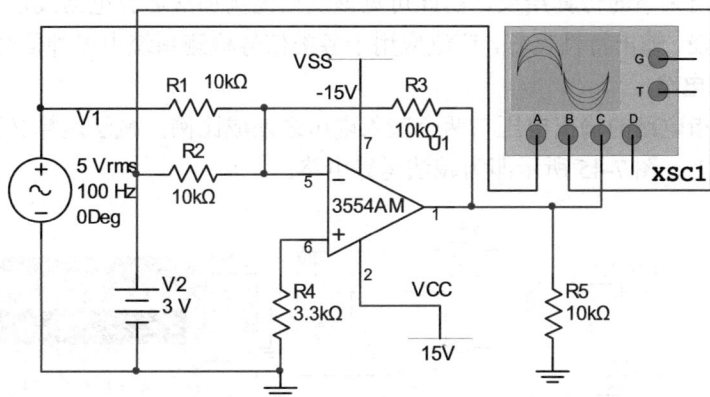

图 7-43　反相比例加法运算电路

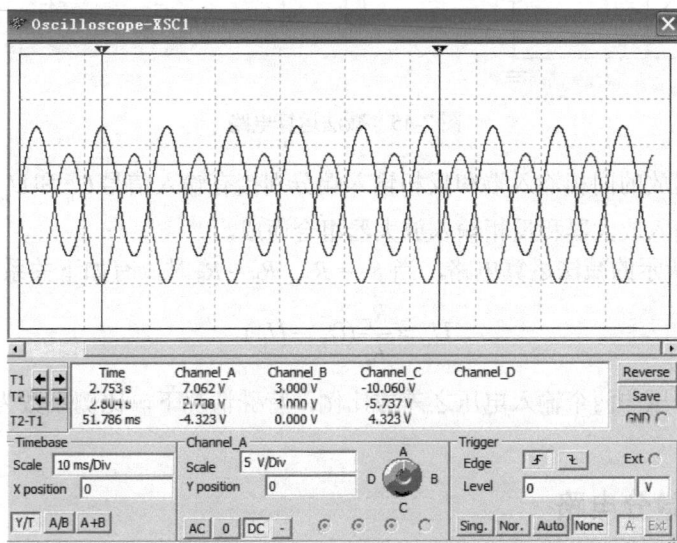

图 7-44　反相比例加法运算电路输入输出端波形

从波形上看，两个输入信号的和再取反即为输出信号，符合反相比例加法运算规律。适当调整示波器屏幕上的幅值测试线，可显示任意时刻两个输入信号幅值之和取反均等于该时刻的输出信号幅值。由集成运算放大电路的理论可知，图 7-43 所示反相比例加法运算电路输入输出关系为

$$u_{\mathrm{o}} = -\left(\frac{R_3}{R_1}V_1 + \frac{R_3}{R_2}V_2\right) = -(V_1 + V_2)$$

重设 R_3、R_1、R_2 的数值，重复上一步可得到不同比例关系的线性求和运算关系；如在一定范围内改变信号的幅值和频率，也可得到同样的结果；如在一定范围内改变负载电阻 R_5，不会影响输入输出关系的仿真结果。由此可见该反相比例加法运算电路线性度比较好，抗负载扰动能力比较强，输出特性良好，广泛应用于各类信号检测系统中多种信号的合成运算等。

3. 减法运算电路

减法运算是指电路的输出电压与两个输入电压之差成比例，减法运算又称为差动比例运算或差动输入放大。图 7-45 所示即为减法运算电路。

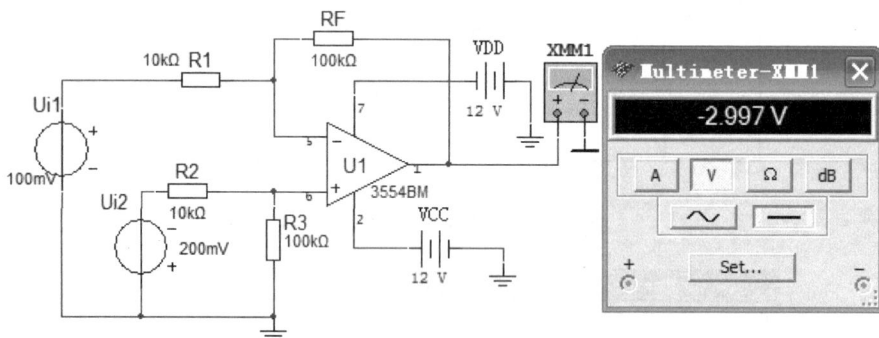

图 7-45　减法运算电路

由图可见，运放的同相输入端和反相输入端分别接有输入信号 U_{i_1} 和 U_{i_2}。从电路结构来看，它是由同相输入放大器和反相输入放大器组合而成。

对于图 7-45 所示的减法运算电路，当 $R_1 = R_2$，$R_F = R_3$ 时，有如下关系式

$$U_o = \frac{R_F}{R_1}(U_{i_2} - U_{i_1})$$

可见，输出电压与两个输入电压之差成比例，特殊情况下，比例系数为 1，从而实现了减法运算。

7.6.3　积分与微分电路

1. 积分运算电路

积分运算电路是模拟计算机中的基本单元，利用它可以实现对微分方程的模拟，能对信号进行积分运算。此外，积分运算电路在控制和测量系统中应用也非常广泛。

在反相输入运算放大器中，将反馈电阻换成电容 C，就成了积分运算电路，如图 7-46 所示。积分运算电路也称为积分器。在理想化条件下，输出电压为

$$u_o(t) = -\frac{1}{RC}\int_0^t u_i \mathrm{d}t + u_c(0)$$

式中：$u_c(0)$ 是 $t = 0$ 时刻电容 C 两端的电压值，即初始值。如果 $u_i(t)$ 是幅值为 E 的阶跃电压，

并设 $u_c(0)=0$，则式中 $u_c(0)$ 是 $t=0$ 时刻电容 C 两端的电压值，即初始值。如果 $u_i(t)$ 是幅值为 E 的阶跃电压，并设 $u_c(0)=0$，则

$$u_o(t)=-\frac{1}{RC}\int_0^t E\mathrm{d}t=-\frac{E}{RC}t$$

即输出电压 $u_o(t)$ 随时间增长而线性下降。显然 R_C 的数值越大，达到给定的 u_o 值所需的时间就越长。积分输出电压所能达到的最大值受集成运放最大输出范围的限值。

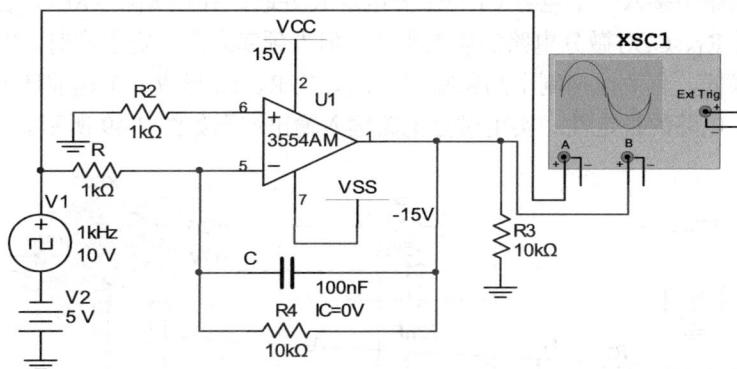

图 7-46　积分运算仿真电路

为防止在设定的频率下增益过大，在积分电容两端并联一个 $10\,\text{k}\Omega$ 的电阻，调整积分参数，运行并双击示波器图标 XSC1，可得到积分运算输入、输出波形，如图 7-47 所示。从波形上可看出输入输出满足反相积分运算关系。改变积分时间常数，可改变输出三角波斜率和幅值。

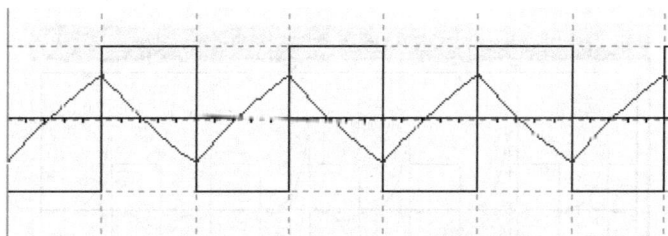

图 7-47　积分运算输入、输出波形

2. 微分电路

微分是积分的逆运算。将积分电路中 R 和 C 的位置互换，可组成基本微分电路。在理想化条件下，输出电压为

$$u_o=-RC\frac{\mathrm{d}u_i}{\mathrm{d}t}$$

可见，输出电压与输入电压对时间的微商成比例，实现了微分运算。式中负号表示输出与输入相位相反。RC 为微分电路时间常数，其值越大，微分作用越强；反之，微分作用越弱。

微分电路可以实现波形变换等，例如，将矩形波变换为尖脉冲，此外，微分电路也可以移相作用。微分电路是一个高通网络，对高频干扰及高频噪声反应灵敏，会使输出的信噪比下降。此外，电路中 R、C 具有滞后移相作用，与运放本身的滞后移相相叠加，容易产生高频自激，使电路不稳定。

改进电路如图 7-48 所示，R_1 的作用是限制输入电压突变，C_1 的作用是增强高频负反馈，从而抑制高频噪声，提高工作的稳定性。所以在输入回路中接入一个电阻 R_1 与微分电容 C 串联，在反馈回路中接入一个电容 C_1 与微分电阻 R 并联，并使 $R_1C = RC_1$，在正常的工作频率范围内，此时 R_1、C_1 对微分电路的影响很小。但当频率高到一定程度时，R_1、C_1 的作用使闭环放大倍数降低，有效地抑制了高频噪声。同时置 R、C_1 形成一个超前环节，能对相位进行补偿，提高了电路的稳定性。实用微分电路输入输出波形如图 7-49 所示。

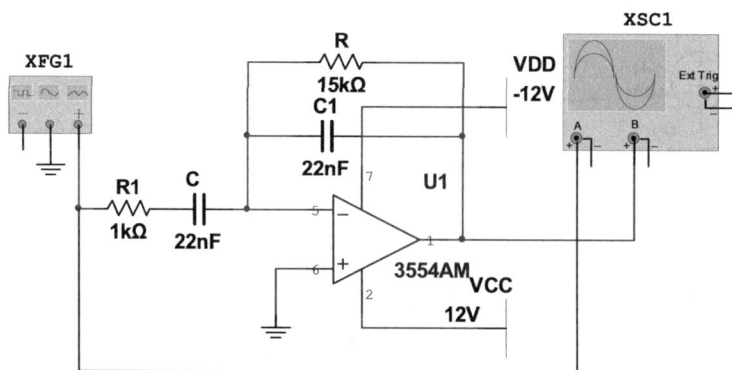

图 7-48 实用的微分电路

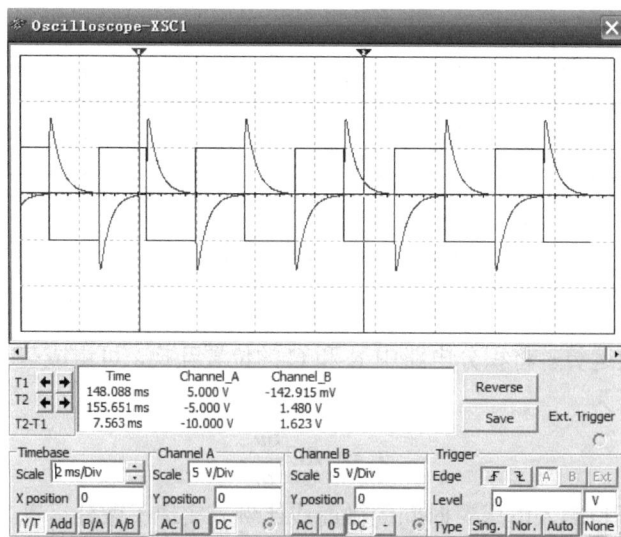

图 7-49 实用微分电路输入输出波形

7.7　滤波器电路特性分析

　　运算放大器除了能完成微分、积分、加法等数学运算外，还可以来构成滤波器。滤波器是一种能使有用频率信号通过，而将其余频率的信号加以抑制或衰减的装置。在信息处理、数据传送和抑制干扰等方面经常使用。

　　传统的滤波器主要由电阻、电容、电感（R、C、L）等无源器件组成的滤波器称为无源滤波器，而由 R、C 等无源器件再加上集成运放这个有源器件组成的滤波器称为有源滤波器，具有不用电感、体积小、重量轻的特点。此外，由于集成运算放大器的开环电压增益和输入阻抗均很高，输出阻抗较低，构成的有源滤波器还具有一定的电压放大和缓冲作用。有源滤波器能够提供一定的信号增益和带负载能力，这是无源滤波器所不能做到的。

　　有源滤波器实际上是一种具有特定频率响应的放大器。它是在运算放大器的基础上增加一些 R、C 等无源元件而构成的。通常有源滤波器分为：低通滤波器（LPF）、高通滤波器（HPF）、带通滤波器（BPF）、带阻滤波器（BEF）。

7.7.1　一阶有源低通滤波器

　　低通滤波器能够通过低频信号，抑制或衰减高频信号。基本的一阶有源低通滤波器如图 7-50 所示。由一级 RC 低通滤波器电路再加上一个电压跟随器组成。由于电压跟随器的输入阻抗很高，输出阻抗很低，因此，可得出如下关系式

$$U_o(S) = \frac{\dfrac{1}{SC}}{R + \dfrac{1}{SC}} U_i(S) = \frac{1}{1 + SRC} U_i(S)$$

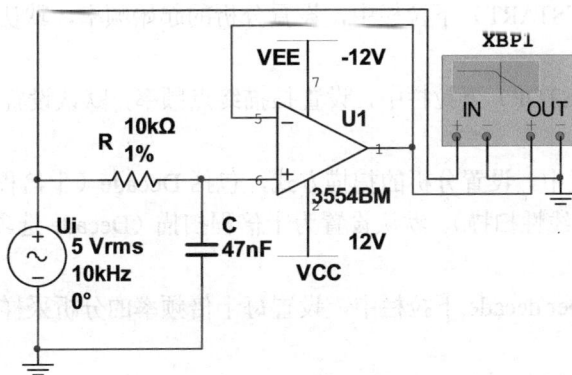

图 7-50　一阶有源低通滤波器

电路的传递函数可表示为

$$A(S) = \frac{U_o(S)}{U_i(S)} = \frac{1}{1 + \left(\dfrac{S}{\omega_n}\right)}$$

式中：$\omega_n = 1/RC$，称为特征角频率，要指出的是，这里 ω_n 就是截止角频率 ω_c。

对于实际的频率，有

$$A(j\omega) = \frac{U_o(j\omega)}{U_i(j\omega)} = \frac{1}{1 + j\left(\dfrac{\omega}{\omega_n}\right)}$$

启动仿真，单击波特图仪，可以看到一阶有源低通滤波器的幅频特性如图 7-51 所示。

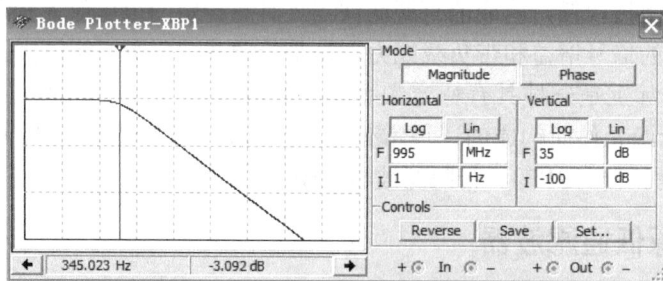

图 7-51 一阶有源低通滤波器的幅频特性

利用交流分析（AC Analysis）可以分析一阶有源低通滤波器电路的频率特性。

（1）先进行电路显示节点编号，单击 Simulate | Analysis | AC Analysis，弹出 AC Analysis 对话框，进入交流分析状态。在图 7-52 所示的 Frequency Parameters 参数设置对话框中，可以确定分析的起始频率、终点频率、扫描形式、分析采样点数和纵向坐标（Vertical scale）等参数。其中：

Start frequency（FSTART）下拉栏中，设置分析的起始频率，默认设置为 1 Hz，分析中设置为 1 Hz。

Stop frequency（FSTOP）下拉栏中，设置扫描终点频率，默认设置为 10 GHz，分析中设置为 10 MHz。

Sweep type 下拉栏中，设置分析的扫描方式，包括 Decade（十倍程扫描）和 Octave（八倍程扫描）及 Linear（线性扫描）。默认设置为十倍程扫描（Decade 选项），以对数方式展现，分析中选择默认设置。

Number of points per decade 下拉栏中，设置每十倍频率的分析采样数，默认为 10，分析中选择默认设置。

Vertical Scale 下拉栏中，选择纵坐标刻度形式：坐标刻度形式有 Decibel（分贝）、Octave（八倍程）、Linear（线性）及 Logarithmic（对数）形式。默认设置为对数形式，分析中选择默认设置。

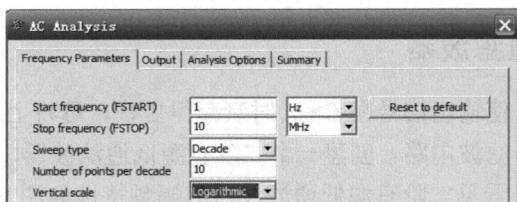

图 7-52 Frequency Parameters 参数设置对话框

（2）在图 7-53 所示 Output 选项中，可以用来选择需要分析的节点和变量。在 Variables in Circuit 栏中列出的是电路中可用于分析的节点和变量。单击 Variables in circuit 窗口中的下箭头按钮，可以给出变量类型选择表。在变量类型选择表中：单击 Voltage and current 选择电压和电流变量。单击 Voltage 选择电压变量；单击 Current 选择电流变量。单击 Device | Model Parameters 选择模型参数变量。单击 All variables 选择电路中的全部变量。首先从 Variables in circuit 栏中选取输出节点 V（2），再单击 Add 按钮，则输出节点 2 出现在 Selected variables for analysis 栏中。

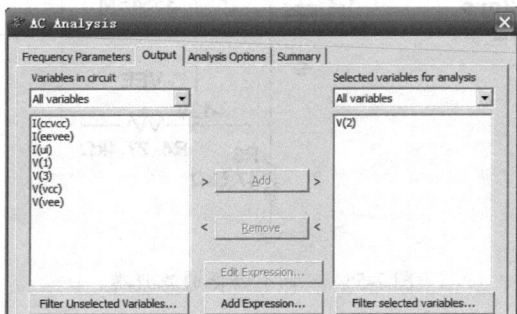

图 7-53 Output 选项卡

（3）单击 Simulate 按钮即可进行仿真分析，仿真分析结果如图 7-54 所示。

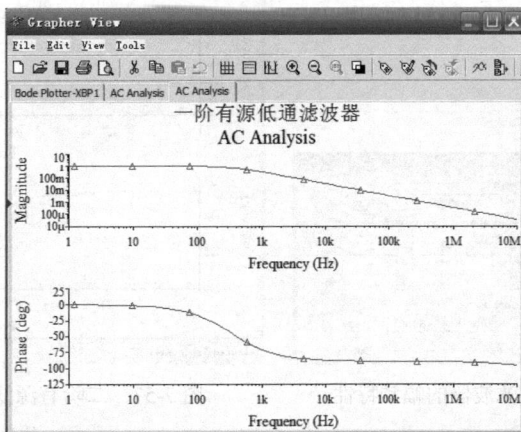

图 7-54 一阶有源低通滤波器 AC Analysis 仿真分析结果

7.7.2　二阶有源低通滤波器

为了改善滤波效果，使输出信号在 $f > f_0$ 时衰减得更快，可将上述滤波电路再加一级 RC 低通电路，组成二阶低通滤波电路。创建一个二阶有源低通滤波器，如图 7-55 所示。启动仿真，双击波特图仪，可以看见二阶有源低通滤波器的幅频特性如图 7-56 所示。　利用交流分析（AC Analysis）可以分析二阶有源低通滤波器电路的频率特性如图 7-57 所示。

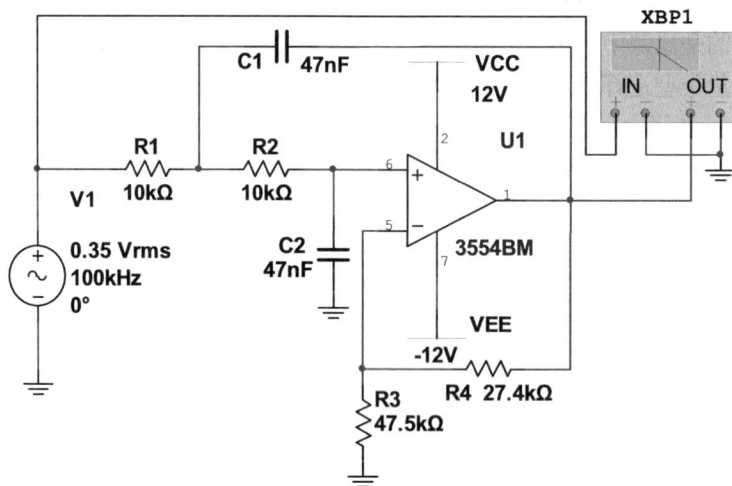

图 7-55　二阶有源低通滤波器

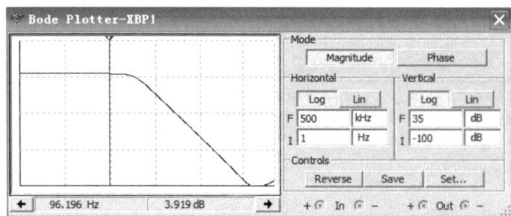

图 7-56　二阶有源低通滤波器的幅频特性

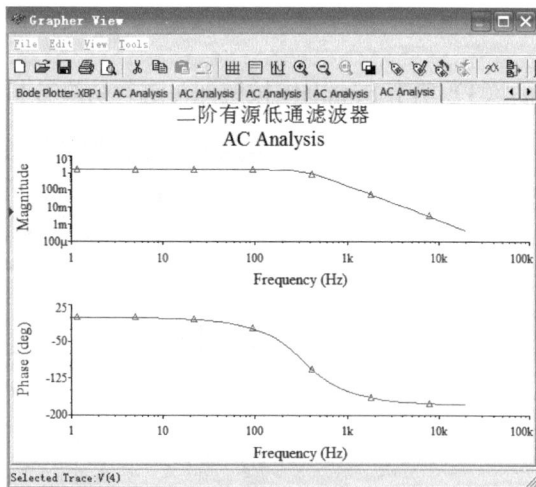

图 7-57　二阶有源低通滤波器 AC Analysis 仿真分析结果

7.7.3　二阶有源高通滤波器

与低通滤波器相反，高通滤波器用来通过高频信号，衰减或抑制低频信号。高通滤波器性能与低通滤波器相反，其频率响应和低通滤波器是"镜像"关系。

在二阶有源低通滤波器中，将滤波网络中的 R 和 C 互换位置，即可得到二阶有源高通滤波器。创建二阶有源高通滤波器电路，如图 7-58 所示。

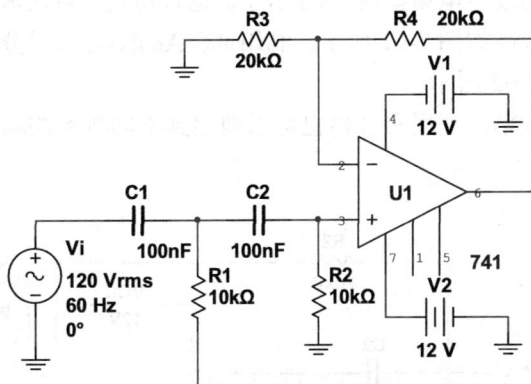

图 7-58　二阶有源高通滤波电路

单击 Simulate | Analysis | AC Analysis，将弹出 AC Analysis 对话框，进入交流分析状态。在 Frequency Parameters 选项卡中将起止频率设为 1 Hz 和 1 MHz，在 Output 选项卡中选择输出节点，单击 Simulate 按钮即可进行仿真分析，仿真分析结果如图 7-59 所示。

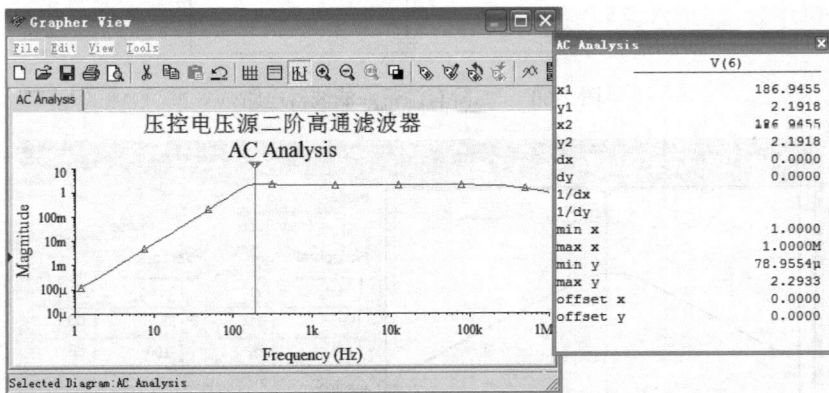

图 7-59　二阶有源高通滤波电路频率特性

由频率特性看出，当信号频率高于 200 kHz 时，幅频特性又下降了，这是由于在高频时，集成运放中的极间电容和分布电容的影响大大增强造成的。改变通带增益就可改变 Q 值，从而改变特征频率处的频率特性。

7.7.4　二阶有源带通滤波器

　　二阶有源带通滤波器的作用是只允许在某一个通频带范围内的信号通过，而比通频带下限频率低和比上限频率高的信号均加以衰减或抑制。带通滤波器是由低通 RC 环节和高通 RC 环节组合而成的。要将高通的下限截止频率设置的小于低通的上限截止频率。反之则为带阻滤波器。要想获得好的滤波特性，一般需要较高的阶数。

　　一个二阶有源带通滤波器电路如图 7-60 所示。运行仿真，双击波特图仪，可以看见二阶有源带通滤波器的幅频特性如图 7-61 所示。利用 AC Analysis 可以分析二阶有源带通滤波器电路的频率特性，如图 7-62 所示。

　　改变信号源的信号频率，利用示波器也可以观察到不同频率的输入信号通过带通滤波器的情况。

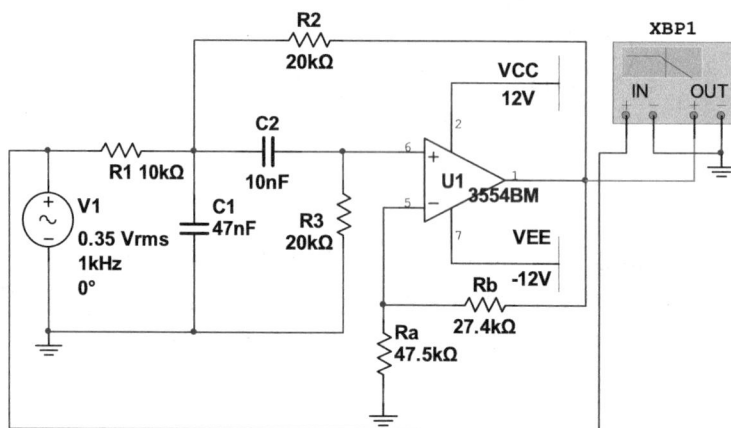

图 7-60　　二阶有源带通滤波器电路

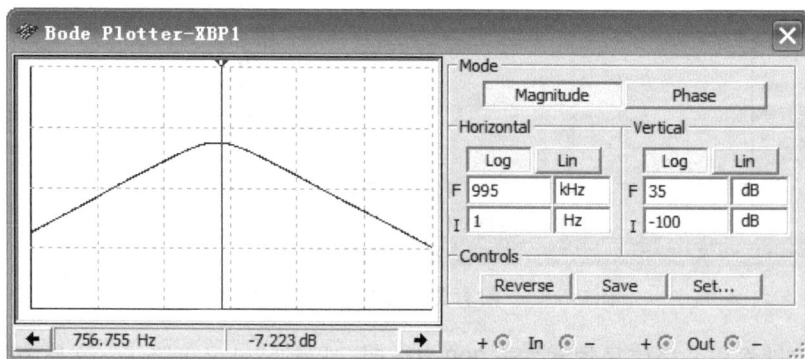

图 7-61　二阶有源带通滤波器的幅频特性

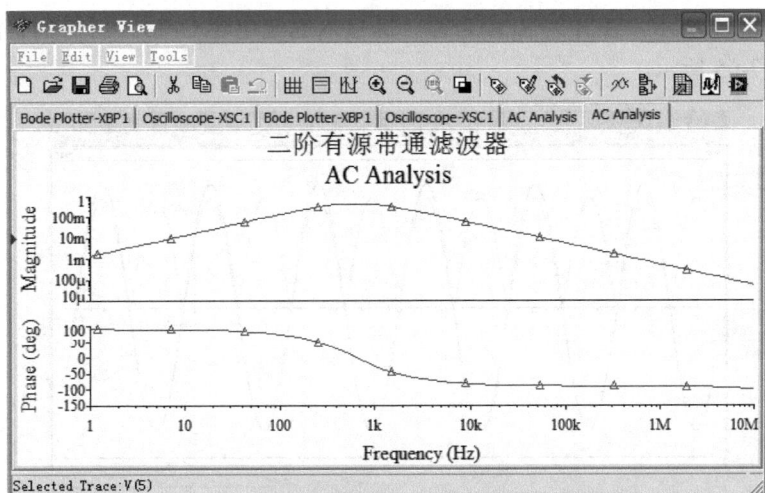

图 7-62　二阶有源带通滤波器 AC Analysis 仿真分析结果

7.8　直流稳压电源电路分析

由于电子技术的特性，电子设备对电源电路的要求就是能够提供持续稳定、满足负载要求的电能，而且通常情况下都要求提供稳定的直流电能。提供这种稳定的直流电能的电源就是直流稳压电源。直流稳压电源在电源技术中占有十分重要的地位。直流稳压电源通常由变压器、整流电路、滤波电路和稳压电路组成。

7.8.1　桥式整流滤波电路

（1）创建图 7-63 所示桥式整流滤波电路。选择信号源、线性或虚拟变压器、整流桥、开关、电容、负载电阻等。在开关 S₁ 断开时运行并双击示波器图标 XSC1，可得到全波整流的

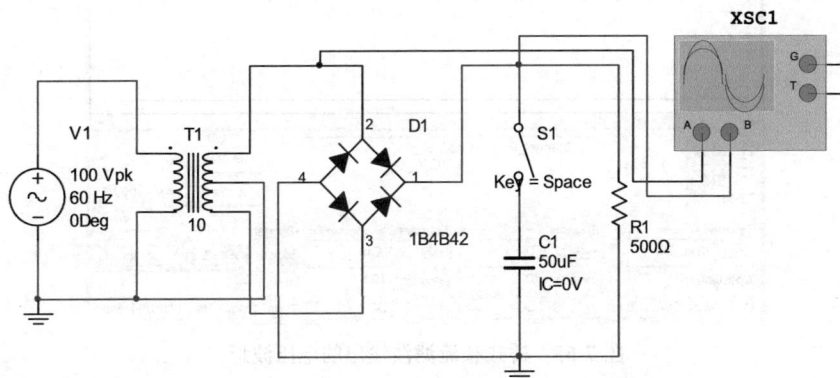

图 7-63　桥式整流滤波电路

电压波形如图 7-64 所示。在开关 S₁ 闭合时，即接入滤波电容 C₁ 后，可得到整流滤波后的电压波形，如图 7-65 所示。

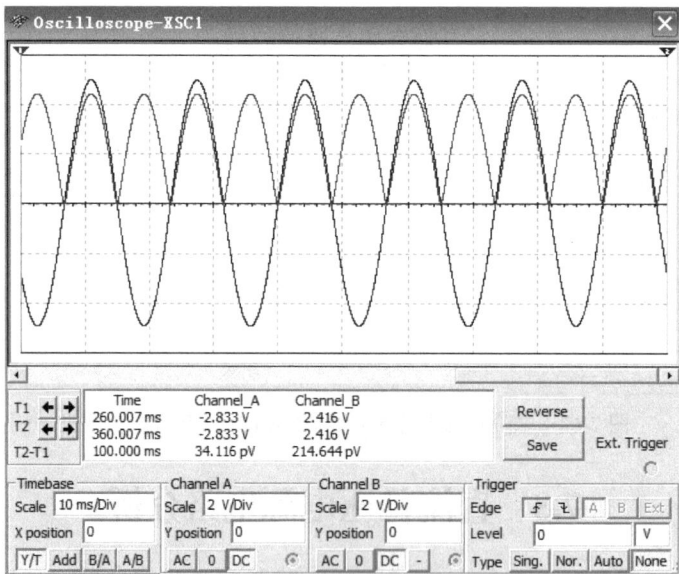

图 7-64　S₁ 断开时全波整流的电压波形

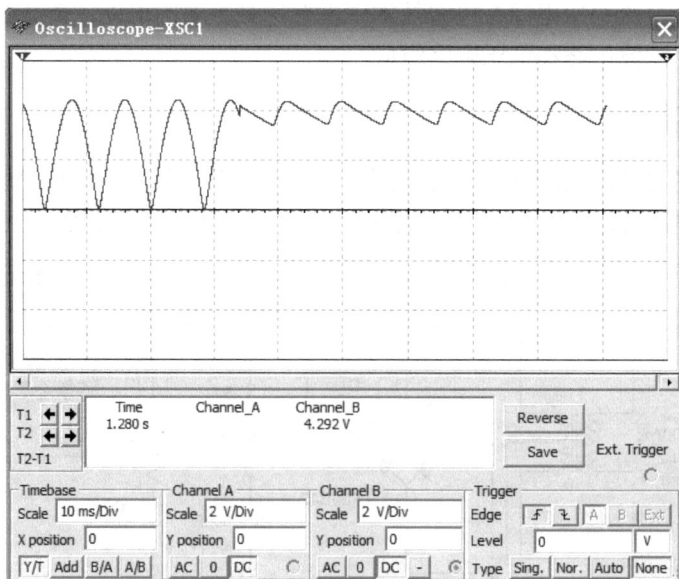

图 7-65　桥式整流滤波输出的电压波形

图 7-65 所示的波形前半部分为开关 S₁ 断开即不加滤波电容时的整流波形，后半部分为

接上滤波电容时的波形。可以看出，在图 7-63 所示的负载情况下，滤波电容为 50 μF 时滤波后的电压平均值明显上升了，而且电压波形的纹波系数明显减小了。

（2）减轻负载，即增大负载电阻，或增大滤波电容值，重新运行，可看到纹波系数会进一步减小。当负载为 R_1=1 000 Ω，C_1=100 μF 时的仿真波形如图 7-66 所示。如果增大负载（减小 R_1），或者减小滤波电容 C_1 值，则波形的纹波系数将增大。由此可见，在通常的直流电源电路中，整流后均需增加电容滤波，电路简单但效果较好。

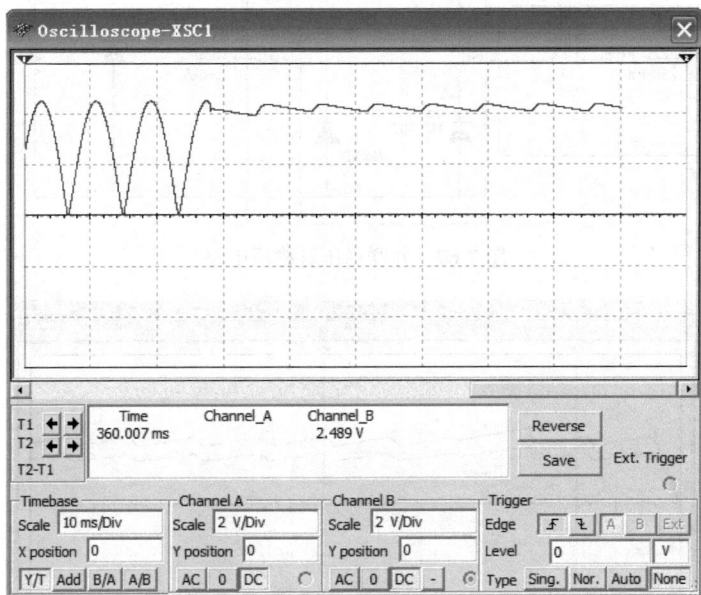

图 7-66　桥式整流滤波输出的电压波形

7.8.2　稳压电路

稳压电路在输入电压、负载、环境温度、电路参数等发生变化时仍能保持输出电压恒定的电路。这种电路能提供稳定的直流电源，广为各种电子设备所采用。

稳压电路的作用是进一步降低直流电源电压纹波系数，而且在负载变化和电网波动时也能保持直流电压的相对稳定。

1. 并联稳压管稳压电路

并联稳压管稳压电路是采用稳压二极管和负载并联方式进行稳压的电路。为进行仿真时方便调整变压器变化，变压器选 Master Database 库 Basic Group 组，BASIC-Virtual 项下的虚拟变压器 TS-VIRTUAL，电容、电阻也选用虚拟电容、电阻，创建并联稳压管稳压电器，如图 7-67 所示。调整变压器二次测电压、滤波电容 C_1、稳压二极管的稳压值、稳压限流电阻 R_1 和负载电阻 R_2，运行可得到输出电压波形，如图 7-68 所示。

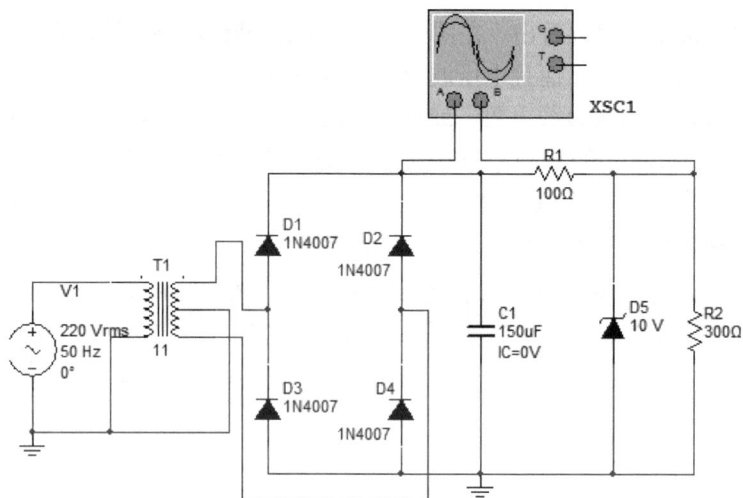

图 7-67　并联稳压管稳压电路

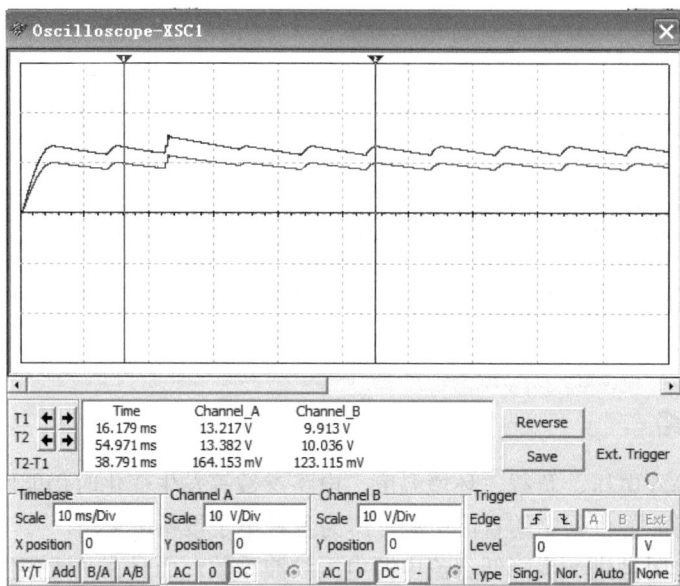

图 7-68　并联稳压管稳压电路输入输出波形

当增大负载电阻 R_2 或电网电压波动±10%时，输出电压均可稳定；当此时再继续减小负载电阻（即负载加重），电压不能稳定，波形会在整流滤波的低谷处出现下降，当此时将稳压二极管稳压值往上调整，或增大限流电阻 R_1，输出电压均会在整流滤波低谷处不稳定。可见，要保证该稳压电路电压的稳定，必须使输入电压高于输出电压一定的值，且在某个负载变化范围内，限流电阻 R_1 不是任意的，需根据负载范围、输入输出电压确定一个合适的阻值。

2. 线性串联稳压电路

所谓串联稳压电路，是指稳压元件（调整管）和负载是串联关系的稳压电路。和并联稳压管稳压电路相比，串联稳压电路输出负载电流大，电压稳定度越高，输出电压可调。

创建整流滤波和串联稳压电路，如图 7-69 所示。选择调整管 Q_1 时，要求最大消耗功率不小于 2 W，这样可以在最小输出电压时有足够的电流输出能力。网络电阻 R_2、R_3、R_4 取 kΩ级电阻以降低功耗。运行并双击示波器图标 XSC1，可得线性串联稳压电路输入输出电压波形，如图 7-70 所示。

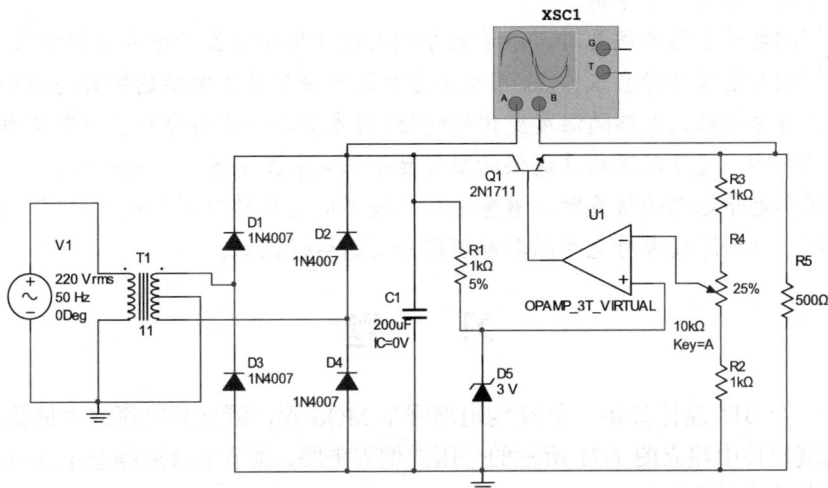

图 7-69　串联稳压整流滤波电路

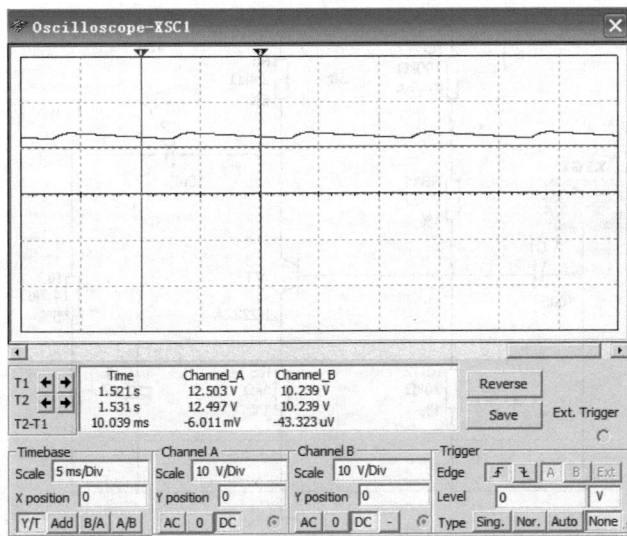

图 7-70　串联稳压整流滤波电路输入输出波形

调整取样电位器 R_4，即可调整输出电压 U_o 的幅值。在图 7-70 所示的参数下，可以使输出的电压范围为 3.25～20.15 V。

本 章 小 结

本章介绍了 Multisim 10 在模拟电子技术中的广泛应用，主要内容为基本放大电路，差动放大电路，负反馈放大电路，射极输出器，放大电路的频率响应，低频功率放大电路，运算电路和稳压电源电路的仿真分析。

在进行模拟电子电路的仿真时，尽量充分利用软件提供的各种仿真分析方法。用直流工作点进行分析放大电路的静态工作点；用交流分析进行分析放大电路的幅频特性和相频特性；用温度扫描进行分析放大电路随温度变化的特性；用参数扫描进行分析当电路某参数变化时，对电路输出的影响。还可以用软件提供的图形显示工具来显示各种分析结果。

在进行模拟电子电路的仿真时，着重分析比较不同电路的特点及相互之间的联系，有些给予定量说明，以加深读者对电路的深刻理解并提高感性认识。

习 题

1. 选定一个 BJT 晶体管和一个 N 沟道增强型 MOS 管，测试其电流放大倍数和跨导。
2. 在仿真软件中建立图 7-71 所示的分压式偏置电路，调节至合适静态工作点，用示波器观察使输出波形最大不失真。

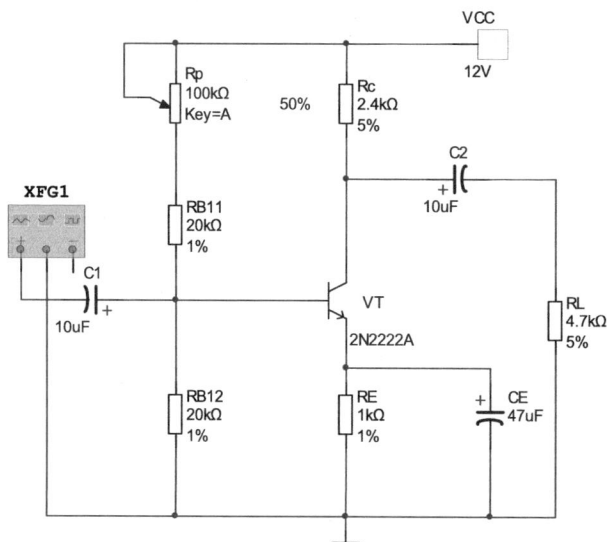

图 7-71

（1）测出各极静态工作点。

（2）测出输入、输出电阻。

（3）改变 R_P 的大小观察静态工作点的变化，并用示波器观察输出波形是否失真。

3. 在图 7-71 中用示波器观察接上负载和负载开路时对输出波形的影响。要求：① 学会使用波特图仪在放大电路中的连接。② 观察放大电路的幅频特性和相频特性。

4. 两级放大电路如图 7-72 所示，在输出波形不失真的情况下：① 测出各级静态工作点。② 用示波器测出各级输出电压的大小。

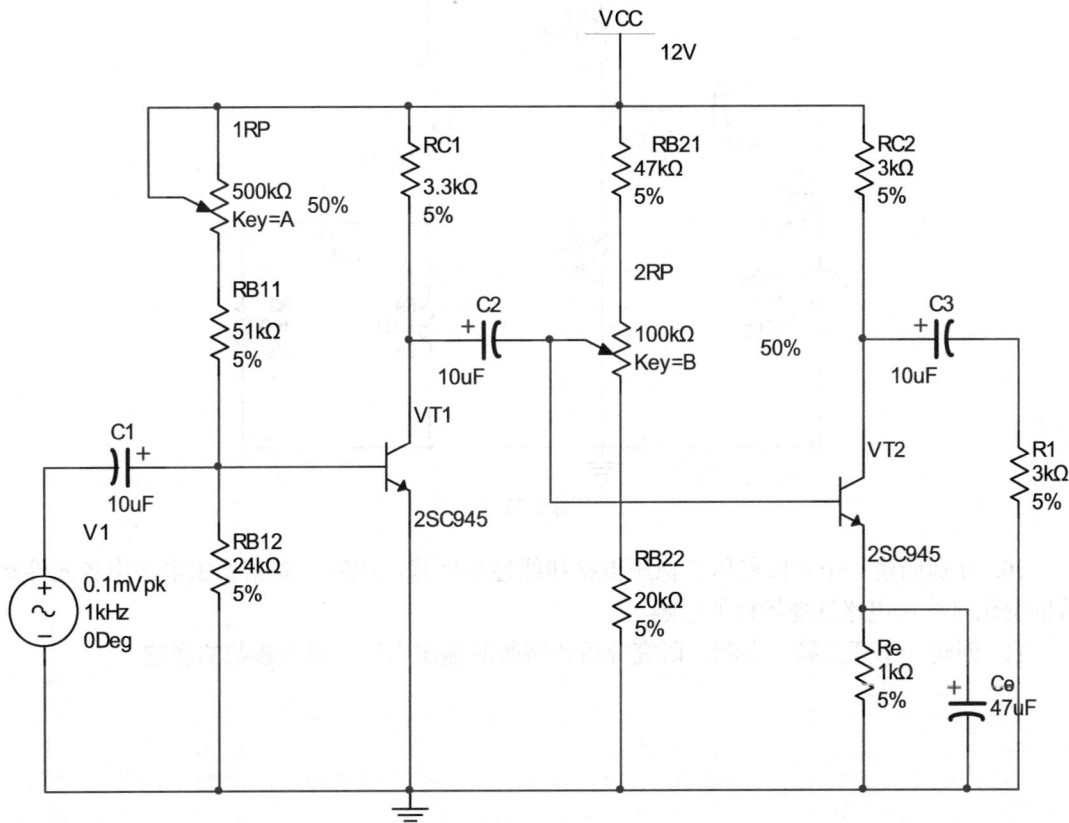

图 7-72

5. 电路如图 7-73 所示。（1）调试合适的静态工作点。（2）用示波器测出输入、输出电压的大小。

6. 创建一个差分放大电路，分析差分放大电路静态工作点、双入单出的差模放大倍数，并用动态扫描及后处理分析法，分析双入双出的差模输出波形和放大倍数。

7. 用集成运放创建一个滞回比较器，研究分析影响其阈值电压和输出电压幅值的电路参数。

8. 创建一个有源二阶低通滤波器，要求幅频特性中特征频率处的增益可适当增大，研究观察影响特征频率处的增益的因素。

9. 创建一个通带频率为 30～80 Hz 的带通滤波器（可用低通滤波器电路和高通滤波器电路串接构成），研究分析影响带通滤波器通带频率的因素和调整方法。

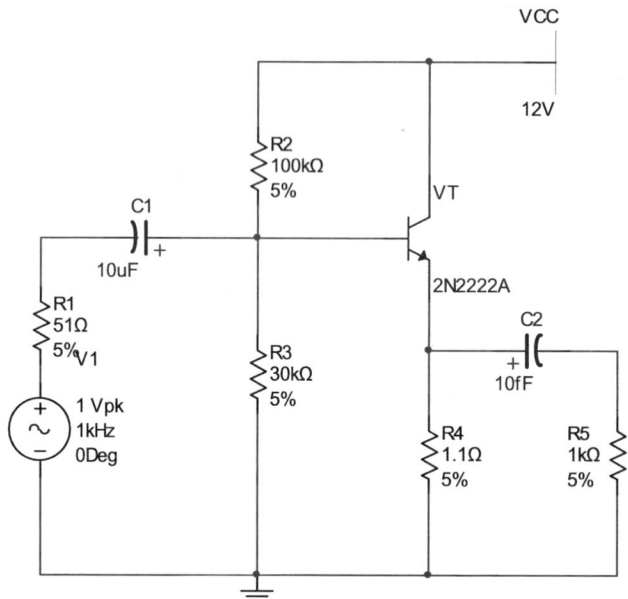

图 7-73

10. 分别创建一个并联稳压管稳压电路和线性串联稳压电路，观察稳压电路中各元件参数的变化对稳压电路性能指标的影响。

11. 创建一个开关稳压电源，研究分析各参数对输出电压、稳压参数的影响。

第 8 章

Multisim 10 在数字电子技术中的应用

Multisim 10 除了能进行模拟电子电路的模拟信号虚拟仿真之外，它也能很好地对数字电路的数字信号进行仿真。但与模拟电路的仿真相比，在编辑电原理图、设置仿真参数及仿真结果要有一些不同的要求。特别需指出的是该软件除了一般实验室所具有的各种常规测量仪器、仪表如方波发生信号源、示波器和万用表等供实验测量之外，Multisim 10 还专门配置了数字电路的诸如"字信号发生器"、"逻辑分析仪"、"逻辑转换仪"等多台一般实验室所没有的测量仪器，使得在做数字电路虚拟仿真实验时更为方便。

除了提到的先进虚拟仪器之外，Multisim 10 的元件库中同样集成了大量的数字电路元件，如 TTL 系列门电路；CMOS 系列门电路、时基电路、AD/DA 转换电路等，品种之全，种类之多，完全能满足所要进行的各种数字电路仿真实验的需用。

8.1 数值比较器

8.1.1 数值比较器的功能

在数字电路中，经常需要对两个位数相同的二进制数进行比较，以判断它们的相对大小是否相等，用来实现这一功能的逻辑电路就成为数值比较器。

数值比较器就是对两数 A、B 进行比较，以判断其大小的逻辑电路，比较结果有 $A>B$、$A<B$ 及 $A=B$ 3 种情况。如以 $Y_1=1$ 表示 $A>B$；$Y_2=1$ 表示 $A<B$；$Y_3=1$ 表示 $A=B$；且用"0"表示灯不亮，"1"表示灯亮。

可列出两个 1 位二进制数 A 和 B 的大小比较情况和灯亮与不亮情况（即真值表），如表8-1 所示。

表 8-1　真值表

A	B	Y_1 ($A>B$)	Y_2 ($A<B$)	Y_3 ($A=B$)
0	0	0	0	1

续表

A	B	Y_1（$A>B$）	Y_2（$A<B$）	Y_3（$A=B$）
0	1	0	1	0
1	0	1	0	0
1	1	0	0	1

8.1.2 数值比较器的仿真分析

分析步骤如下。

（1）创建电路。在 TTL 门电路元件库中选择 74LS04D，如图 8-1 所示，在右上方预览框中可以看到它的图标，预览框下面有 A、B、C、D、E、F 共 6 个按钮，表示该数字集成电路内共封装了 1～6 个性能完全相同又互相独立的反相器可供选择。

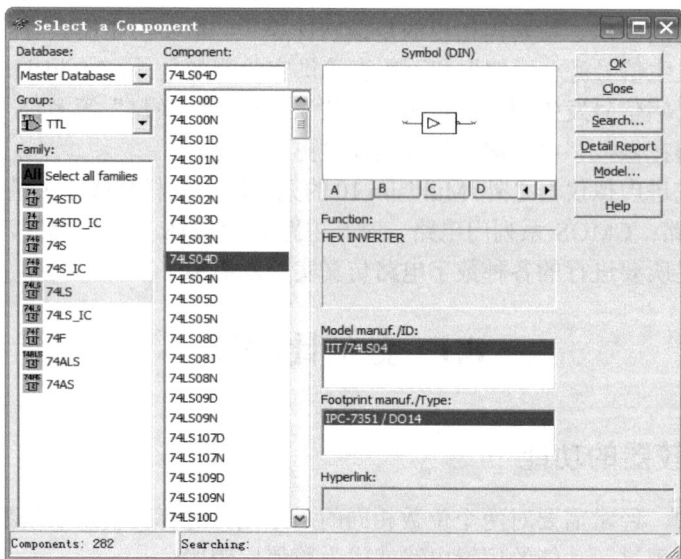

图 8-1 74LS04D

（2）创建出的电路图共有 5 盏指示灯，它们的颜色分别为白色、蓝色、绿色、红色和黄色。分别单击它们，各调出一只置于电子平台，并将所有元件连成仿真电路，如图 8-2 所示。

（3）仿真运行：依次单击"A"按钮和"B"按钮，使两个一位数"A"和"B"符合表 8-1 中 4 种情况，打开仿真开关，观察 5 盏指示灯的发光情况，是否符合两个一位数的比较结果，并将结果与表 8-1 比较。

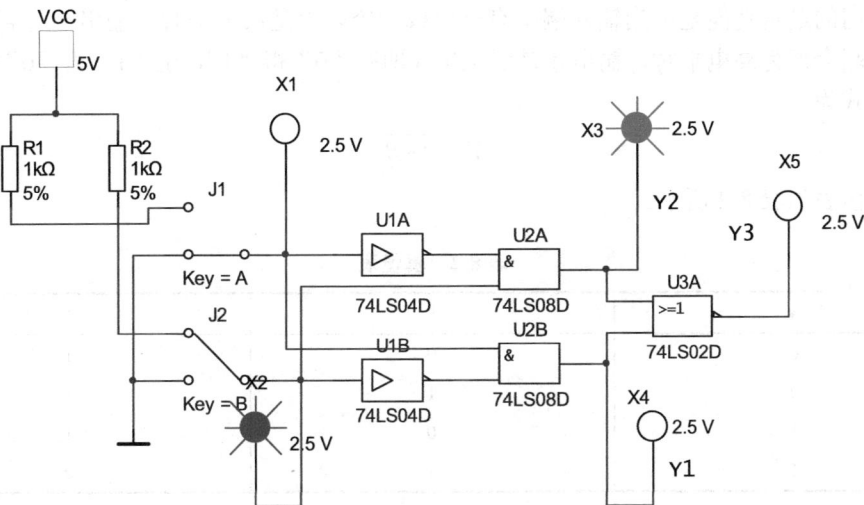

图 8-2　数值比较器仿真电路

8.2　集成门电路

Multisim 10 中的 TTL 和 CMOS 门电路元件库中存放着大量的各种功能电路元件。在电路仿真过程中，使用其实现模型，可使电路得到精确的仿真结果；如要加快电路的仿真速度，也可将它们理想化。Misc Digital 元件库中也有一些数字元件，这给设计者选用带来了极大方便。

8.2.1　集成逻辑门

逻辑门有许多种，如与门、或门、非门、与非门、或非门、与或非门、异或门、集电极开路门（OC 门）、传输门（TS 门）等。但其中与非门应用最广泛，用与非门可以组成其他功能的逻辑电路。

要实现其他逻辑门的功能，只要将该门的逻辑函数表达式化成与非—与非表达式，然后用多个与非门就可以实现。例如，要实现或门 $Y=A+B$，根据摩根定律，或门的逻辑函数表达式可以写成：$Y=\overline{\overline{A} \cdot \overline{B}}$，可用 3 个与非门连接实现。

集成逻辑门还可以组成许多应用电路，在此不一一列举。

8.2.2　与非门

74LS00 是"TTL 系列"中的与非门，CD4011 是"CMOS 系列"中的与非门。它们都是 4-2 输入与非电路，即在一块集成电路内含有 4 个独立的与非门。每个与非门有 2 个输入端。

与非门的逻辑功能是：当输入端中有一个或一个以上是低电平时，输出端为高电平；只有当输入端全部为高电平时，输出才是低电平（即有"0"得"1"，全"1"得"0"）。其逻辑函数表达式为

$$Y = \overline{A \cdot B}$$

其真值表如表 8-2 所示。

表 8-2　真值表

A	B	Y
0	0	1
0	1	1
1	0	1
1	1	0

（1）TTL 与非门。74LS00 芯片逻辑框图、符号及引脚排列如图 8-3 所示。

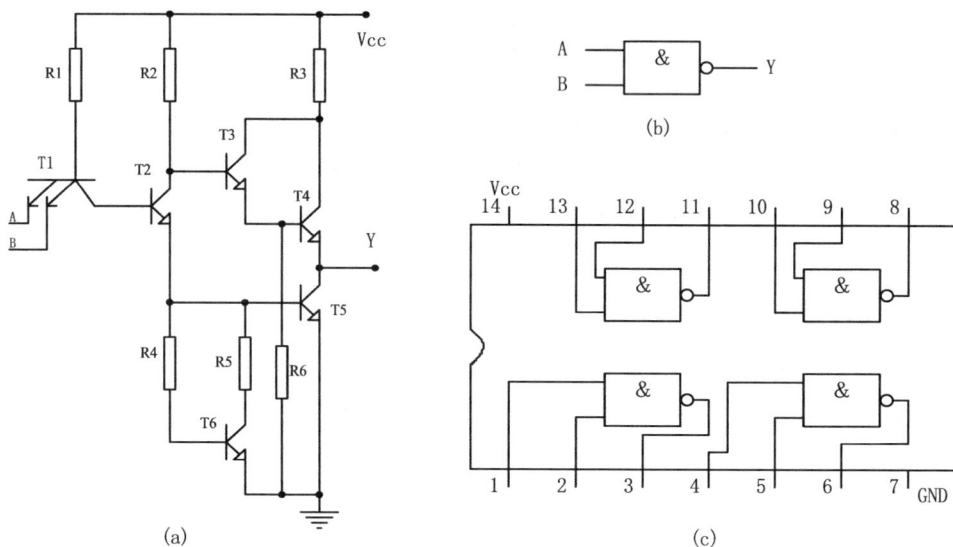

图 8-3　74LS00 与非门

TTL 电路对电源电压要求比较严，电源电压 V_{cc} 只允许在+5 V±10%的范围内工作，超过 5.5 V 将损坏器件；低于 4.5 V 器件的逻辑功能将不正常。

（2）CMOS 与非门。CD4011 芯片引脚排列如图 8-4 所示。

CMOS 集成电路是将 N 沟道 MOS 晶体管和 P 沟道 MOS 晶体管同时用于一个集成电路中，成为组合两种沟道 MOS 管性能的更优良的集成电路。CMOS 电路的主要优点如下。

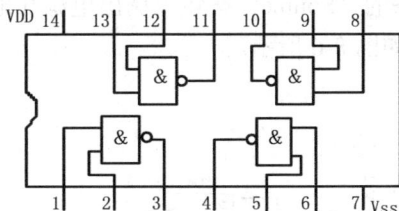

图 8-4　CD4011

（1）功耗低，其静态工作电流在 10^{-9} A 数量级，是目前所有数字集成电路中最低的，而 TTL 器件的功耗则大得多。

（2）高输入阻抗，通常大于 10^{10} Ω，远高于 TTL 器件的输入阻抗。

（3）接近理想的传输特性，输出高电平可达电源电压的 99.9%以上，低电平可达电源电压的 0.1%以下，因此输出逻辑电平的摆幅很大，噪声容限很高。

（4）电源电压范围宽，可在+3～+18 V 正常工作。

8.2.3　集成逻辑门的仿真分析

（1）将所有元件和仪器连成仿真电路，如图 8-5 所示。双击虚拟万用表图标"XMM1"，将出现它的放大面板，单击放大面板上的"电压"和"直流"两个按钮用来测量直流电压。

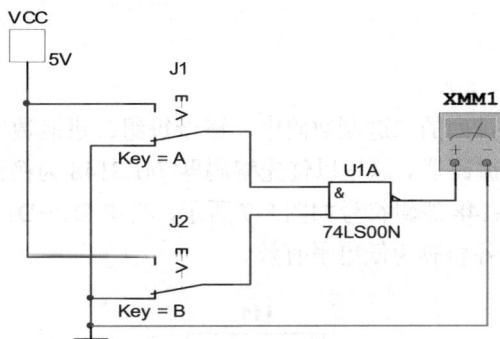

图 8-5　与非门的逻辑功能

打开仿真开关，分别单击"A"和"B"按钮，从虚拟万用表的放大面板上读出各种情况的直流电位，根据电位大小可转换成逻辑状态。

（2）用与非门组成或门。

① 根据摩根定律，或门的逻辑函数表达式 $Q=A+B$ 可以写成 $Q=\overline{\bar{A}\cdot\bar{B}}$，因此，可以用 3 个与非门构成或门。

② 在 Multisim 基本界面真实元件工具条的"TTL"按钮中调出 3 个与非门 74LS00N；从真实元件工具条的"Basic"按钮中调出 2 个单刀双掷开关，并分别将它们设置成 Key=A

和 Key=B；从真实元件工具条的"Source"按钮中调出电源和地线。

③ 连成或门仿真电路，如图 8-6 所示。

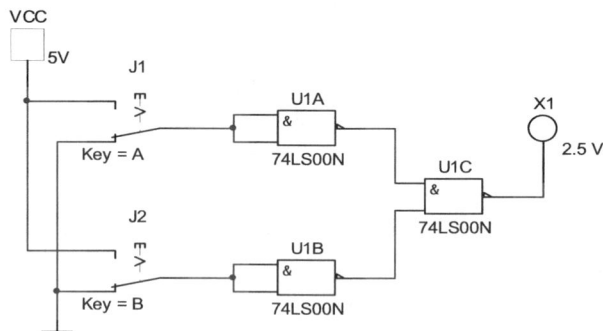

图 8-6　或门仿真电路

打开仿真开关，分别单击"A"和"B"按钮，记录指示灯的发光情况，就是或门电路的真值表。

8.3　常用的组合逻辑电路仿真分析

8.3.1　编码器

1. 编码器的功能

编码是指按一定顺序排列的二进制数码中，赋予每组二进制数码以某一固定含义。能完成编码功能的电路统称为编码器。这里以优先编码器 74LS148 为例说明其基本应用和仿真分析方法。优先编码器 74LS148 逻辑符号如图 8-7 所示，其中 $D_0 \sim D_7$ 和 EI 为输入端，A_2、A_1、A_0、GS、EO 为输出端。各引脚为低电平有效。

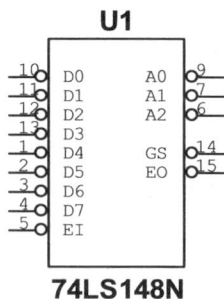

图 8-7　74LS148 引脚标注

工作原理分析如下。

（1）EI=1 时，则不论输入 $D_0 \sim D_7$ 为何种状态，A_2、A_1、A_0 都为高电平，且 EO=1，GS=1（此时编码器处于禁止编码状态）。

（2）EI=0 时。

① $D_0 \sim D_7$ 均为高电平，GS=1 时，$A_2A_1A_0$=111 为非编码输出（无效输入请求）。这种情况 EO=0，此时它可与另一片同样的器件的 EI 连接，以便组成更多输入端的优先编码器。

② 只有 I_0=0（优先级别最低位有低电平输入时），GS=0，$A_2A_1A_0$=111 为编码输出。

2. 编码器电路的仿真分析

（1）创建电路。选择 74LS148N、V_{CC}、发光二极管、电阻及数字万用表。创建编码器 774LS148N 仿真电路，如图 8-8 所示。

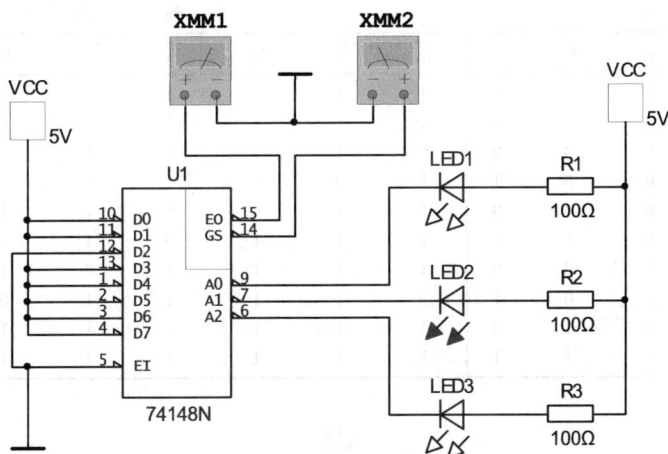

图 8-8　编码器电路的仿真电路

（2）仿真运行。单击运行按钮，观测发光二极管的显示情况，观测万用表显示情况，如图 8-9 和图 8-10 所示。

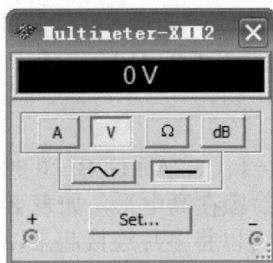

图 8-9　万用表 1

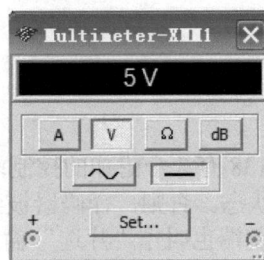

图 8-10　万用表 2

8.3.2 译码器

1. 译码器的功能

译码是编码的逆过程，将输入的每个二进制代码赋予的含义翻译出来，给出相应的输出信号。常用的译码电路有二进制译码器、二—十进制译码器和显示译码器。这里以二进制译码器 74LS138 为例，说明其基本应用和仿真分析方法。

74LS138 是用 TTL 与非门组成的 3 线—8 线译码器，输出低电平有效。它的功能如表 8-3 所示，逻辑符号如图 8-11 所示。

表 8-3　3 线—8 线译码器 74LS138 的功能表

输	入				输			出				
G1	$\overline{G2A}+\overline{G2B}$	C	B	A	$\overline{Y_0}$	$\overline{Y_1}$	$\overline{Y_2}$	$\overline{Y_3}$	$\overline{Y_4}$	$\overline{Y_5}$	$\overline{Y_6}$	$\overline{Y_7}$
0	×	×	×	×	1	1	1	1	1	1	1	1
×	1	×	×	×	1	1	1	1	1	1	1	1
1	0	0	0	0	0	1	1	1	1	1	1	1
1	0	0	0	1	1	0	1	1	1	1	1	1
1	0	0	1	0	1	1	0	1	1	1	1	1
1	0	0	1	1	1	1	1	0	1	1	1	1
1	0	1	0	0	1	1	1	1	0	1	1	1
1	0	1	0	1	1	1	1	1	1	0	1	1
1	0	1	1	0	1	1	1	1	1	1	0	1
1	0	1	1	1	1	1	1	1	1	1	1	0

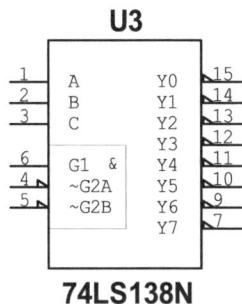

图 8-11　74LS138 的引脚

74LS138 有 3 个附加的控制端 G1、$\overline{G2A}$ 和 $\overline{G2B}$。当 G1=1、$\overline{G2A}+\overline{G2B}=0$ 时，译码器处于工作状态。否则，译码器被禁止译码，所有的输出端被封锁在高电平，如表 8-3 所示。这 3 个控制端也叫作"片选"输入端，利用片选端的作用也可以将多片连接起来以扩展译码器的功能。

2. 译码器电路的仿真分析

分析步骤如下。

（1）创建电路。选取 74LS138N、VCC、信号灯及字信号发生器，组成译码器仿真电路，如图 8-12 所示。

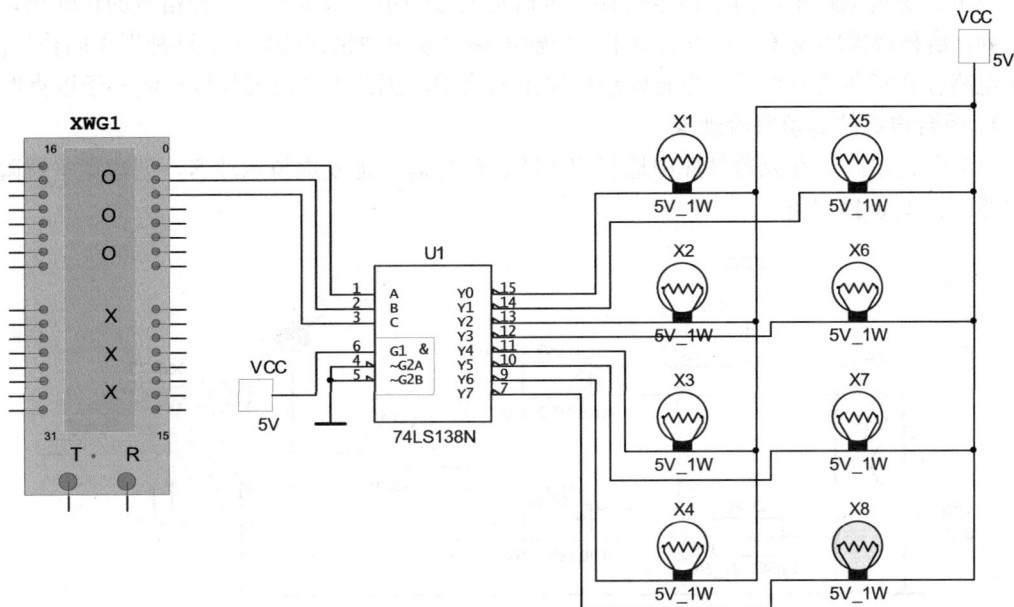

图 8-12　译码器仿真电路

（2）仿真运行。单击运行按钮，根据 3—8 线译码器 74LS138 工作原理，自拟实验步骤，设置和按下相关单刀双掷开关位置，验证 3—8 线译码器 74LS138 真值表是否与理论相符。

（3）观测仿真结果。单击运行按钮，双击字信号发生器，观察字信号发生器发生的变化。如图 8-13 所示。

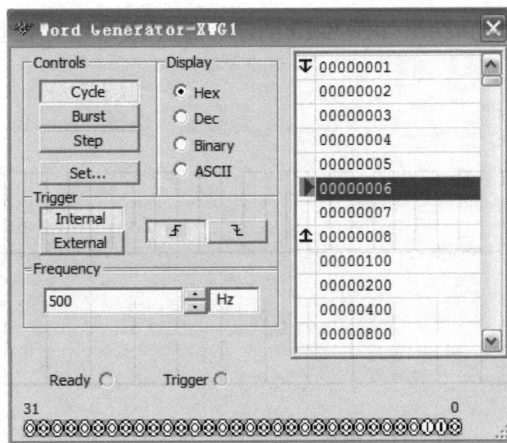

图 8-13　字信号发生器

8.3.3 竞争冒险现象及其消除

在组合逻辑电路中，由于门电路存在传输延迟时间不一致等原因，使信号的传输出现快慢差异，这种现象叫竞争。竞争的结果是使输出端可能出现错误的信号，这种现象叫作冒险。由于电路存在竞争就有可能产生冒险造成输出的错误，因此设计时要加以检测并予以克服。

1. 组合电路的竞争冒险现象

（1）创建电路。在元器件库中选择门电路、信号源、地及虚拟示波器，创建竞争冒险仿真电路，如图 8-14 所示。

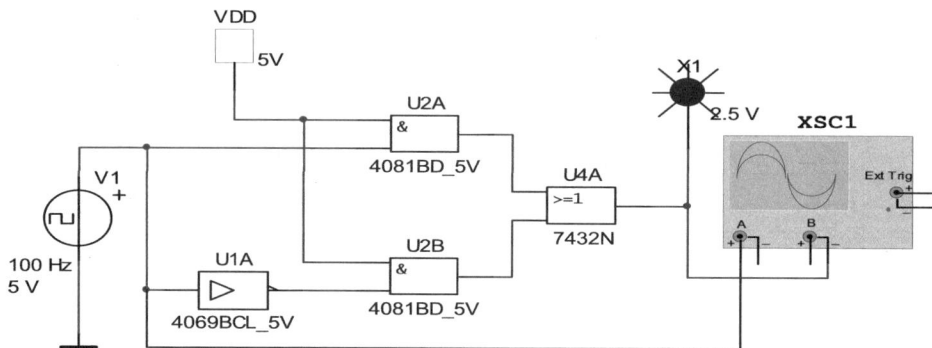

图 8-14　竞争冒险仿真电路

（2）分析电路的竞争冒险现象。如图 8-14 所示的电路可见，组合电路的逻辑功能为

$$F=AB+\overline{A}C,$$

已知 $B=C=1$，所以 $F=1$；电路输出信号应始终为高电平。但是由于多输入信号的变化瞬间引起该电路输出信号出现毛刺的现象。

（3）观测仿真结果。仿真结果如图 8-15 所示，输出波形中存在负脉冲，即电路存在竞争冒险现象。

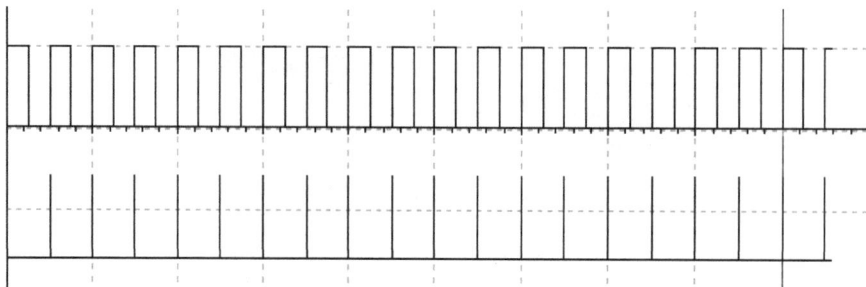

图 8-15　虚拟示波器显示竞争冒险现象

2. 竞争冒险现象的消除

为了消除竞争冒险现象，采用修改逻辑设计，增加冗余项 BC，使原逻辑表达式 F 变为 $F=AB+\overline{A}C+BC$，采用修改后电路如图 8-16 所示，仿真输出如图 8-17 所示，从图 8-17 上看到输出波形已经消除了尖峰脉冲。

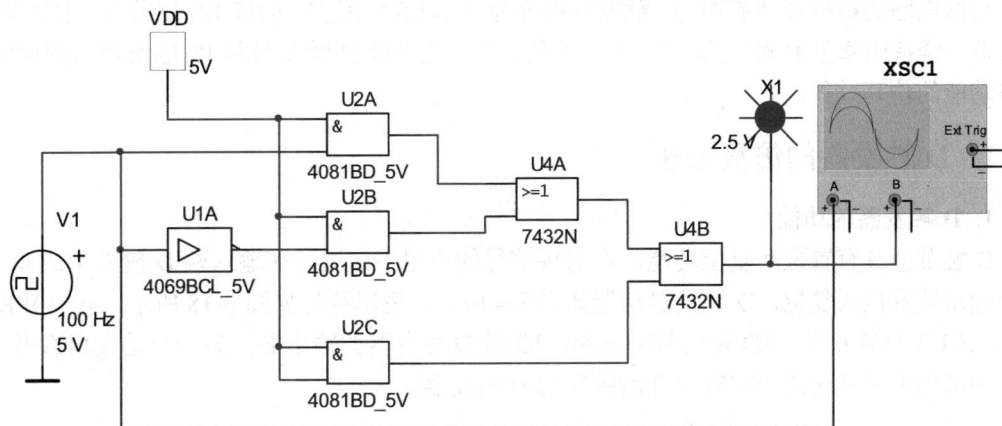

图 8-16　增加冗余项消除竞争冒险消除电路

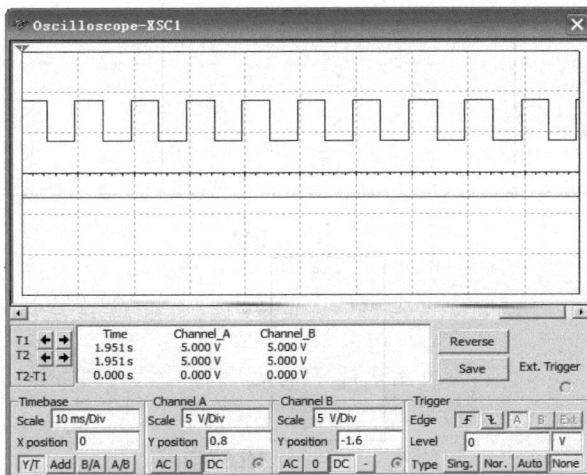

图 8-17　增加冗余项消除竞争冒险消除电路的输出

8.4　触发器的仿真分析

触发器是重要的数字逻辑器件，是组成各种时序逻辑电路的基本单元。触发器的基本功能：必须具备两个稳态，用以记忆两个逻辑特征值 0 和 1；触发器的状态要能够预置，即触发器都具有置位（置1）、复位（置0）控制端；触发器必须能在外部信号激励下进行状态的转换。

触发器的结构是在门电路的基础上引入适当的反馈构成的。触发器与门电路的最大区别就是：门电路的输出仅取决于它的现态输入，不具有记忆功能；而触发器的输出不仅取决于它的现时输入，还与前一时刻的输出状态有关，因此触发器具有记忆功能。

根据电路的结构及功能不同，触发器可分为基本 RS 触发器、同步 RS 触发器、主从型 JK 触发器、维持阻塞型 D 触发器、T 和 T′触发器等，这里以 D 触发器和 JK 触发器为例说明其电路功能的仿真过程。

8.4.1 D 触发器的仿真分析

1. D 触发器的功能

D 触发器具有置位和复位功能。在时钟信号的作用下，通过在输入端 D 输入 1 或 0，可以使输出端置位或复位。D 触发器功能如表 8-4 所示，逻辑符号如图 8-18 所示。其中 IPR 置 1 端，ICLR 是置 0 端，1D 是信号输入端，IQ 是 D 触发器的输出端，另一个是反相输出端。从该图结构上可见这是个时钟上升沿触发的 D 触发器。

表 8-4　D 触发器功能表

D	Q^n	Q^{n+1}
0	0	0
0	1	0
1	0	1
1	1	1

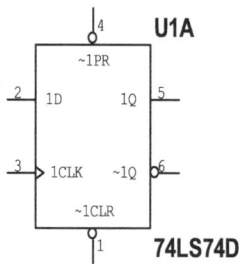

图 8-18　D 触发器的逻辑符号

2. D 触发器的仿真分析

（1）创建电路。在元器件库中选择门电路、信号源、地及虚拟示波器，创建仿真电路，如图 8-19 所示。

（2）设置仿真变量。利用单刀双掷开关切换输入管脚的信号电平状态。

（3）观测仿真结果。单击仿真按钮，利用探测器观察输出管脚的信号电平状态，用示波器查看输出管脚的信号波形。

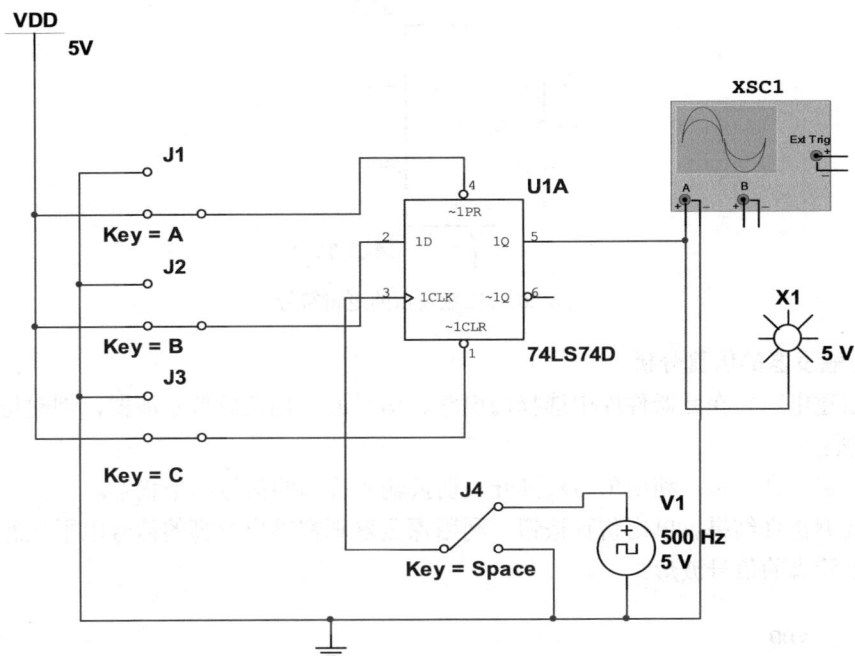

图 8-19　D 触发器仿真电路

8.4.2　JK 触发器的仿真分析

1. JK 触发器的功能

主从 JK 触发器是目前功能最完善、使用较灵活和通用性较强的一种触发器。JK 触发器具有保持、置 0、置 1 和翻转的功能，因此用 JK 触发器可以实现 RS 触发器、T 触发器、T′触发器和 D 触发器的功能。JK 触发器功能如表 8-5 所示，JK 触发器的逻辑符号如图 8-20 所示。1J、1K 是输入控制端，1CLK 是时钟信号输入端，下降沿触发翻转。

表 8-5　JK 触发器功能表

J	K	Q^{n+1}
0	0	Q^n
0	1	0
1	0	1
1	1	$\overline{Q^n}$

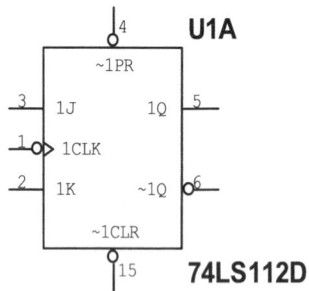

图 8-20 JK 触发器的逻辑符号

2. JK 触发器的仿真分析

（1）创建电路。在元器件库中选择门电路、信号源、地及虚拟示波器，创建仿真电路，如图 8-21 所示。

（2）设置仿真变量。利用单刀双掷开关切换输入管脚的信号电平状态。

（3）观测仿真结果。单击仿真按钮，利用探测器观察输出管脚的信号电平状态，用示波器查看输出管脚的信号波形。

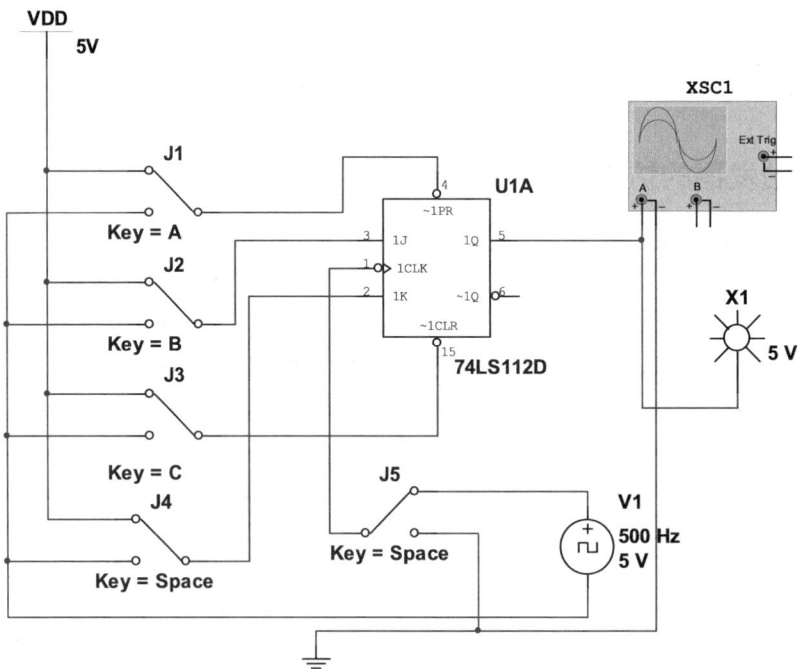

图 8-21 JK 触发器仿真电路

8.4.3　用 D 型触发器组成抢答器

触发器可以组成各种具体功能的电路，下面以 D 型触发器组成的抢答器为例，仿真分析。

（1）创建电路。在元器件库中选择门电路、信号源、地、触发器、同相缓冲/变换器、单刀单掷开关、电阻及 LED 指示灯，创建仿真电路，如图 8-22 所示。

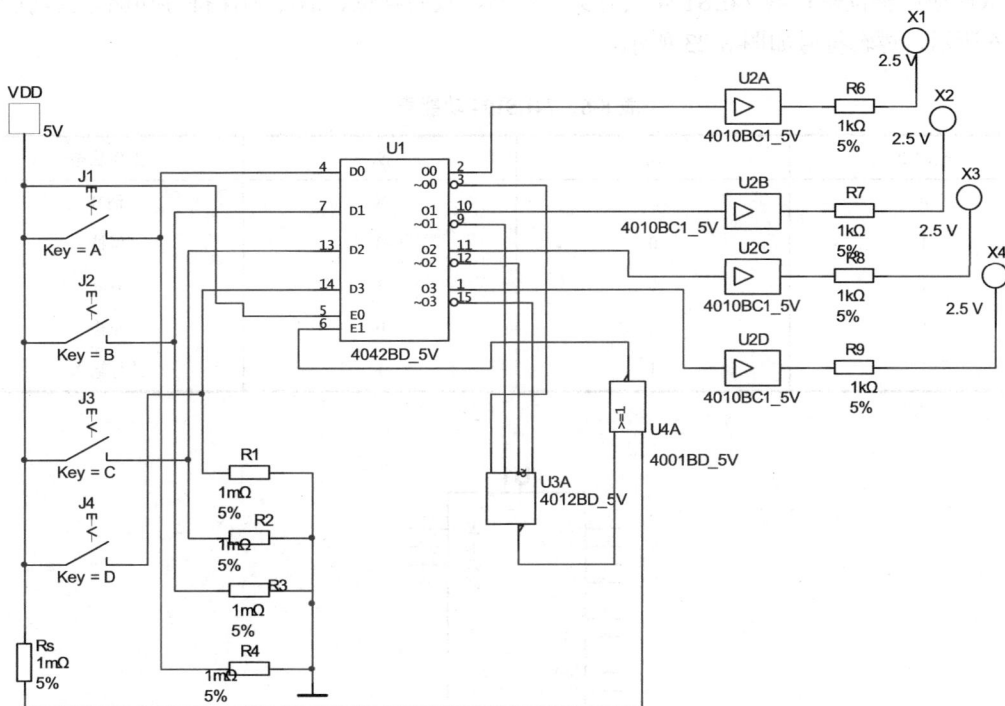

图 8-22　D 型触发器组成抢答器

（2）设置仿真变量。将 4 只单刀单掷开关 $J_1 \sim J_4$ 都处在打开状态，然后打开仿真开关，任意按下一只单刀单掷开关，LED 指示灯中仅有一盏灯亮，再按下其他单刀单掷开关都不能使对应的指示灯亮。

（3）观测仿真结果。关闭仿真开关，恢复 4 只单刀单掷开关 $J_1 \sim J_4$ 都处在打开状态，另选其他单刀单掷开关并按下，观察 LED 指示灯显示情况。

8.5　常用时序逻辑电路的仿真分析

寄存器是用来存放二进制数据或代码的电路，是由具有存储功能的触发器构成的。一个触发器可以存储一位二进制代码，N 位寄存器由 N 个触发器来构成。

移位寄存器能实现数据存储和移位的功能，移位寄存器中的数据可以在移位脉冲作用下依次逐位右移或左移。这里以 74LS194 为例，说明寄存器的基本应用和仿真方法。

8.5.1 寄存器和移位寄存器的应用

1. 双向通用移位寄存器

双向通用移位寄存器 74LS194 具有数据存储、双向移位、清零和保持等功能。其功能如表 8-6 所示，逻辑符号如图 8-23 所示。

表 8-6 74LS194 功能表

$\sim$CLR	S_1	S_0	工作状态
0	$\times$	$\times$	清 0
1	0	0	保持
1	0	1	右移
1	1	0	左移
1	1	1	并行输入

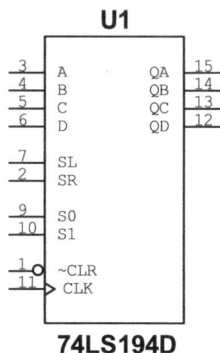

图 8-23 74LS194 的逻辑符号

2. 4 位双向通用移位寄存器仿真分析

（1）创建电路。在元器件库中选择 74LS194、单刀双掷开关、VCC、地及 LED 指示灯，创建仿真电路，如图 8-24 所示。

（2）设置仿真变量。打开仿真开关，根据 74LS194 功能表，用 J_1 实现"异步清 0"功能；再根据"并行输入"功能要求，将 S_1、S_0 使能端置于"1、1"状态，A、B、C、D 数据输入端分别设为"1011"。

（3）观测仿真结果。观察 CLK 端加单脉冲 CP 时，输出端指示灯变化情况。

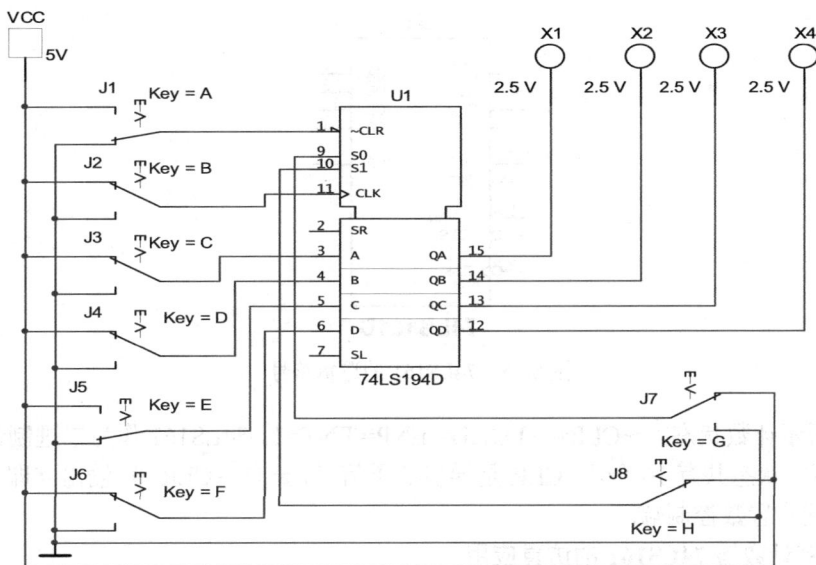

图 8-24　74LS194 移位仿真电路

8.5.2　二进制同步计数器

计数器是数字电路中用得较多的基本逻辑器件。它不仅能记录输入时钟脉冲的个数，还可以实现分频、定时、产生节拍脉冲和脉冲序列等功能。例如，计算机中的时序发生器、分频器、指令计数器等都要使用计数器。计数器的种类很多。按时钟脉冲输入方式的不同，可分为同步计数器和异步计数器；按进位数制的不同，可分为二进制计数器和其他进制计数器；按计数过程中代码增减趋势的不同，可分为加计数器、减计数器和可逆计数器。这里以同步二进制计数器 74LS161 为例，说明计数器的基本功能特点、应用和仿真分析方法。

1. 二进制计数器 74LS161 的功能

计数器 74LS161 是常用的四位二进制可预置同步加法计数器，它可以灵活地运用在各种功能电路及单片机系统中，实现定时、计数、分频器等很多重要的功能。其功能如表 8-7 所示，其逻辑符号如图 8-25 所示。

表 8-7　74LS161 功能表

CLK	~CLR	~LOAD	ENP	ENT	工作状态
×	0	×	×	×	置零
↑	1	0	×	×	预置数
×	1	1	0	1	保持
×	1	1	×	0	左移（RCO-0）
↑	1	1	1	1	计数

说明：
↑——低到高电平跳变，也即上升沿有效；
×——任意状态。

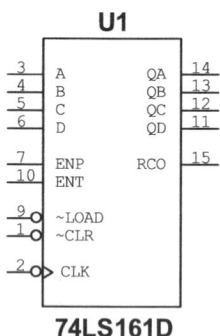

图 8-25　74LS161 的逻辑符号

表 8-7 所示计数状态，～CLR=～LOAD= ENP= ENT=1。74LS161 作为二进制计数器，其计数位有 4 位，状态共有 16 个。～CLR 是异步清零信号，一旦～CLR=0，输出立即变为 0000。～LOAD 是同步置数控制端。

2. 二进制计数器 74LS161 的仿真应用

利用 74LS161 构成二进制加法同步计数器。

（1）创建电路。在元器件库中选择 74LS161D、单刀双掷开关、数码管、探测器、时钟信号、逻辑分析仪、VCC 及地，创建仿真电路，如图 8-26 所示，仿真图如图 8-27 所示。

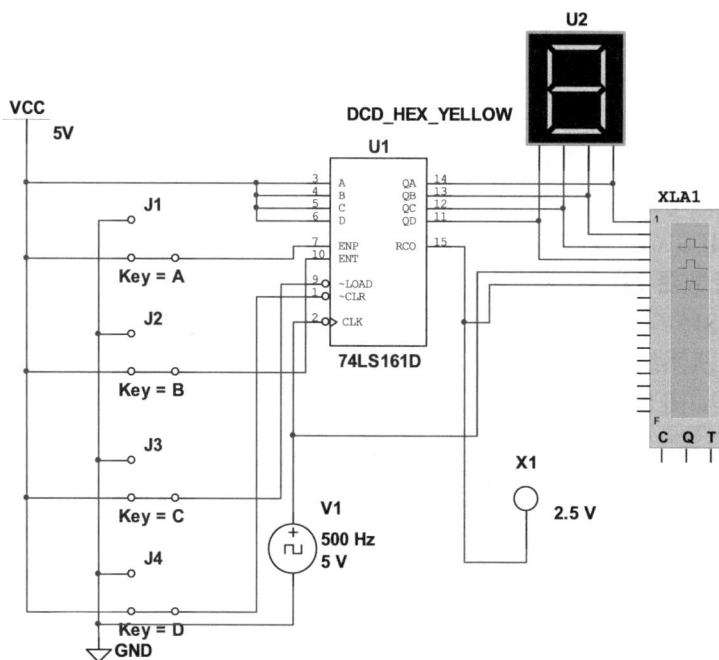

图 8-26　74LS161 构成二进制加法同步计数器电路

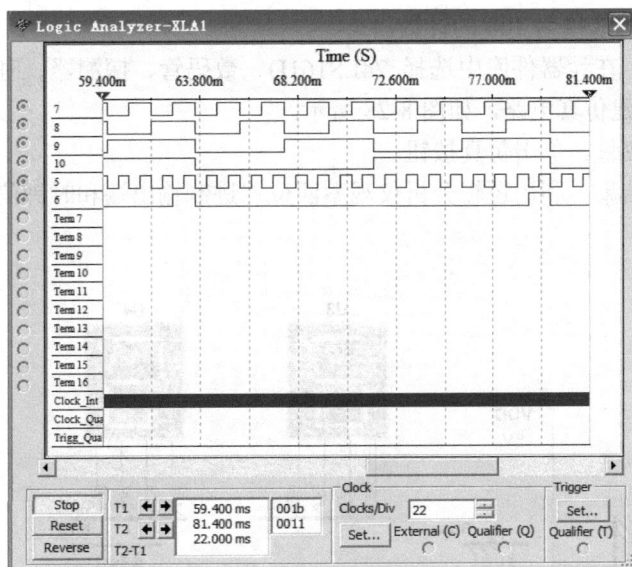

图 8-27　图 8-26 的仿真图

（2）设置仿真变量。利用 $J_1 \sim J_4$ 这 4 个单刀双掷开关可切换 74LS161D 第 7、10、9、1 脚输入的高低电平状态。

（3）观测仿真结果。利用逻辑分析仪观察四位二进制输出端、进位端和时钟信号端的波形。

8.5.3　任意 N 进制计数器

使用集成计数器芯片设计任意 N 进制计数器有以下特点：① 集成计数器芯片种类繁多；② 集成计数器芯片的清零、置数端采用同步或异步方式清零或复位，其清零或复位的方式不同，采用的清零或复位的函数也不同。采用仿真方式构成任意进制计数器，可以非常直观地将电路和输出状态、输出波形展现在屏幕上。下面介绍几种常用的任意 N 进制计数器的连接方法。

（1）简单连接法：将一个计数器进位端和另一个计数器的计数输入端相连，即可构成一个新的计数器，该计数器的模是两个计数器模的乘积。

（2）清零端复位法：设用一个 M 位计数器，利用清零端复位法可得到一个 N 位计数器。开始计数后，经过 N 个脉冲，计数状态达到 SM，通过辅助门电路将 SM 译码，产生一个清零信号加至计数器的清零端，使计数器返回到初始零状态，这样就跳过了（M–N）个状态，从而构成了 N 进制计数器。

（3）利用置数控制端的置位法：利用中规模器件的置数控制端以置入某一固定二进制数值的方法，从而使 M 进制计数器跳过（M–N）个状态，实现 N 进制计数器。

1. 简单连接法构成模为 100 的计数器

（1）创建电路。在元器件库中选择 74LS161D、数码管、探测器、时钟信号、逻辑分析仪、VDD 及地，创建仿真电路，如图 8-28 所示。

（2）设置仿真变量。单击仿真按钮。

（3）观测仿真结果。利用逻辑分析仪观察四位二进制输出端和时钟信号端的波形，观察数码管的变化。

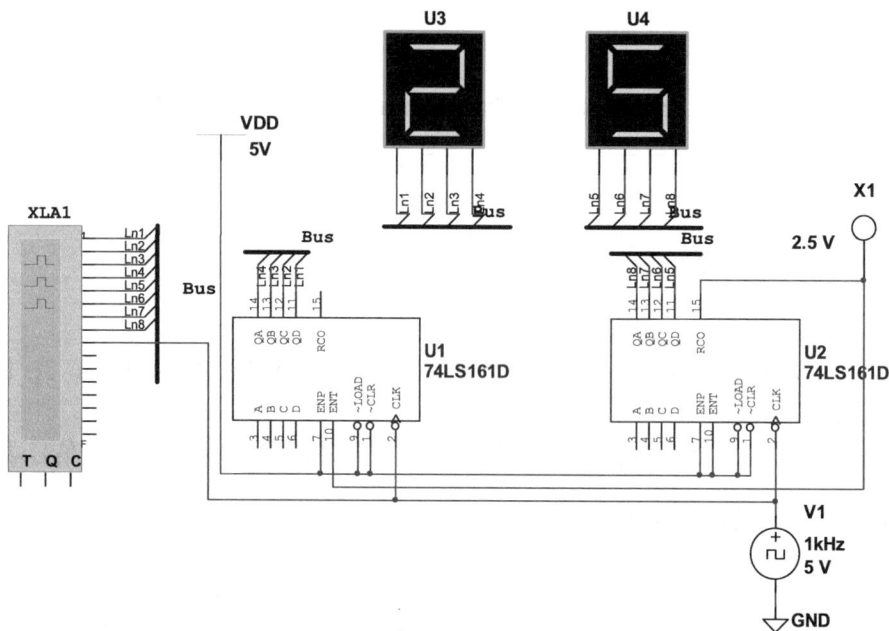

图 8-28　简单连接法构成模为 100 的计数器

2. 清零端复位法构成的八进制计数器

（1）创建电路。在元器件库中选择 74LS161D、74LS05D、数码管、时钟信号、VDD 及地，创建仿真电路，如图 8-29 所示。

（2）设置仿真变量。单击仿真按钮。

（3）观测仿真结果。观察数码管的变化。

3. 置入控制端的置位法构成的八进制计数器

（1）创建电路。在元器件库中选择 74LS161D、74LS12D、数码管、时钟信号、VDD 及地，创建仿真电路，如图 8-30 所示。

（2）设置仿真变量。单击仿真按钮。

（3）观测仿真结果。观察数码管的变化。

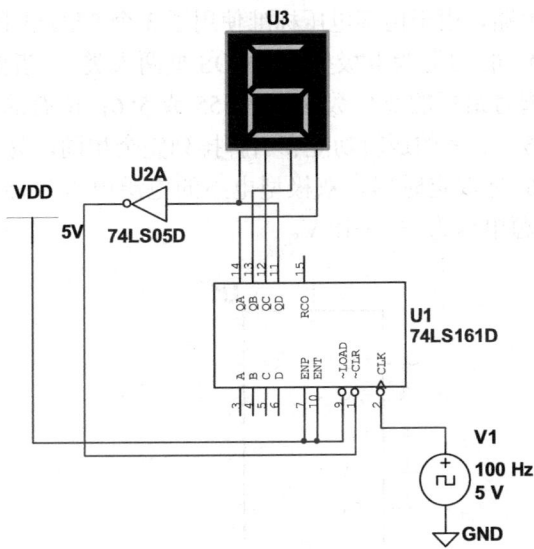

图 8-29　清零端复位法构成的八进制计数器

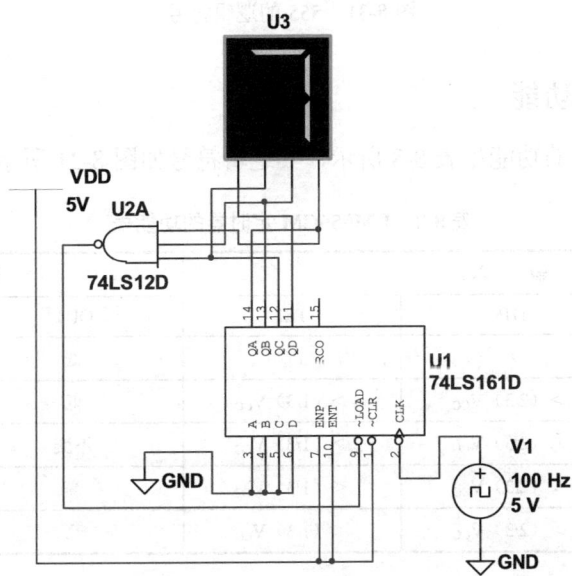

图 8-30　置入控制端的置位法构成的八进制计数器

8.6　555 电路的应用

集成定时器或 555 电路是一种常用的集成时基电路,其应用十分广泛。常用来产生时间延迟和多种脉冲信号的电路,由于内部电压标准使用了 3 个 5 kΩ 电阻,故取名 555 电路。根据采用的集成电路工艺不同,可分为双极型和 CMOS 型两大类,二者的结构与工作原理类似。几乎所有的双极型产品型号最后的 3 位数码都是 555 或 556;所有的 CMOS 产品型号最后 4 位数码都是 7555 或 7556,二者的逻辑功能和引脚排列完全相同,易于互换。555 和 7555 是单定时器。556 和 7556 是双定时器。双极型电路的电源电压为+5 V,负载最大电流可达 200 mA,CMOS 型的电源电压为+3~+18 V。

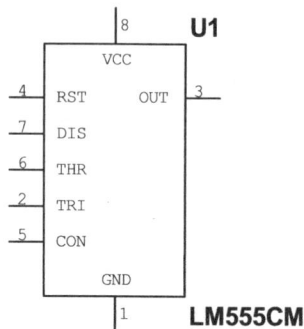

图 8-31   555 的逻辑符号

8.6.1   555 电路的功能

LM555CM 定时器的功能如表 8-8 所示,其逻辑符号如图 8-31 所示。

表 8-8   LM555CM 定时器的功能表

输　入			输　出	
RST	THR	TRI	OUT	DIS
0	×	×	低	低
1	> (2/3) V_{CC}	> (1/3) V_{CC}	低	低
1	< (2/3) V_{CC}	> (1/3) V_{CC}	不变	不变
1	< (2/3) V_{CC}	< (1/3) V_{CC}	高	高
1	> (2/3) V_{CC}	< (1/3) V_{CC}	高	高

8.6.2   用 555 定时器构成时基振荡发生器

（1）创建电路。在元器件库中选择 LM555CM、电阻、电容、VCC、地及虚拟示波器,创建仿真电路,如图 8-32 所示。

（2）设置仿真变量。单击仿真按钮,仿真图如图 8-33 所示。

（3）观测仿真结果。观察虚拟示波器波形。

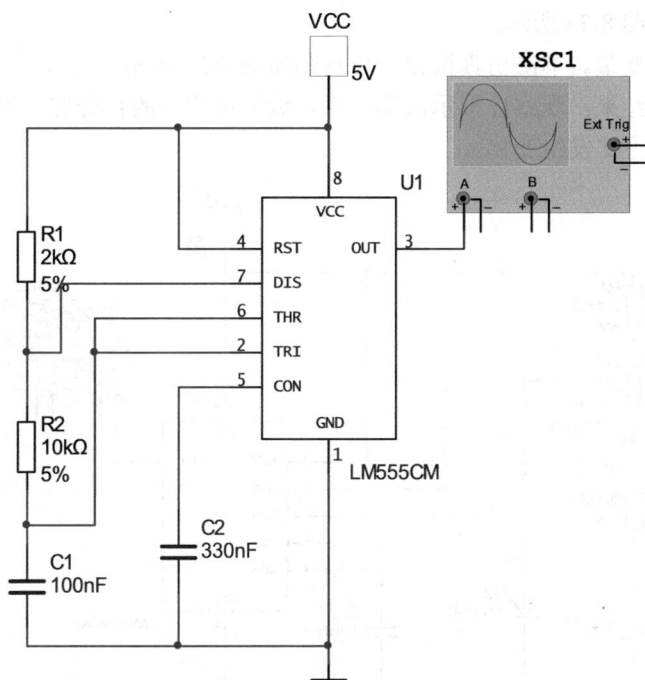

图 8-32 555 定时器构成时基振荡发生器

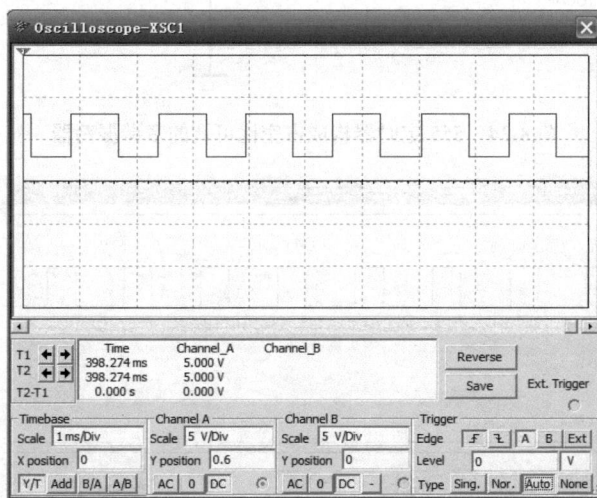

图 8-33 555 定时器构成的时基振荡发生器仿真图

8.6.3 用 555 定时器构成占空比可调的多谐振荡器

（1）创建电路。在元器件库中选择 LM555CM、电阻、电容、VCC、地及虚拟示波器，创建仿真电路，如图 8-34 所示。

（2）设置仿真变量。单击仿真按钮，仿真图如图 8-35 所示。

（3）观测仿真结果。观察虚拟示波器波形，调节电位器的百分比，可以观察到多谐振荡器产生的矩形波占空比发生变化。

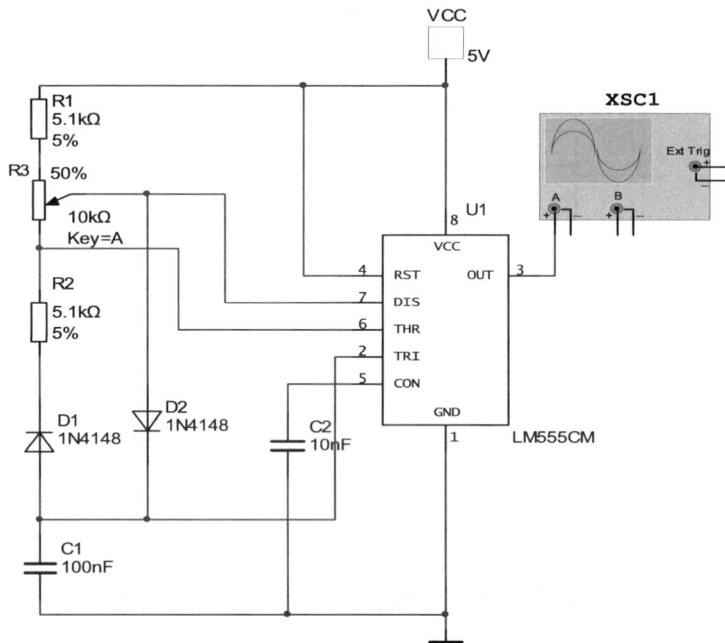

图 8-34　555 定时器构成占空比可调的多谐振荡器

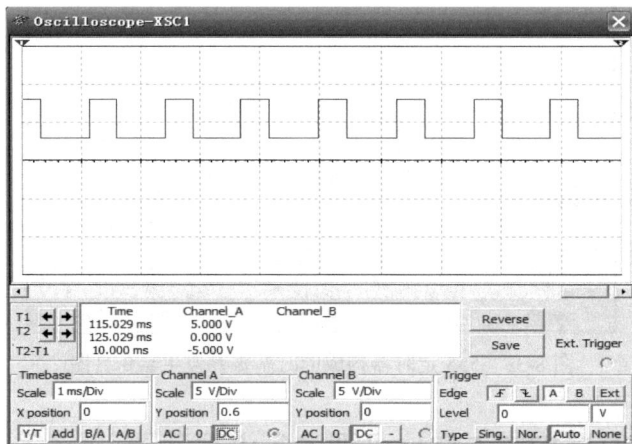

图 8-35　555 定时器构成占空比可调的多谐振荡器仿真图

8.6.4　用 555 定时器构成的单稳态触发器

（1）创建电路。在元器件库中选择 LM555CM、电阻、电容、二极管、V_{CC}、地、时钟信号及虚拟示波器，创建仿真电路，如图 8-36 所示。

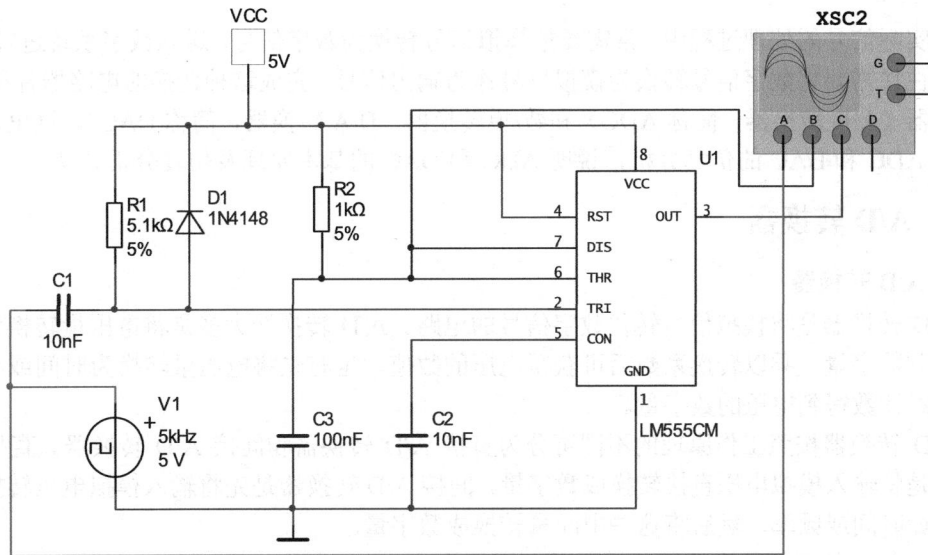

图 8-36　单稳态触发器电路

（2）设置仿真变量。单击仿真按钮，双击虚拟示波器图标，从打开的放大面板上可以看到 V_i、V_C 和 V_o 的波形，如图 8-37 所示。

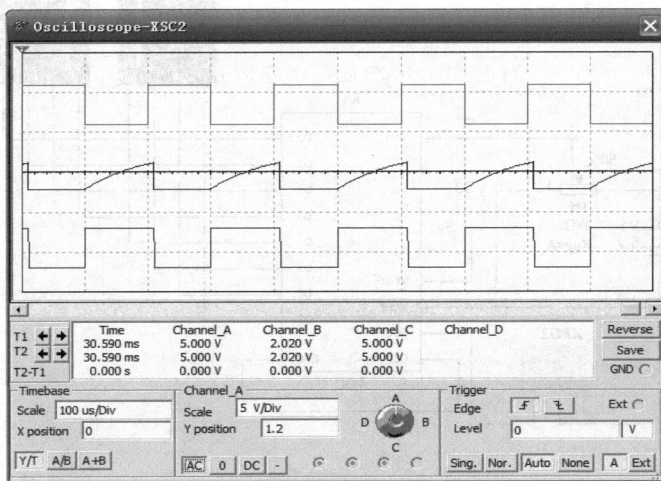

图 8-37　单稳态触发器仿真图

（3）观测仿真结果。利用屏幕上的读数指针读出单稳态触发器的暂稳态时间 t_W，并与用公式计算的理论值比较。

8.7 A/D 和 D/A 转换器的仿真分析

在实际信号的处理过程中，常需要把模拟信号转换为数字信号，送入数字系统进行处理。处理后往往需要将数字信号转换为模拟信号作为输出信号。完成这种转换的电路器件称为模/数转换器（A/D 转换器，简称 ADC）和数/模转换器（D/A 转换器，简称 DAC）。这里通过对常用的 ADC 和 DAC 的仿真分析，说明 ADC 和 DAC 的基本原理及仿真分析方法。

8.7.1 A/D 转换器

1. A/D 转换器

A/D 转换器是将模拟信号转化数字信号的电路。A/D 转换器大多是将电压量转换为正比的二进制数字量，乘以转换系数后可获得电压的数值，也有先将电压量转换为时间或频率，然后再经计数得到电压的数字量。

A/D 转换器按照工作原理的不同可分为直接 A/D 转换器和间接 A/D 转换器。直接 A/D 转换器是将输入模拟电压直接转换成数字量，间接 A/D 转换器是先将输入模拟电压转换成中间量，如时间或频率，然后将这些中间量转换成数字量。

2. A/D 转换器的仿真分析

（1）创建电路。在元器件库中选择电压源、VCC、地、电阻、数码管及函数信号发生器，创建仿真电路，如图 8-38 所示。

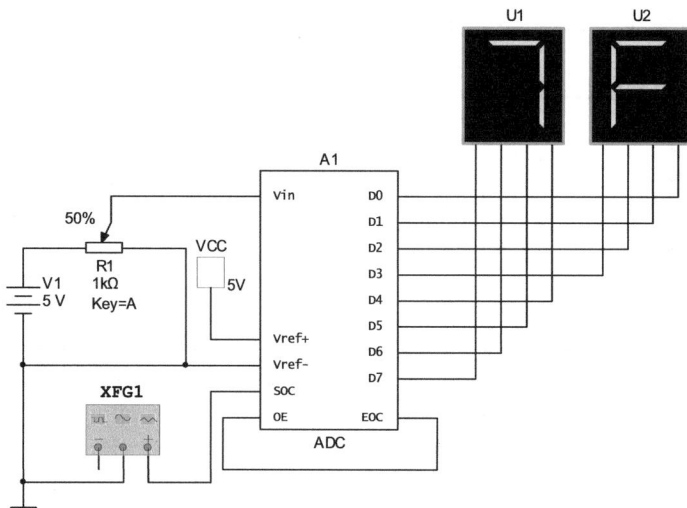

图 8-38 A/D 转换仿真电路

（2）A/D 转换器仿真分析。设置模拟量输入信号，如图 8-39 所示。

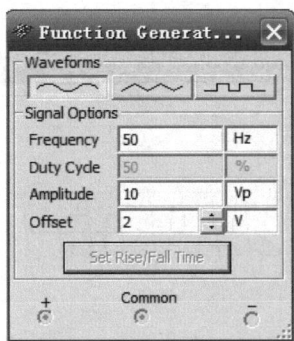

图 8-39　函数信号发生器

（3）观测仿真结果。单击仿真按钮，双击函数信号发生器，注意观察数码管的变化。

8.7.2　D/A 转换器

1. D/A 转换器的工作原理

D/A 转换的过程是，先把输入数字量的每一位代码按位权的大小转换成相应的模拟量，然后将代表各位的模拟量相加，即可得到与该数字量成正比的模拟量，从而实现数字/模拟转换。DAC 通常由译码网络、模拟开关、求和运算放大器和基准电压源等部分组成。

2. D/A 转换器的仿真分析

（1）创建电路。在元器件库中选择电压源、VCC、地、电阻、数码管、虚拟示波器及函数信号发生器，创建仿真电路，如图 8-40 所示。

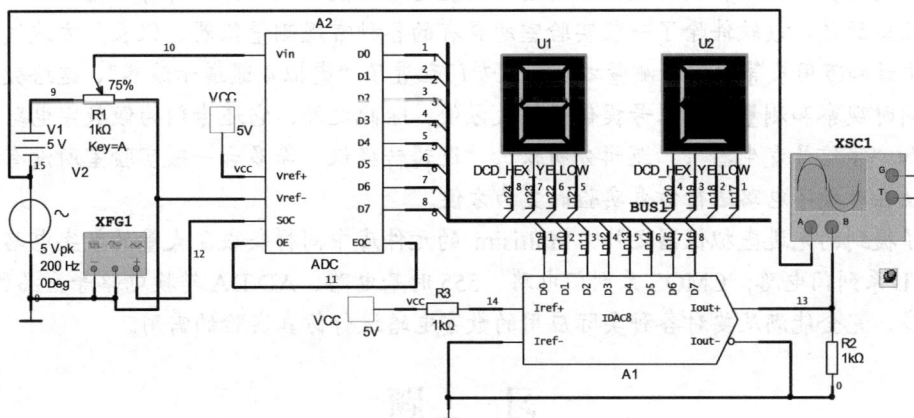

图 8-40　D/A 转换仿真电路

（2）D/A 转换器仿真分析。设置输入信号，如图 8-41 所示。

（3）观测仿真结果。单击仿真按钮，双击函数信号发生器及示波器，注意观察数码管及示波器的变化，如图 8-42 所示。

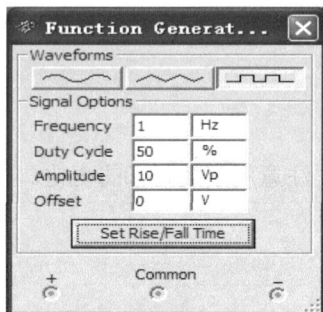

图 8-41　函数信号发生器

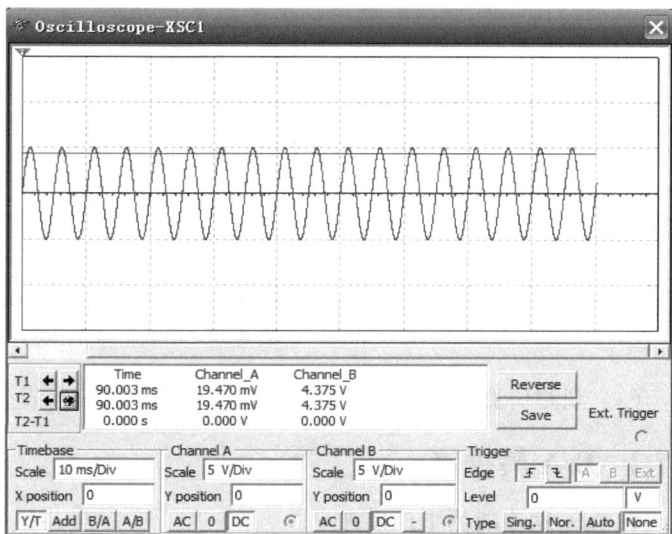

图 8-42　示波器显示结果

本 章 小 结

Multisim 除了能进行模拟电子电路的仿真之外，也能很好地对数字电路进行仿真。但与模拟电路的仿真相比，在编辑电路原理图、设置电路参数及进行仿真时有一些不同的要求。特别需指出的是，该软件除了一般实验室所具有的各种常规测量仪器、仪表如方波发生信号源、示波器和万用表等供实验测量之外，还专门配置了"虚拟 4 通道示波器"，这给数字电路有时要等同时观察和测量多路信号提供了极大方便。除此之外，它还专门为做数字电路实验配置了诸如"字信号发生器"、"逻辑分析仪"、"逻辑转换仪"等多台一般实验室所没有的测量仪器，使在对数字电路进行仿真实验时更为方便。

除了提到的先进虚拟仪器之外，Multisim 的元件库中同样集成了大量的数字电路元件，比如 TTL 系列门电路；CMOS 系列门电路、555 时基电路、AD/DA 转换电路等，品种之全，种类之多，完全能满足要对各种实际应用的数字电路进行仿真实验的需用。

习　　题

1. 在 Multisim 10 环境中用逻辑分析仪直接测试字信号发生器的输出信号，要求逻辑分析仪所测出的波形颜色不同。

2. 若已知逻辑表达式，在 Multisim 仿真平台上要将其直接转换成逻辑电路，应选择哪种仪器？选择好仪器后应单击哪个按钮？

3. 用 Multisim 10 中的逻辑转换仪实现下列逻辑函数的转换。将下列函数表达式转化为对应的逻辑图形式。用与非门实现下面的逻辑函数，并给出与非—与非形式的电路逻辑图。

（1）$Y=A\overline{B}C+\overline{A}+B+\overline{C}$

（2）$Y=A\overline{C}+ABC+AC\overline{D}+CD$

4. 用 Multisim 10 中的逻辑转换仪实现下列逻辑函数的转换，写出图 8-43 与图 8-44 所示的逻辑图对应的最简与或表达式。

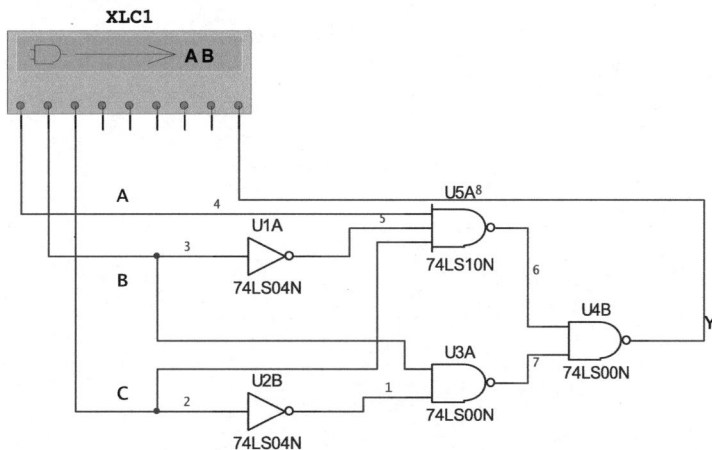

图 8-43

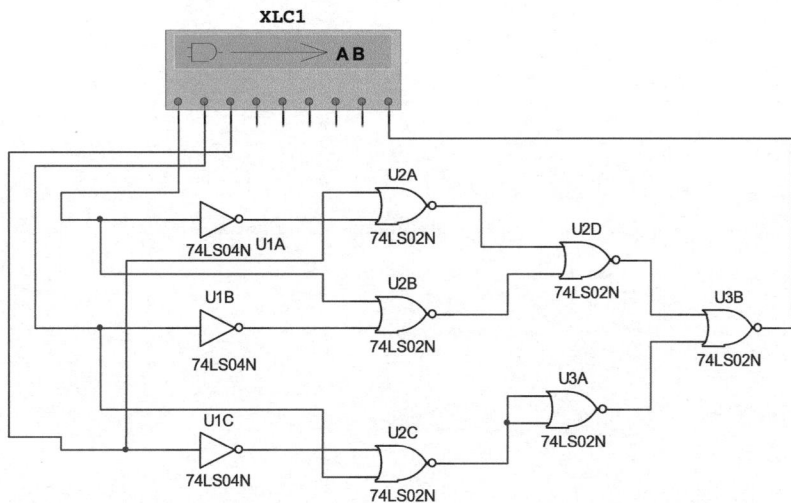

图 8-44

5. 在 Multisim 10 环境中选择一块 7400 芯片构成一个基本的 RS 触发器。

6. 在 Multisim 10 环境中设计一个全加器电路，用发光二极管显示其结果。

（1）用与非门和异或门组成。

（2）用与或非门、与非门和异或门组成。

7. 在 Multisim 环境中，选择两块 74LS138 芯片设计一个 4 线—16 线译码器，用数码管显示译码结果。

8. 试在 Multisim 环境中，仿真设计逐次渐近型 A/D 转换器。

第 9 章

Multisim 10 在高频电子技术中的应用

高频电子线路是电子与通信技术专业的一门重要专业基础课程，广泛用于通信系统和各种设备中。Multisim 10 在高频电路的设计与仿真方面进行了探索，其强大的仿真分析和处理能力，为高频电路的设计和实现提供了可靠的依据，对提高设计效率，保证设计质量起着重要的作用。Multisim 10 仿真环境中有大量的适合高频电路仿真的元器件，如各种高频电感、各种二极管、各种晶体管、各种集成电路等；有各种分析仪器，如信号源、示波器、扫描仪等。本章通过对各种高频电路的仿真分析，使读者明确在 Multisim 环境中如何创建高频电路、如何仿真并观测仿真结果。高频电路分析和设计过程中经常需要对输入输出信号进行波形、频谱的分析，利用 Multisim 10 提供的大量的仿真分析仪器就可以方便地实现上述分析。

本章共 7 节，分别介绍了 LC 并联谐振回路仿真分析、小信号谐振放大器仿真分析、LC 正弦振荡器仿真分析、高频功率放大器仿真分析、相乘器构成普通调幅（AM）电路和抑制载波双边带调幅（DSB）电路仿真分析。由相乘器组成的调幅信号的解调电路仿真分析。由相乘器组成的混频器电路仿真分析及二极管峰值包络检波仿真分析等内容。本节利用 Multisim 10 的仿真分析法和仿真仪器，对高频电子线路中的一些常用电路进行分析和测试。

9.1 LC 并联谐振回路仿真分析

携带有用信息的高频已调波信号特点是频率高，相对频带宽度较窄。要从多个高频信号中选取需要接收的信号，选频和滤频电路不可缺少。LC 谐振回路是常用的选频网络，它有串联回路和并联回路两种类型。并联谐振回路在高频电路中应用广泛。

9.1.1 LC 并联谐振电路的基本原理

LC 并联谐振电路如图 9-1 所示，图中 R_s 为外接信号源内阻，r 为线圈的损耗电阻，R_s 越大，信号源对谐振回路的特性影响越小。

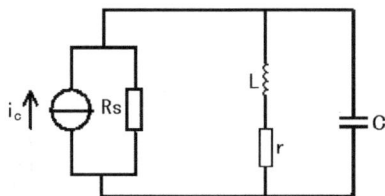

图 9-1   LC 并联谐振电路

谐振回路的调谐：信号源的频率等于谐振回路的谐振频率，使回路输出电压达到最大成为调谐。信号源频率与谐振回路谐振频率不相等称为失谐，回路输出电压将显著小于谐振时的输出电压。

将图 9-1 变换成图 9-2，当回路谐振时，$\omega = \omega_0$，$\omega_0 L - 1/\omega_0 C = 0$。并联谐振回路的阻抗为一纯电阻，数值可达到最大值，$i_s = u_s / R_s, R_P = L/C_r$ 为谐振回路的空载谐振电阻。可知并联谐振回路在谐振点频率 ω_0 时，相当于一个纯电阻电路。

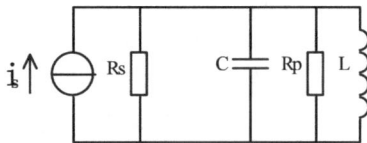

图 9-2   LC 并联谐振回路等效电路

该谐振回路的谐振频率为

$$f_0 = \frac{1}{2\pi\sqrt{LC}}, \quad \omega_0 = \frac{1}{\sqrt{LC}}$$

回路的空载品质因数为

$$Q = \frac{\rho}{r} = \frac{R_P}{\rho}$$

式中：$\rho = \sqrt{\dfrac{L}{C}} = \omega_0 L = \dfrac{1}{\omega_0 C}$ ——谐振回路的特性阻抗。

回路的有载谐振电阻及有载品质因数分别为

$$R_e = R_P // R_s$$

$$Q_e = \frac{R_e}{\rho}$$

所以，回路的通频带为

$$BW_{0.7} = \frac{f_0}{Q_e}$$

其表达式和特性曲线如图 9-3 所示。

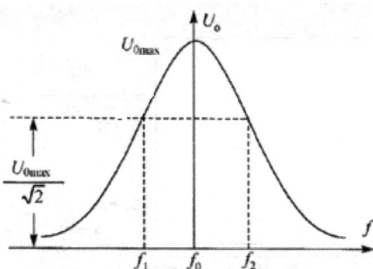

图 9-3　LC 并联谐振电路的特性曲线

9.1.2　LC 并联谐振回路仿真分析

分析步骤如下。

1. 创建电路

在元件库中选择电阻、电感、电容、电源、接地及波特图仪等创建图 9-4 所示仿真电路。设置信号源电压 U_i=2 V，电阻 R=51 kΩ，电感 L=100 μH，电容 C=100 pf。经过计算得到 f_0=1.59 MHz。LC 并联谐振回路如图 9-4 所示。

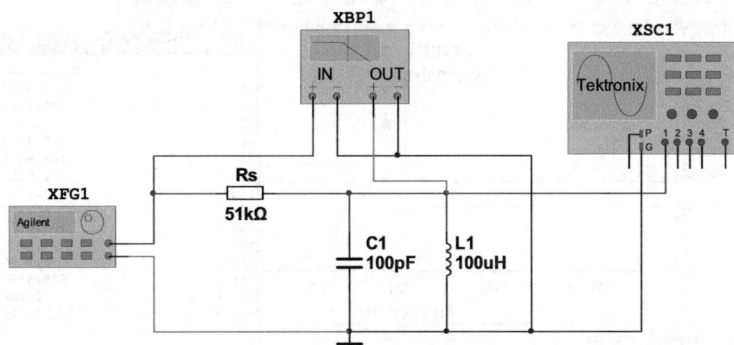

图 9-4　LC 并联谐振回路

2. 幅频特性的测量

保持信号发生器的输出幅度不变，降低和增大信号发生器输出频率的大小，用示波器观察回路的输出幅度，当输出的幅度降为谐振回路时的 0.707 倍时，记录下 $f_{H0.7}$ 和 $f_{L0.7}$，即为回路的上、下限频率，用同样的方法测量出 $f_{H0.1}$ 和 $f_{L0.1}$。

3. 幅频特性曲线的观测

波特图仪连接如图 9-4 所示。双击该图标，便可以得到波特图仪内部参数设置控制面板。进行参数设置，设置完后单击图标中的运行安全按钮便可以观察出 LC 谐振回路的幅频特性曲线，如图 9-5 所示。

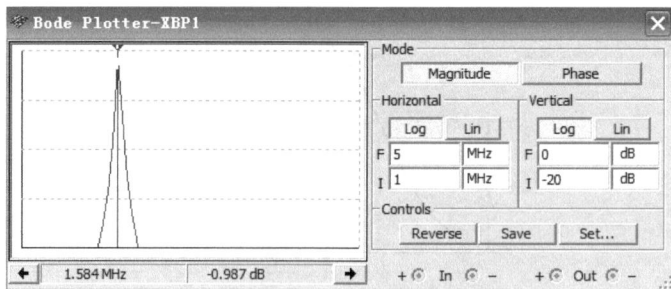

图 9-5　LC 谐振回路的幅频特性曲线

4. 幅频特性曲线和相频特性曲线的观测

谐振回路观察幅频特性曲线和相频特性曲线的分析还可以通过 Multisim 10 中的分析功能来实现。单击 Simulate | Analysis | AC Analysis，初始频率设置为 100 kHz，终止频率设置为 3 MHz，纵坐标和横坐标的扫描类型均设置为线性扫描，采样点数设置为 100。设置完成后单击 Simulate，弹出图 9-6 所示的测量结果。

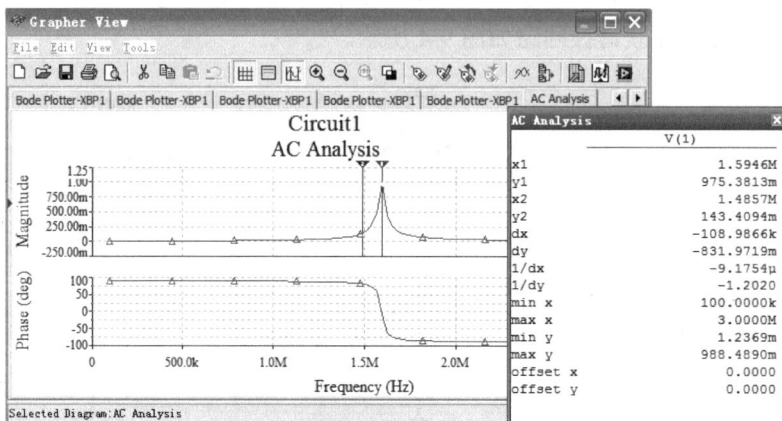

（a）幅频特性和相频特性曲线　　　　（b）测量数据

图 9-6　LC 谐振回路的交流分析

9.2　小信号谐振放大器仿真分析

9.2.1　小信号谐振放大器的工作原理

高频小信号放大器电路是应用于无线电设备的主要电路，它的作用是放大信道中的高频小信号。为使放大信号不失真，放大器必须工作在线性范围内，例如，无线电接收机中的高放级电路，都是典型的高频窄带小信号放大电路。窄带放大电路中，被放大信号的频带宽度小于或远小于它的中心频率。如在调幅接收机的中放电路中，带宽为 9 kHz，中心频率为465 kHz，相对带宽 $\Delta f/f_0$ 为百分之几。因此，高频小信号放大电路的基本类型是选频放大电路，选频放大电路以选频器作为线性放大器的负载，或作为放大器与负载之间的匹配器。它主要由放大器与选频回路两部分构成。用于放大的有源器件可以是半导体三极管，也可以是场效应管、电子管或集成运算放大器。用于调谐的选频器件可以是 LC 谐振回路，也可以是晶体滤波器、陶瓷滤波器、LC 集中滤波器及声表面波滤波器等。

　　小信号谐振放大器通常指发射机和接收机中以 LC 谐振回路为负载的电压放大器，其作用是在众多的微弱信号中选出有用信号加以放大，已达到高频功放或检波电路所需要的幅度。对小型号谐振放大器的基本要求是：增益高、选择性好、稳定性好、噪声低，特别是处在接收机前端的小信号谐振动器，对整机信噪比影响很大。

　　单调谐放大电路一般采用 LC 回路作为选频器的放大电路，它只有一个 LC 回路，调谐在一个频率上，并通过变压器耦合输出，为了改善调谐电路的频率特性，通常采用双调谐放大电路，电路如图 9-7 所示。双调谐放大电路是由两个彼此耦合的单调谐放大回路所组成。

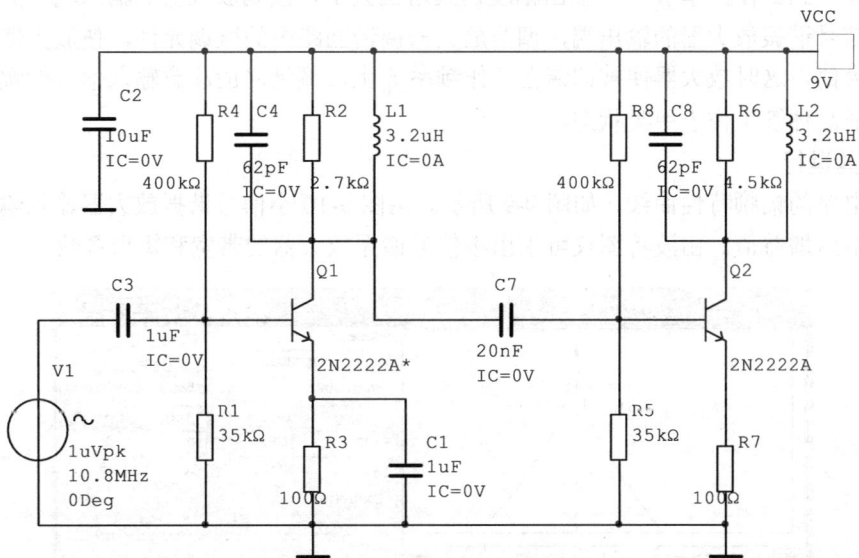

图 9-7　小信号谐振放大器电路

9.2.2　小信号谐振放大器仿真分析

　　分析步骤如下。

1. 创建电路

在元件库中选择电阻、电容、电源、接地、示波器及波特图仪等创建图 9-8 所示仿真电路。

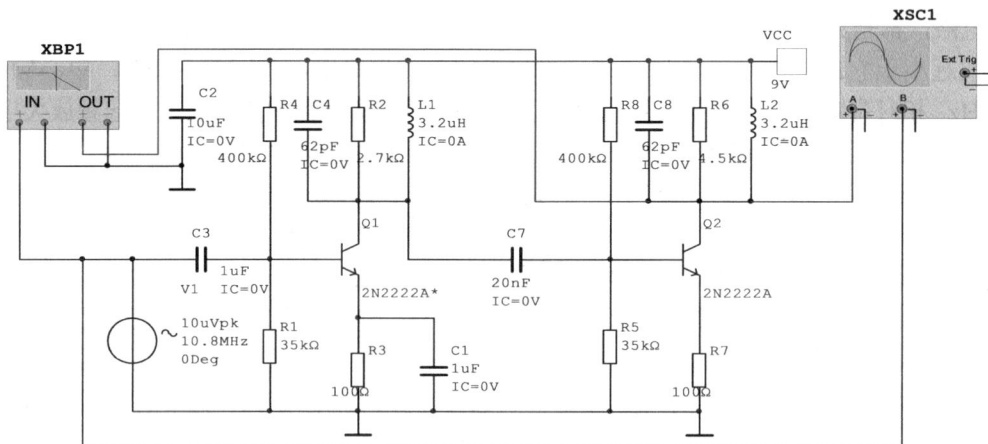

图 9-8　小信号谐振放大器仿真电路

　　为了使小信号谐振放大器处于谐振状态，必须进行调谐。调谐时，首先将高频信号的频率准确地调整到工作频率 f_0 上，输出幅度调到适当大小，接到放大器的输入端，然后将示波器接到小信号谐振放大器的输出端，调节放大器调谐回路中的微调元件，使放大器的输出电压达到最大值，这时放大器便被调谐在工作频率 f_0 上。调谐时应注意输入信号的幅度不能太大，以保证晶体管工作于甲类状态。

2. 仿真运行

　　观察电路的幅频特性曲线，如图 9-9 所示。由图 9-10 小信号谐振放大器输入输出波形图求出谐振电压增益值。由波特图仪可求出小信号谐振放大器的带宽和矩形系数。

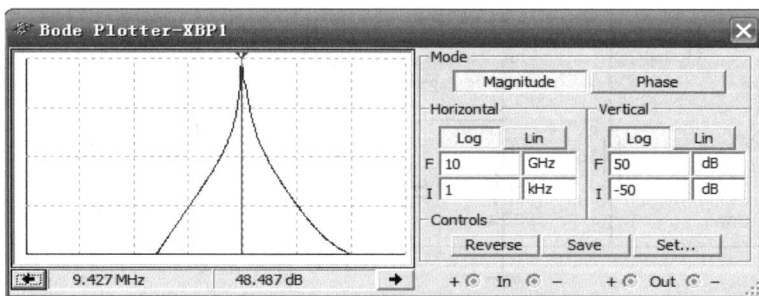

图 9-9　小信号谐振放大器幅频特性图

　　保持放大器输入信号幅度不变，调节高频信号发生器的频率，使其在频率 f_0 的上、下两边附近变化，用电压表或示波器测出相应的输出电压，当输出电压减小到放大器谐振输出电压的 0.707 倍时，此时的频率即为放大器的上、下限频率，它们之间的差就是放大器的通频带 $BW_{0.7}$。保持输入信号幅度不变，调节输入信号频率，当输入电压减小到放大器谐振输出电压的 0.1 倍时的频率，就是放大器 $BW_{0.1}$ 通频带的上、下限频率，它们之间的差值就是通

频带 $BW_{0.1}$。由此可求得矩形系数为

$$K_{0.1} = BW_{0.1} / BW_{0.7}$$

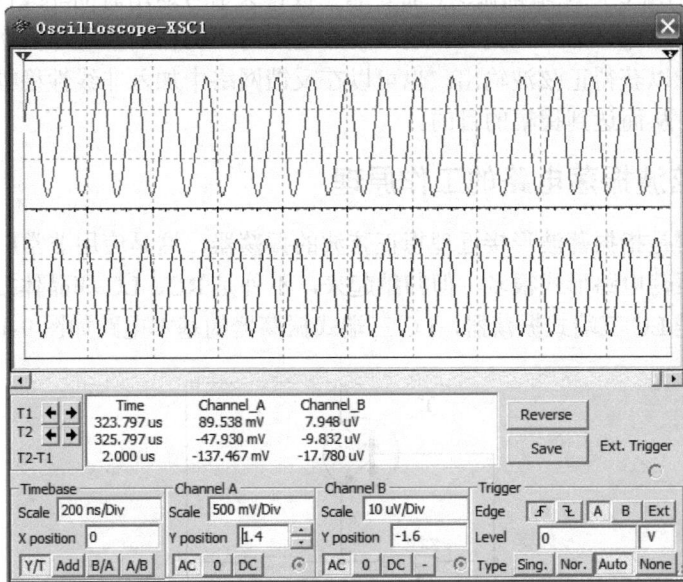

图 9-10　小信号谐振放大器输入输出波形图

3. 观测仿真结果

测试放大器的静态工作点，判断三极管的工作状态；改变电阻 R_4 的大小，通过扫频仪（XBP1）观察频带宽度的变化；改变电容 C_4 的大小，通过示波器（XSC1）观察输出信号幅度的变化。

9.3　LC 正弦波振荡电路的仿真分析

正弦波振荡器用来产生正弦交流信号的电路，它广泛应用于通信、电视、仪器仪表和测量等系统中。在通信方面，正弦波振荡器可以用来产生运载信息的载波和作为接收信号的变频或解调时所需要的本机振荡信号。医用电疗仪中，用高频加热。振荡器的主要技术指标有：频率及其稳定度、幅度及其稳定度、波形失真度等，其中频率稳定度尤为重要。正弦波振荡电路由放大电路、正反馈网络、选频网络、稳幅电路组成。

1. 振荡平衡条件一般表达式

振荡条件为 　　　　　　　　　　$\dot{A}\dot{F} = 1$

振幅平衡条件 　　　　　　　　　$|\dot{A}\dot{F}| = 1$

相位平衡条件 　　　　　　　　　$\varphi_{AF} = \varphi_A + \varphi_F = \pm 2n\pi$

2. 起振条件和稳幅原理

振荡器在刚刚起振时，为了克服电路中的损耗，需要正反馈强一些，即要求$|\dot{A}F|>1$。既然$|\dot{A}F|>1$，起振后就要产生增幅振荡，需要靠三极管大信号运用时的非线性特性去限制幅度的继续增加，这样电路必然产生失真。这就要靠选频网络的作用，选出多次谐波中的基波分量作为输出信号，以获得正弦波输出。也可以在反馈网络中加入非线性稳幅环节，用以调节放大电路的增益，从而达到稳幅的目的。

9.3.1 LC 正弦波振荡电路的工作原理

正弦波振荡器是指振荡波形接近理想正弦波的振荡器，这是应用非常广泛的一类电路，产生正弦信号的振荡电路形式很多，但归纳起来，不外是 RC、LC 和晶体振荡器 3 种形式。这里研究的主要是 LC 三端式振荡器，LC 三端式振荡器的基本电路如图 9-11 所示。

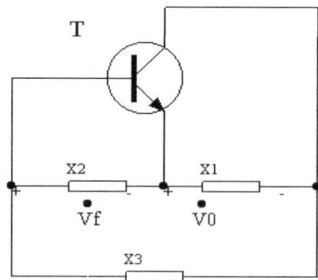

图 9-11　三端式振荡器的交流等效电路

LC 振荡器振荡条件如下。

1. 相位平衡条件

（1）X_1、X_2 应为同性质的电抗元件。即与晶体管发射极相连的两个电抗元件性质相同，要么均为感性元件，要么均为容性元件。

（2）X_3 与 X_1、X_2 的电抗性质相反。即与晶体管基极相连的两个电抗元件性质相反。

可以简称为："射同余异"或"射同基反"。

2. 振幅平衡条件

反馈信号的振幅应该大于或等于输入信号的振幅，即$|\dot{A}F|\geqslant 1$。振荡器接通电源后，由于电路中存在某种扰动，这些微小的扰动信号，通过电路放大及正馈使振荡幅度不断增大。当增大到一定程度时，导致晶体管进入非线性区域，产生自给偏压，引起晶体管的放大倍数减小。最后达到平衡，即$|\dot{A}F|=1$。振荡幅度就不再增大了。振荡器有一个 LC 并联谐振回路，由于其选频作用，所以使振荡器只有在某一频率时才能满足振荡条件，于是得到单一频率的振荡信号，这个振荡器就是正弦波振荡器。

9.3.2　LC 正弦波振荡电路的仿真分析

分析步骤如下。

（1）创建电路。在元件库中选择电阻、电容、电源、接地及示波器等，创建图 9-12 所示电路图。

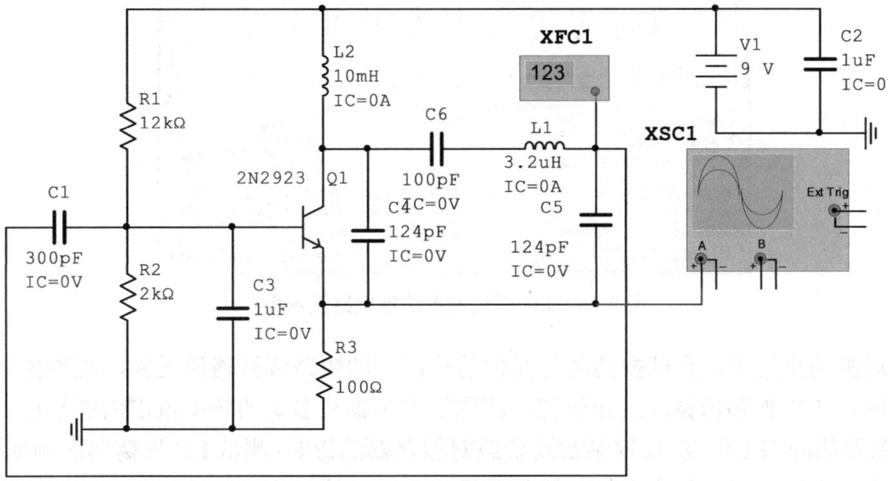

图 9-12　LC 正弦波振荡器电路图

（2）仿真运行。单击仿真按钮，双击示波器，观测示波器显示。图 9-13 所示为 LC 正弦波振荡器的起振过程。图 9-14 所示为 LC 正弦波振荡器电路波形图。

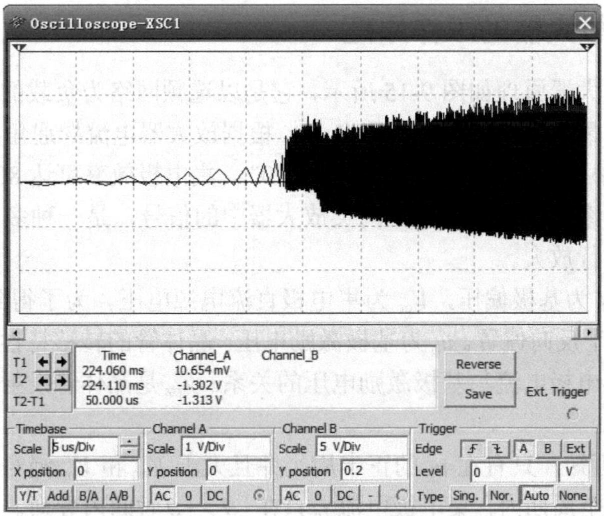

图 9-13　LC 正弦波振荡器起振过程

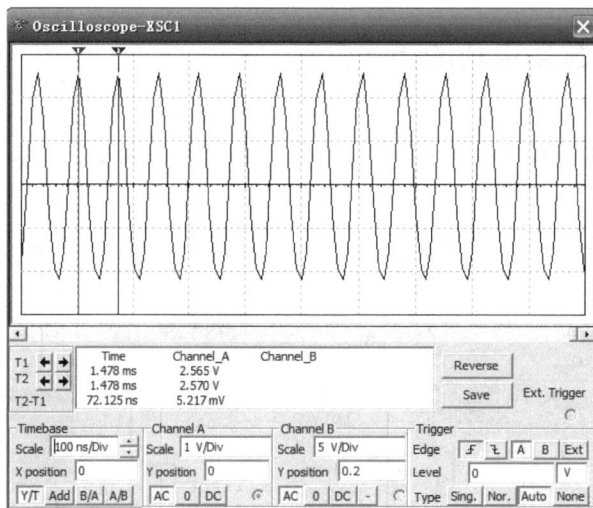

图 9-14　LC 正弦波振荡器电路波形图

（3）观测仿真结果。测试振荡器各元件的作用，即短路或开路该元件，观察振荡器的工作情况；进行 LC 振荡器波段工作研究，即测试振荡器在多宽的频率范围内能平稳工作；研究 LC 振荡器的静态工作点、反馈系数及负载对振荡器的影响；测试 LC 振荡器的频率稳定度，即研究温度、电源电压和负载变化对振荡器频率稳定度的影响。

9.4　高频功率放大器仿真分析

9.4.1　高频功率放大器的工作原理

高频谐振功率放大器原理如图 9-15 所示，它是以选频网络为负载的功率放大器，在无线电发送中最为重要、最为难调的单元电路之一。根据放大器电流导通角的范围可分为甲类、乙类、丙类等类型。丙类功率放大器导通角 $\theta < 90°$，集电极效率可达 80%，一般用作末级放大，以获得较大的功率和较高的效率。丙类放大器中的信号，是一种多次谐波信号；靠选频网络选出正弦信号进行放大。

图 9-15 所示 V_{bb} 为基极偏压，V_{cc} 为集电极直流电源电压。为了得到丙类工作状态，V_{bb} 应为负值，即基极处于反向偏置。u_b 为基极激励电压。晶体管的转移特性曲线如图 9-16 所示，以便用折线法分析集电极电流与基极激励电压的关系。V_{bz} 是晶体管发射结的起始电压（或称转折电压）。

由图 9-16 所示可知，只有在 u_b 的正半周，并且大于 V_{bb} 和 V_{bz} 绝对值之和时，才有集电极电流流通。即在一个周期内，集电极电流 i_c 只在 $-\theta \sim +\theta$ 时间内导通。集电极电流是尖顶余弦脉冲，对其进行傅立叶级数分解可得到它的直流、基波和其他各次谐波分量的值，即

$$i_c = I_{co} + I_{C1M}\cos\omega t + I_{C2M}\cos2\omega t + \cdots + I_{CnM}\cos n\omega t + \cdots$$

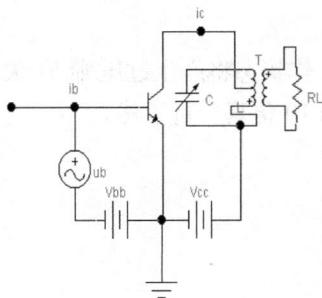

图 9-15　高频功放原理图

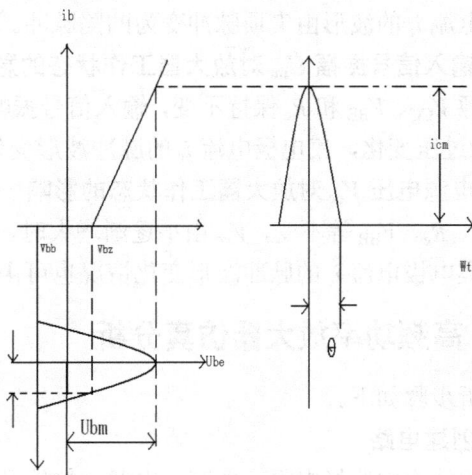

图 9-16　i_c 与 u_b 的关系

当 $\omega t = \theta$ 时，$i_c = 0$，可得

$$\cos\theta = \frac{V_{bz} - V_{bb}}{U_{bm}}$$

分析可得下列基本关系式

$$u_c = -\mathrm{Re}\,I_{C1m}\cos(\omega t)$$
$$u_{cE} = V_{cc} - \mathrm{Re}\,I_{C1m}\cos(\omega t)$$

9.4.2　高频功率放大器的调谐与调整

为了提高效率，高频功率放大器常工作在丙类。高频功率放大器中的调谐是指把负载回路调谐到谐振状态，调整是在谐振状态下把谐振回路的等效谐振电阻调整到使功放工作在最佳状态即临界状态所对应的值，以获得高效率最大功率的输出。

1. 调谐及调谐特性

高频功率放大器负载回路是否谐振，对高频功率放大器工作状态有着极大的影响，回路谐振时回路阻抗最大且呈纯电阻性，失谐时阻抗减小并呈容性或感性。由于丙类谐振功放的工作状态随负载电阻变化而变化，当回路失谐，回路等效阻抗很小时，会使放大器处于欠压状态，三极管集电极功耗显著增加，当超过三极管的 P_{CM} 时，三极管将会损坏。所以调谐时必须加以注意，不能使回路严重失谐。调谐时用示波器观察 i_c 的波形，当其为对称凹陷脉冲时，即为调谐。也可通过测量 I_{CO}、I_{BO} 来确定调谐程度。

2. 调整及负载特性

当谐振回路谐振电阻 R_e 逐渐增加时，放大器的工作状态由欠压通过临界进入过压，相应集电极电流 i_c 的波形由尖顶脉冲变为凹陷脉冲。

3. 输入信号振幅 U_{im} 对放大器工作状态的影响

电源 V_{CC}、V_{BB} 和 R_e 保持不变，输入信号振幅 U_{im} 由小变大时，谐振功放工作状态产生欠压/临界/过压变化，集电极电流 i_c 的脉冲波形变化情况可由 Multisim 10 仿真一目了然。

4. 电源电压 V_{cc} 对放大器工作状态的影响

U_{im}、R_e、V_{BB} 等不变，V_{cc} 由小逐渐增大时，放大器工作状态将产生过压/临界/欠压变化，相应的集电极电流 i_c 的脉冲波形变化情况也可由 Multisim 10 仿真一目了然。

9.4.3　高频功率放大器仿真分析

分析步骤如下。

1. 创建电路

在元件库中选择电阻、电容、电源、接地及示波器等，创建图 9-17 所示电路图。

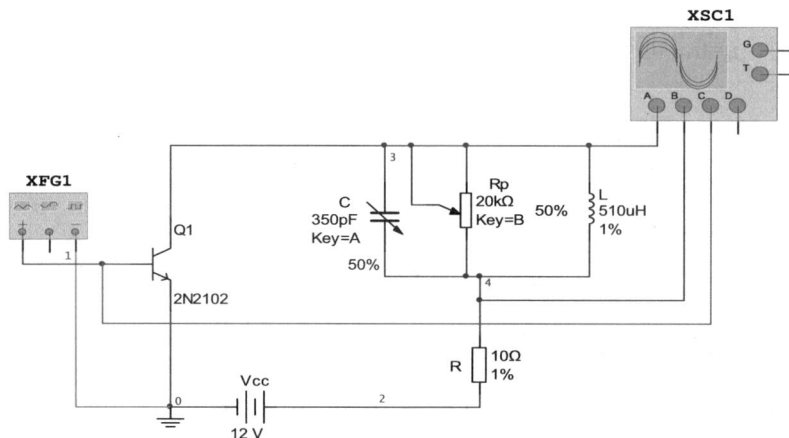

图 9-17　高频谐振功率放大器仿真电路图

2. 临界状态下功率与效率的测量

（1）调节信号发生器，使输入信号 f_i= 456 kHz、U_{im}=396 mV，用示波器观察集电极的电压波形、R 上的电压波形，输入端电压波形。调节负载回路中的可变电容 C，得到图 9-18 所示的波形。其中 A 通道为集电极的电压波形，B 通道为 R 上电压的波形，C 通道为输入端的电压波形。由图可见，功放工作在过压状态，微调电容 C 使集电极电路在 R 上产生的电压波形为接近对称的凹陷脉冲，即功放工作在谐振状态。

（2）维持输入信号的频率不变，即 f_i=456 kHz，逐步减小输入信号的幅度约为 385 mA，使功放逐渐退出过压状态，使 R_1 上的电压波形即 B 通道的波形为最大的尖顶余弦脉冲，如

图 9-19 所示，这时说明功放工作在临界状态。

（3）用示波器测量出 u_{c1} 的幅度大小，R_1 上的余弦电压脉冲的高度和导通角。

（4）重新调整 R_p，使功放工作在欠压状态，再用示波器观察集电极的电压波形、R 上的电压波形，输入端电压波形。

（5）通过观测仿真结果，了解高频功率放大器丙类工作状态的现象，并分析其特点；了解丙类功放的调谐特性、丙类功放的负载特性。信号源和电源电压对丙类功放的影响。

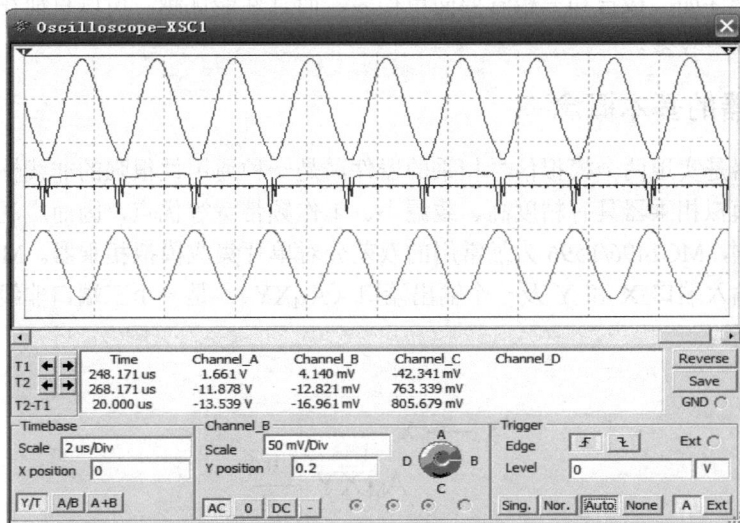

图 9-18　谐振功放过压状态工作波形图

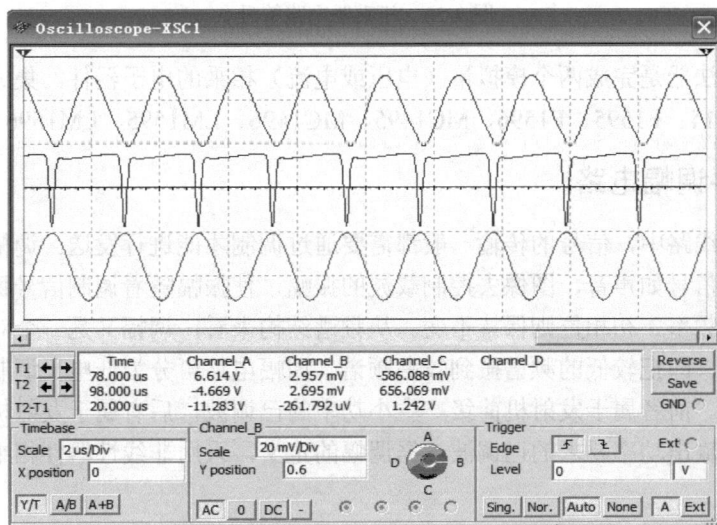

图 9-19　谐振功放临界状态工作波形图

9.5　相乘器电路仿真分析

相乘器能实现两个互不相关的模拟信号间的相乘功能，是一种普遍应用的非线性模拟集成电路。在高频电子线路中，振幅调制、同步、检波、混频、倍频、鉴频、鉴相等调制与解调的过程，均可视为两个信号相乘或包含相乘的过程。采用集成模拟乘法器实现上述功能比采用分立器件如二极管和三极管要简单得多，而且性能优越。所以目前在无线通信、广播电视等方面应用较多。

9.5.1　相乘器的基本概念

模拟相乘器是实现两个模拟信号相乘的器件，是一种通用性很强的非线性器件。因可变跨导双差分对模拟相乘器具有精度高、载漏小、工作频带宽等优点，因而广泛应用于振幅调制、解调和混频，MC1496/1596 为最常用的双差分对单片集成模拟相乘器。MC1496/1596 相乘器具有两个输入端口 X 和 Y 及一个输出端口（$A_M XY$），是一个三端口非线性网络，其符号如图 9-20 所示。

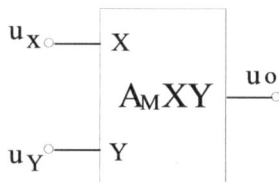

图 9-20　相乘器电路符号

集成模拟乘法器是完成两个模拟量（电压或电流）相乘的电子器件。集成模拟乘法器的常见产品有 BG314、F1595、F1596、MC1495、MC1496、LM1595、LM1596 等。

9.5.2　低电平调幅电路

在高频电子线路中，信号的传输一般都需要通过调制才能进行发送。调幅是调制的一种方式，它是调制信号如声音、图像去控制载波的振幅，使振幅随着调制信号瞬时值而线性的变化，而载波的频率、初相位则保持不变。从频谱结构来看，调幅又是一个对调制信号进行频谱搬移的过程，即把较低的频谱搬到较高频谱。调幅电路可分为低电平调制电路和高电平调制电路两大类。前者属于发射机前级产生小功率的已调波，后者属于发射机的最后一级，直接产生发射机输出功率要求的已调波。据调幅的定义，采用非线性器件相乘器来实现信号的调幅。

分析步骤如下。

1. 创建低电平调幅电路

在元件库中选择相乘器、电阻、接地及示波器等。其中相乘器的调用如图 9-21 所示。相乘器组成的普通调幅电路如图 9-22 所示。

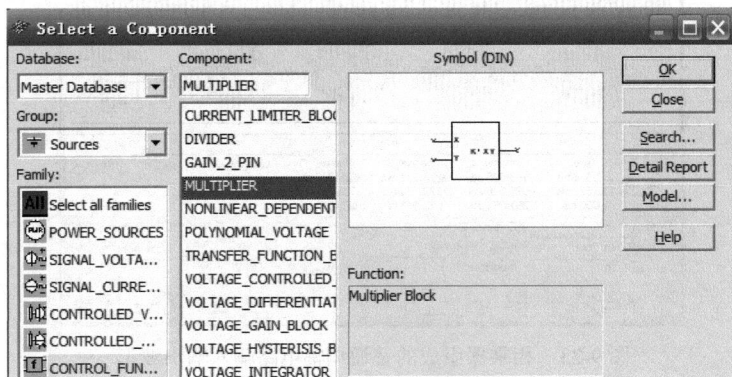

图 9-21　相乘器调用对话框

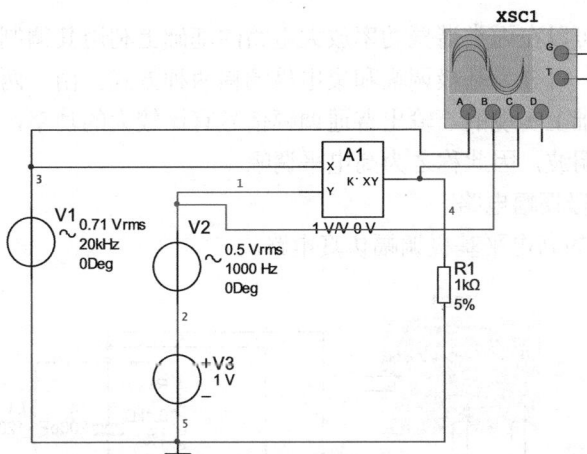

图 9-22　相乘器组成的普通调幅电路

2. 调幅波形的观察

由四通道示波器可分别观察调制信号波形、载波波形、普通调幅波的波形。如图 9-23 所示。

3. 仿真分析

低电平调幅电路要求它要有良好的调制线性度，即要求调幅电路的输出已调信号应不失真地反映输入低频调制信号的变化规律。试分别逐渐调节 V_2 和 V_3，观察输出调幅波性变化，研究调幅系数 m_a 与控制电压 V_2 的关系。

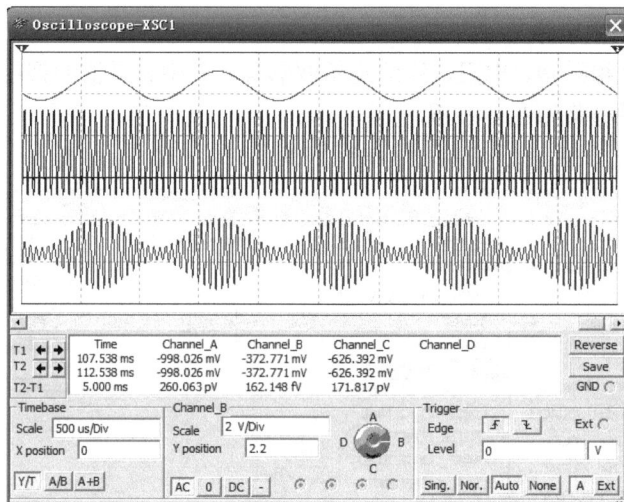

图 9-23　相乘器组成的普通调幅电路输入输出波形

9.5.3　高电平调幅电路

高电平振幅调制可以在丙类谐振功率放大电路的基础上利用其调制特性实现，根据调制信号所加的电极不同，可分为基极调幅和集电极调幅两种方式。由于两种调幅方式都是在高频功率放大电路的基础上实现的，输出普通调幅信号有比较大的功率，一般可以直接产生满足发射功率要求的已调波，因此称之为高电平调幅。

1. 创建高电平基极调幅电路

创建图 9-24 所示的高电平基极调幅仿真电路。

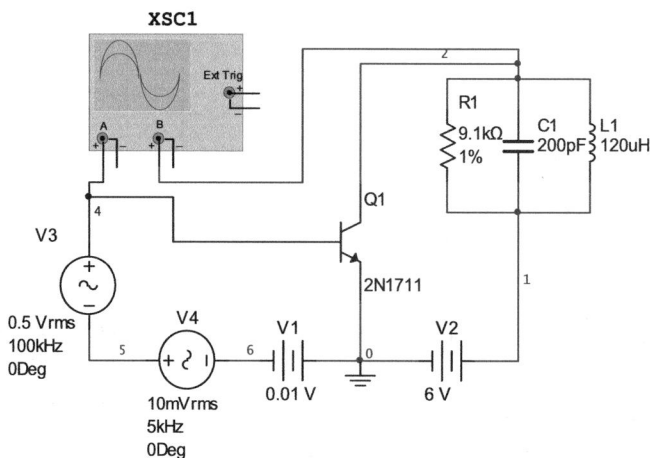

图 9-24　基极调幅仿真电路

2. 调幅波形的观测

在调制信号变化的范围内，要求三极管始终工作在欠压状态，负载谐振回路设置在载波频率 f_c 上，运行仿真，得到图 9-25 所示的高电平调幅波形。

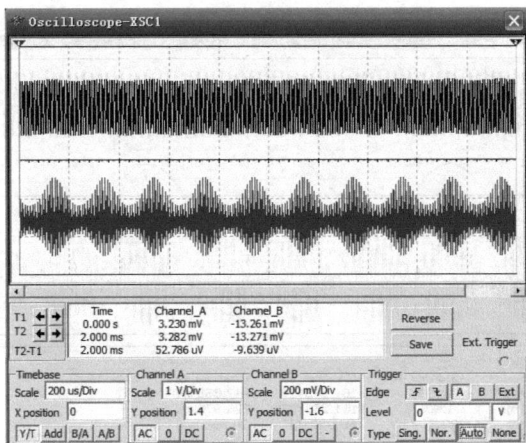

图 9-25　高电平调幅波形

3. 仿真分析

通过示波器的光标测量出高电平调幅波形的最大电压峰—峰值和最小峰—峰值，根据 $m_a = \dfrac{U_{\text{ppmax}} - U_{\text{ppmin}}}{U_{\text{ppmax}} + U_{\text{ppmin}}}$，求 m_a 的值。逐渐增大调制信号 V_4 的幅度，观测调幅波形的变化。

9.5.4　抑制载波的双边带调幅电路

1. 创建电路

利用相乘器可以构成 DSB 信号产生电路，如图 9-26 所示。电路中相乘器 A 的输出为一个 DSB 信号。

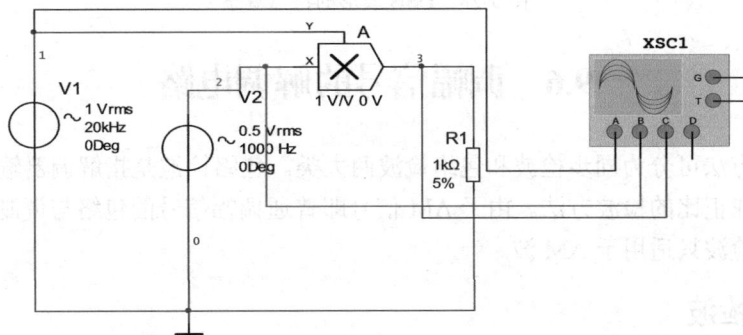

图 9-26　DSB 信号产生电路

2. DSB 信号观测

电路连接好后，运行电路仿真，双击四通道示波器图标，得到图 9-27 所示的波形。其中 A 通道为载波波形，B 通道为调制信号波形，C 通道为 DSB 波形。

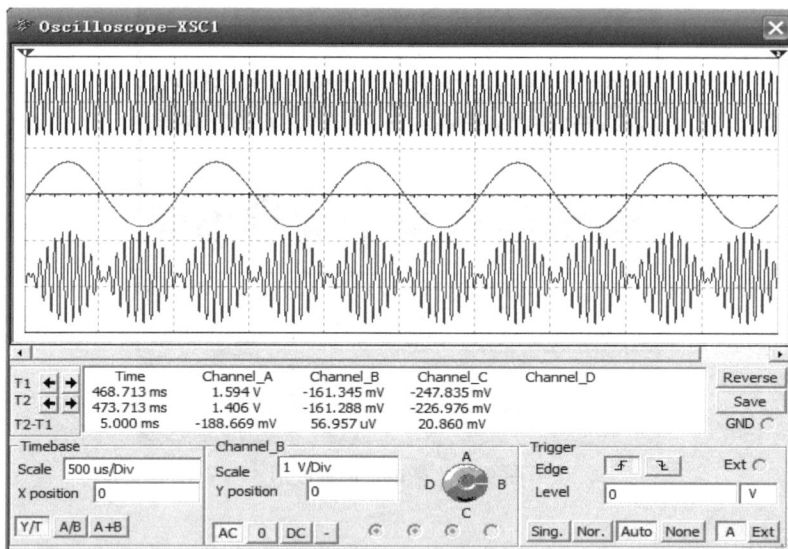

图 9-27　DSB 信号波形

3. 调节示波器

得到图 9-28 所示的波形，观察比较调制信号波形和 DSB 波形，分析 DSB 波形的特点。改变调制信号的幅度，观察 DSB 波形的变化。

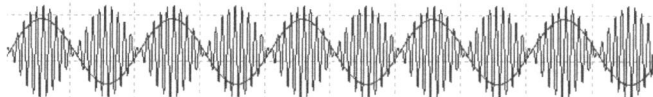

图 9-28　DSB 波形的特点观察

9.6　调幅信号的解调电路

振幅解调方法可分为同步检波和包络检波两大类。包络检波是指解调器输出电压与输入已调波的包络成正比的检波方法。由于 AM 信号即普通调幅信号的包络与调制信号呈线性关系，因此包络检波只适用于 AM 波。

9.6.1　同步检波

同步检波又可以分为乘积型和叠加型两类。它们都需要用恢复的载波信号 u_r 进行解调。

创建调幅信号的解调电路——同步检波电路。利用模拟相乘器可以构成同步检波电路，如图 9-29 所示。电路中模拟相乘器 A_1 的输出为一个 DSB 信号，该信号作为模拟相乘器 A_2 的一个输入，并与 A_2 的载频与 A_1 的载频同频同相，两者相乘，经过低通滤波器输出解调波形。

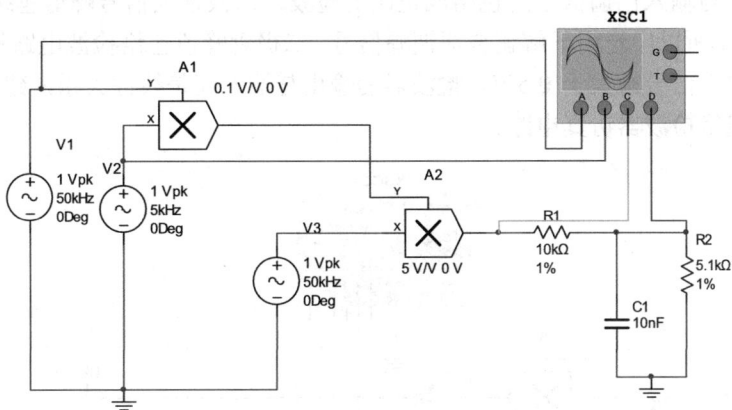

图 9-29　同步检波电路

电路连接好后，运行电路仿真，双击四通道示波器图标，得到图 9-30 所示的波形。其中 A 通道为 A_1 的载频，B 通道为调制信号波形，C 通道为 DSB 波形，D 通道为解调输出波形。

比较调制信号波形、DSB 波形、解调输出波形三者的关系，改变调制信号的幅度，观察 DSB 及解调波形之间的关系。

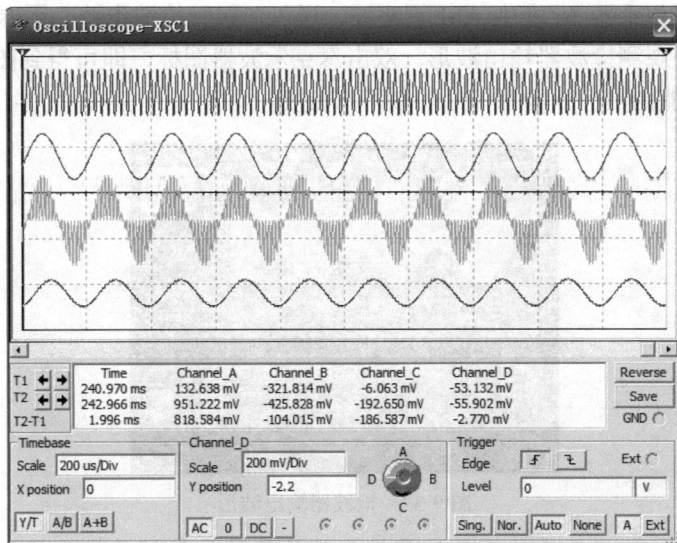

图 9-30　同步检波电路各个端点波形

9.6.2　二极管峰值包络检波器

　　二极管峰值包络检波器是由输入回路、二极管 D 和 R_C 低通滤波器组成。包络检波是指解调器输出电压与输入已调信号的包络成正比的检波，二极管大信号峰值包络检波由于电路简单，性能优越，所以广泛用于解调普通调幅信号，二极管峰值包络检波电路只用于普通 AM 信号的检波，输入信号须大于 0.5 V，检波器的输出与输入间是线性关系，建立图 9-31 所示的二极管峰值包络检波器仿真电路。

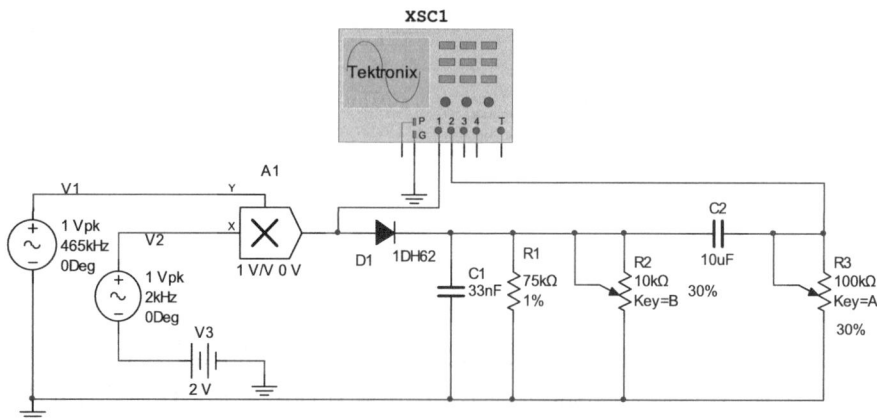

图 9-31　二极管峰值包络检波器仿真电路

　　电路中用模拟相乘器 A_1 产生 AM 调幅波，送入二极管检波电路。用泰克示波器 CH_1 观察 AM 波形，CH_2 观测检波器输出波形。双击泰克示波器图标，即可得到图 9-32 所示波形，可用 CORSOR 功能测出检波输出信号的频率与幅度。

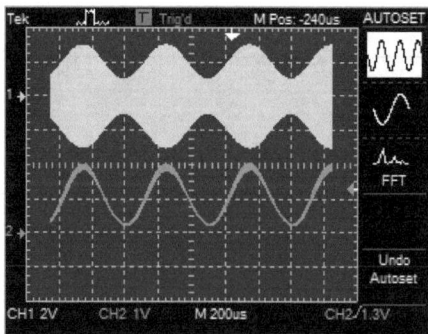

图 9-32　检波器输出波形

　　进行惰性失真波形、负峰切割失真波形观察。增大 B_2，观察示波器检波输出波形的变化，可见出现了惰性失真，如图 9-33 所示。减小 R_2 使百分比为 25%，使检波器输出波形恢复正弦波，减小 R_3，观察示波器检波输出波形的变化，可见出现了负峰切割失真，如图 9-34 所示。增大 R_3，使检波器输出波形恢复正弦波。

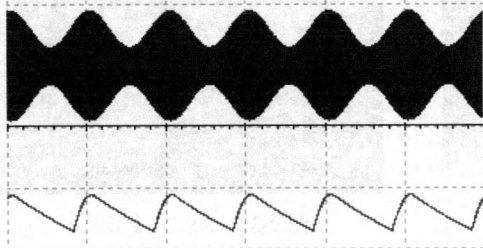

图 9-33　惰性失真波形　　　　　　　　　　图 9-34　负峰切割失真波形

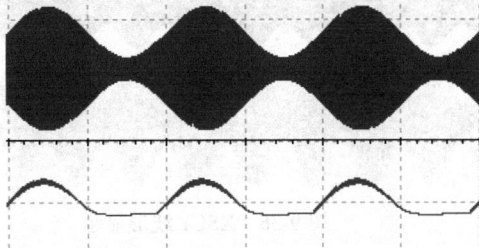

9.7　混 频 电 路

混频是将载波为高频的已调信号不失真地变换载波为中间的已调信号，必须保持调制类型、调制参数不变，即原调制规律不变；频谱结构不变，各频率分量的相位大小、相互间隔不变。混频器是频谱线性搬移电路，是使信号的频率从一处线性搬移至另一处的电路。它有两个输入电压，输入信号 u_s（仿真电路中为 V_1）和本地振荡信号 u_L（仿真电路中为 V_2），其工作频率分别为 f_c 和 f_L，输出信号为 u_1，称为中频信号，其频率是 f_c 和 f_L 的差频或和频，称为中频 f_1。

利用相乘器可以构成混频电路，如图 9-35 所示。比较图 9-36 所示 XSC1 波形显示和图 9-37 XSC2 所示波形显示，可以看到混频波波形的载波频率已经降低。

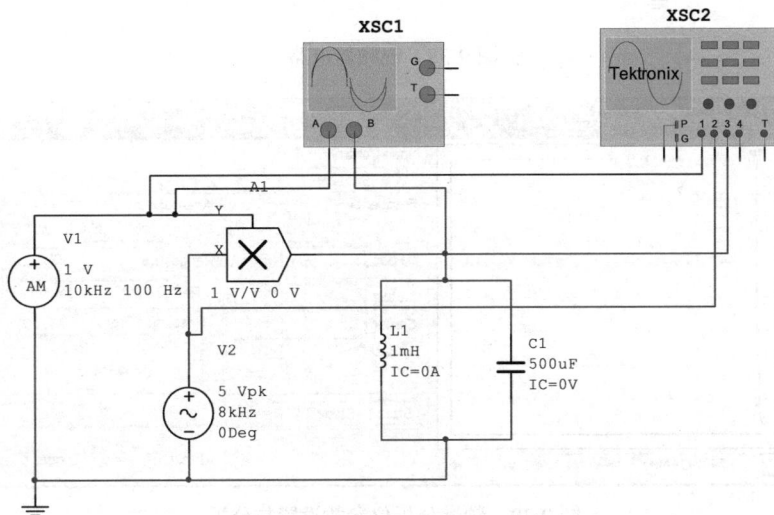

图 9-35　利用相乘器可以构成混频电路

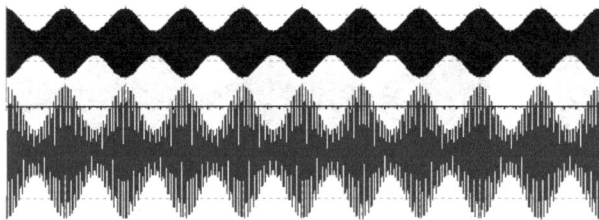

图 9-36　XSC1 波形显示

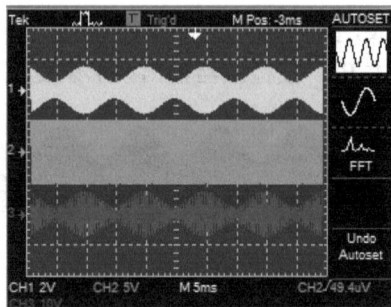

图 9-37　XSC2 波形显示

混频器频谱分析。用乘法器组成的混频电路如图 9-38 所示，设射频输入频率 f_R 为 2.45 GHz，本机振荡器频率 f_L 为 2.21 GHz，混频后输出中频 f_I 为 240 MHz。调用频谱分析仪，进行参数设置，其设置如图 9-39 所示。启动仿真，频谱图显示在频谱分析仪面板左侧的窗口中，移动游标可以读取所显示的频谱参数，每点的数据显示在面板左侧下部的数字显示区域中。

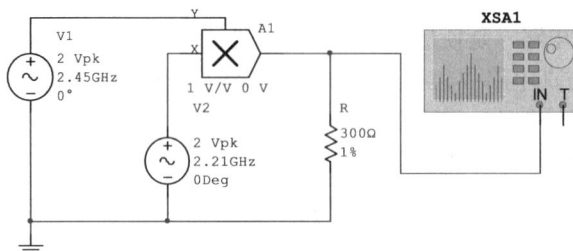

图 9-38　混频器电路

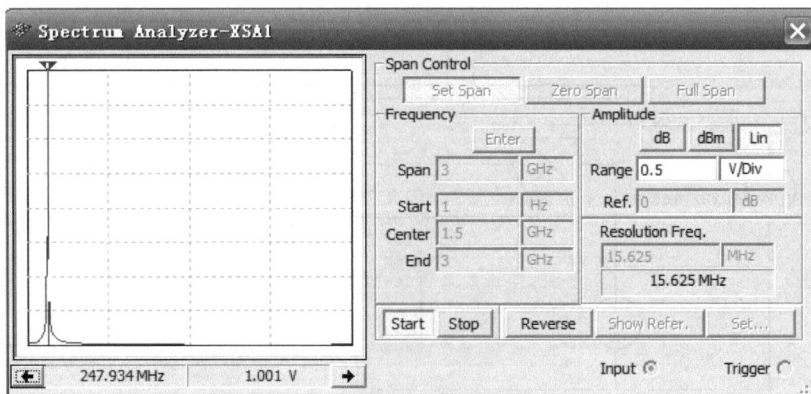

图 9-39　频谱分析仪参数设置与分析

本 章 小 结

本章介绍了 Multisim 10 在高频电子技术中的应用，模拟相乘器能实现两个互不相关的模拟信号间的相乘功能，是一种普遍应用的非线性模拟集成电路。由相乘器组成普通调幅（AM）电路和抑制载波双边带调幅（DSB）电路。由相乘器组成的调幅信号的解调电路——同步检波电路，利用相乘器来实现这种频谱搬移作用。由相乘器组成的混频器电路，将输入已调波的载频变为中频。模拟相乘器应用电路的仿真设计与分析方法是本章的重点。

习　题

1. 在 Multisim 10 环境中，设计一个单级单调谐放大电路，要求谐振频率为 10.904 MHz，用波特图仪测出调谐放大电路的频率。

2. 在 Multisim 10 环境中，设计一个单级双调谐放大电路，用波特图仪观察双调谐回路放大器的通频带。

3. 在 Multisim 10 环境中。建立一个图 9-40 所示的电容反馈三点式振荡器电路。

（1）测起振时 R_1 的值。

（2）测出振荡频率。

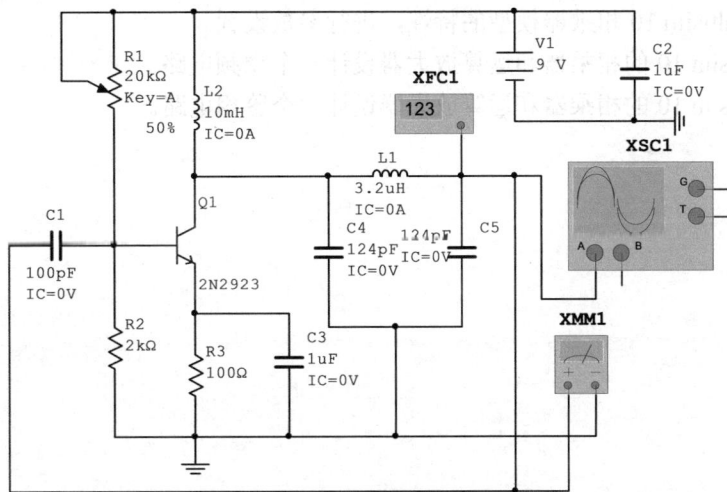

图 9-40　习题 3 图

4. 在 Multisim 10 环境中，建立一个图 9-41 所示的高频功率放大器，观察高频功率放大器的电压波形，分析高频功率放大器工作在什么状态？

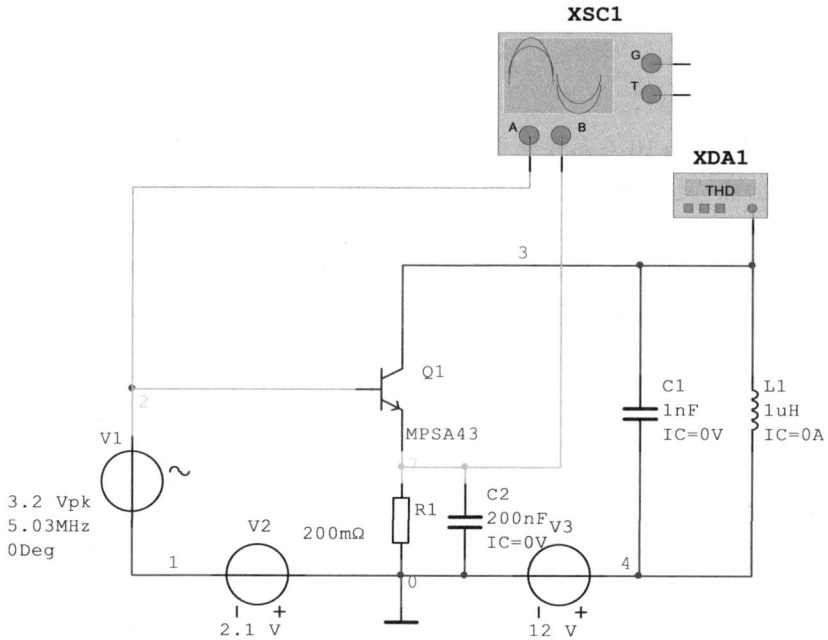

图 9-41 习题 4 图

5. 简述相乘器的基本概念与特性。

6. 分析 Multisim 10 相乘器模型的特性，进行参数设置。

7. 用 Multisim 10 的相乘器和运算放大器设计一个调频电路。

8. 用 Multisim 10 的相乘器和运算放大器设计一个鉴相电路。

第 10 章

基于 Multisim 10 的应用实例设计

本章介绍 Multisim 10 应用实例设计的一般方法、设计步骤。以病房呼叫系统的设计、平交道口交通控制器的设计、阶梯波发生器的设计、数字时钟的设计、单片机应用为例。通过分析这些应用实例的设计要求，按照综合系统设计的一般方法和步骤，先进行系统的方案设计，再进行原理电路的设计，包括总体电路设计和单元电路设计，如需要，给出总体电路结构图和单元电路图。最后用 Multisim 10 对所涉及的电路进行仿真分析。

10.1　病房呼叫系统的设计

10.1.1　病房呼叫系统的设计要求

临床求助呼叫系统是传送临床病人信息的重要手段，病房呼叫系统是病人请求值班医生或护士进行诊断或护理的紧急呼叫工具，可将病人的请求快速传送给值班医生或护士，并在值班室的监控中心计算机上留下准确完整的记录。

本设计的目的是在病人紧急需要时能很快得到救治。系统的优点是在单纯的病人呼叫功能基础之上，又设立了呼叫优先等级，这样可以避免在有多个病人同时呼叫时，医护人员不知道应该先救治哪个。当有多个呼叫信号时，呼叫系统会自动先显示最高级别的呼叫，使病情严重的病人得到优先救治。同时系统自动锁存其他呼叫信号，在高级别呼叫清零后自动对其他信号进行显示呼叫，这样让所有病人都能够获得及时救治。这种由医院根据病人病情设立的具有呼叫等级的系统可有效控制因病人突发病情而医护人员却未能及时救治而导致病人病情严重甚至死亡的严重后果，同时这种病情严重者优先的呼叫系统也体现了人性的美德和医院救人的原则。系统原理如图 10-1 所示。

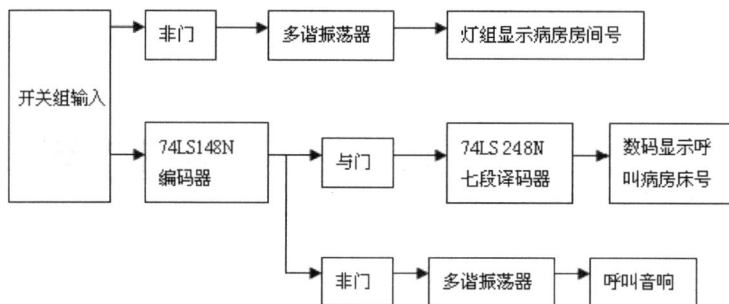

图 10-1　病房呼叫系统原理框图

10.1.2　病房呼叫系统电路设计

假设某医院有 7 个病房，每间病房门口设有呼叫显示灯，室内设有紧急呼叫开关，同时在医护值班室设有一个数码显示管，可对应显示病室的呼叫号码。当病人按下紧急呼叫开关时，护士值班室的数码显示管可对应显示病室的呼叫号码，并且蜂鸣器发出警报声音提醒医务工作人员。

当 1 号病房的按钮按下时，无论其他病室的按钮是否按下，医护值班室的数码显示"1"，即"1"号病室的优先级别最高，其他病室的级别依次递减，7 号病室最低。当 7 个病房中有若干个请求呼叫开关闭合时，医护值班室的数码管所显示的号码即为当前相对优先级别最高的病室呼叫的号码，同时在有呼叫的病房门口的指示灯闪烁。待医护人员按优先级处理完后，将该病房的呼叫开关关闭，再去处理下一个相对最高优先级的病房事务。全部处理完毕后，即没有病室呼叫，此时值班室的数码管显示"0"。

例如，闭合开关 1，数码管显示"1"，并且蜂鸣器 BUZZER 令计算机上的扬声器发声。闭合开关 1、4 由于病房的优先级从高到低依次为 1、2、3、4、5、6、7，所以数码管显示 1。图 10-2 所示 $J_1 \sim J_7$ 为病房呼叫开关，在其下方的"Key=A，…，Key=G"分别表示按下键盘上 A～G 数字键即可控制相应开关的通道。$X_1 \sim X_7$ 为模拟病房门口的呼叫指示灯，当呼叫开关 $J_1 \sim J_7$ 任何开关被按下时，相应开关上的指示灯即闪烁发光，同时护士值班室的数码管即显示相对最高优先级别的病房号，而且蜂鸣器会令计算机上的扬声器发声。为了在没有病室呼叫时使值班室的数码管熄灭，如设置双刀双掷开关，使数码管接地线与实际接地信号线同开同关。

系统中使用优先编码器 74LS148N。74LS148N 有 8 个数据输入端（0～7），3 个数据输出端（A_0、A_1），1 个使能输入端（EI：低电平有效），两个输出端（GS、EO）。数据输出端 A～C 根据输入端的选通变化，分别输出二进制码 000～111，经逻辑组合电路与 74LS47D 的数据输入端（A～C）相连，最终实现设计要求的电路功能。电路中异或门 74LS86D 的输出端与 74LS47D 的数据输入端的数据端（A、B、C）连接，电路如图 10-2 所示。

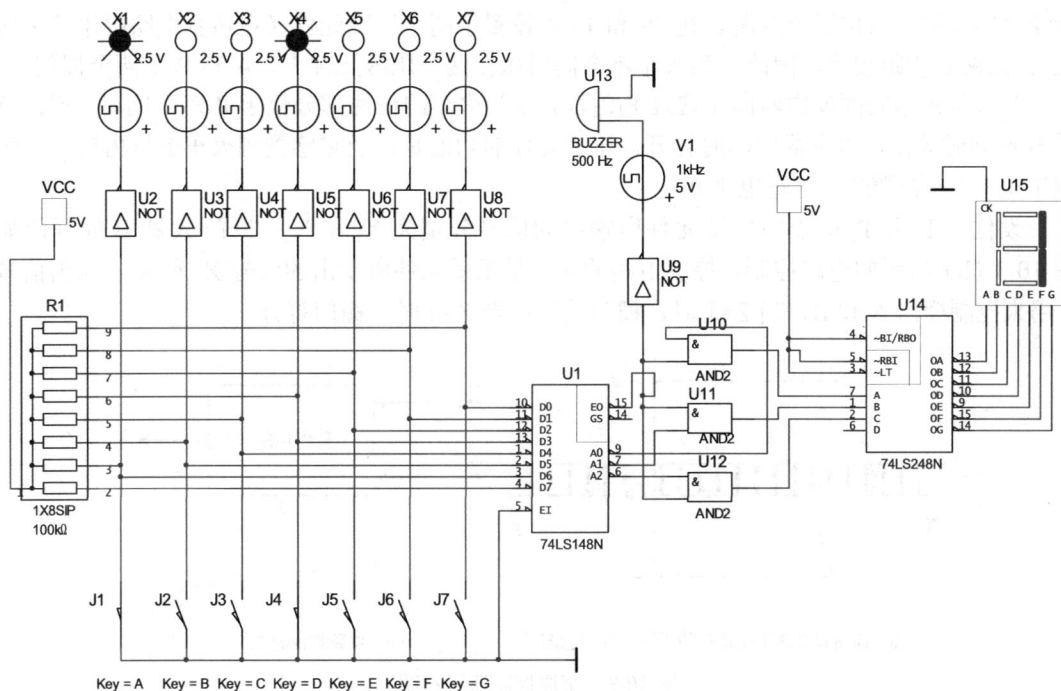

图 10-2　病房呼叫系统电路

10.1.3　病房呼叫系统仿真设计

（1）创建仿真电路。选择元器件 74LS148N、74LS47D、数码管、开关、电阻、电源及地等，组成仿真电路，参见图 10-2。

（2）仿真运行。在 Multisim 10 的主界面下，启动仿真开关进行电路的仿真。图 10-2 所示 $J_1 \sim J_7$ 为病房呼叫开关，在其下方的 Key = A～Key = G 分别表示按下键盘上 A～G 数字键即可控制相应开关的通道。

$X_1 \sim X_7$ 为模拟病房门口的呼叫指示灯，当呼叫开关 $J_1 \sim J_7$ 任何开关被按下时，相应开关上的指示灯即闪烁发光，同时护士值班室的数码管即显示相对最高优先级别的病房号，而且蜂鸣器 BUZZER 会令计算机上的扬声器发声。

10.2　平交道口交通控制器的设计

10.2.1　交通控制器的设计原则

设计一个铁路和公路交叉路口的交通控制器。该控制器是由多种逻辑集成器件构成的典型时序控制电路。它实现了铁路和公路平交道口交通信号的控制。图 10-3（a）所示是该铁路和交叉路口的平面位置示意图。在 P_1 和 P_2 点设置了两个压敏元件（在仿真电路中用开关替代）。这两点相距较远，因此一列火车不会同时压在两个压敏元件上，A 和 B 是两个栅门。

当火车由东向西或由西向东通过 P_1P_2 段，且当火车的任何部分位于 P_1P_2 之间时，栅门 A 和 B 应同时关闭，否则栅门同时打开。压敏元件的功能是，当它感受到火车的压力时，产生逻辑电平 1，否则产生逻辑电平 0。

设位于 P_1 和 P_2 两点的压敏元件所输出的信号分别为 X_1 和 X_2。栅门 A 和 B 的开闭如图 10-3（b）所示的电路控制。控制电路的输入是压敏元件所发出的信号 X_1 和 X_2，输出信号 Z 用来控制栅门 A 和 B，当 Z=1 时，栅门关闭；当 Z=0 时，栅门打开。

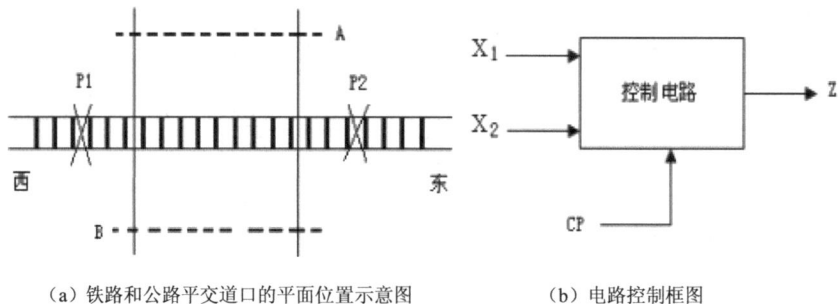

(a) 铁路和公路平交道口的平面位置示意图　　(b) 电路控制框图

图 10-3　交通控制器示意图

交通控制器的状态设置如下。

S_1：火车在 P_1 和 P_2 区间之外（对应输入 $X_1 X_2$= 00）。

S_2：火车自西向东行驶，并压在 P_1 上。

S_3：火车继续自西向东行驶，且位于 P_1 和 P_2 之间。

S_4：火车仍自西向东行驶，压在 P_2 上。

S_5：火车自东向西行驶并压在 P_2 上。

S_6：火车继续自东向西行驶，且位于 P_1 和 P_2 之间。

S_7：火车仍自东向西行驶，并压在 P_1 上。

交通控制状态如表 10-1 所示。

表 10-1　交通控制状态表

S ＼ $X_1 X_2$	00	01	11	10
S_1	S_1/0	S_5/1	×/×	S_2/1
S_2	S_3/1	×/×	×/×	S_2/1
S_3	S_3/1	S_4/1	×/×	×/×
S_4	S_1/0	S_4/1	×/×	×/×
S_5	S_6/1	S_5/1	×/×	×/×
S_6	S_6/1	×/×	×/×	S_7/1
S_7	S_1/0	×/×	×/×	S_7/0

对表 10-1 进行状态化简，从而可得到简化的状态表。如表 10-2 所示。

表 10-2　化简后的交通控制状态表

S ＼ X₁X₂	00	01	11	10
S1	S_1/0	S_5/1	×/×	S_2/1
S2	S_2/1	S_4/1	×/×	S_2/1
S4	S_1/0	S_4/1	×/×	S_4/1
S5	S_5/1	S_5/1	×/×	S_4/1

10.2.2　交通控制器电路设计

电路如图 10-4 所示，当开关向上打，模仿火车已压在压敏元件上，输入信号为 1；如开关打到下端，则模仿火车没有压着压敏元件，相应的输入信号为 0。两开关的上下搬动，分别设置为按键盘上的 1、2 键来进行。

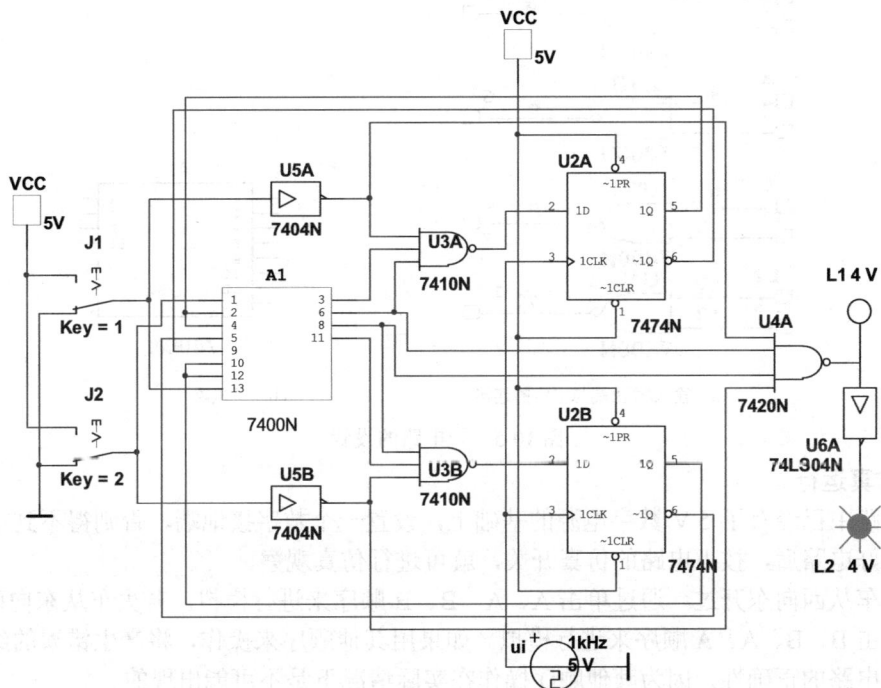

图 10-4　以 D 触发器为核心实现交通控制器逻辑电路

输出信号 Z 控制的两个栅门 A 和 B 及道口的红色、绿色交通灯分别用元件库中的探测器（PROBE）来模拟，其相当于一个 LED，仅有一个端子，该端接高电平时探测器就发光，即当输出 Z=1 时，L_1 亮，L_2 灭，表示两个栅门关闭，道口的红色交通灯亮；而输出 Z=0 时，L_2 亮，L_1 灭，则表示栅门打开，道口的绿色交通灯亮。由于 TTL 的输出高电平约 4.5 V，为了 PROBE 可靠发光，其门限设置为 4 V。

10.2.3 交通控制器仿真设计

1. 创建仿真电路

选择元器件 D 触发器、其他数字元件均取自 TTL 元件库 74 元件箱、触发器的时钟信号选用 Clock Source，参数为 1 000 Hz、5 V，P₁ 和 P₂ 点上的压敏元件是从 Basic 元件库中取出的两个单刀双掷开关（SPDT）来代替，创建的电路参见图 10-3。

为了使电路简洁，本例中将 4 个与非门设计成一个子电路。在 TTL 元件库中取出 4 个与非门，启动 Place Input | Output 命令，取出 4 个输入/输出端与逻辑电路连接，并对端子进行重新设置命名，如图 10-5（a）所示。

选中全部元器件，启动 Place | Replace by Subcircuit 命令，在出现的 Subcircuit Name 对话框中输入相应的符号，即可得到图 10-5（b）所示子电路。

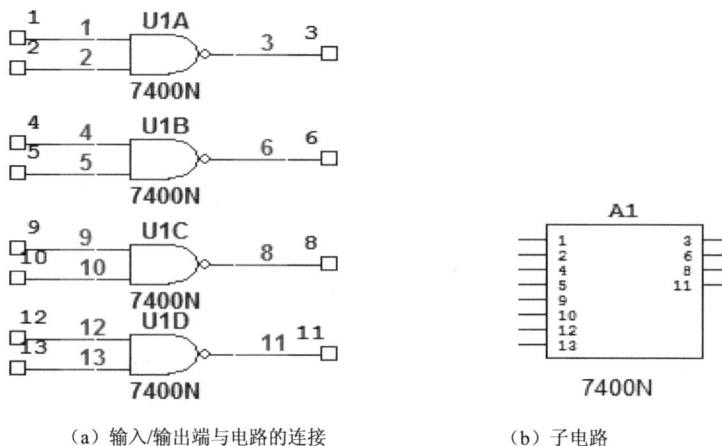

（a）输入/输出端与电路的连接　　　（b）子电路

图 10-5　子电路的设置

2. 仿真运行

在电路中已经有了 5 V 数字电源的基础上，设置一个数字接地端，否则得不到正确的结果。编辑好电路后，按下电路的仿真开关，就可进行仿真观察。

如火车从西向东开过，通过单击 A、A、B、B 顺序来进行模拟。若火车从东向西开过，则通过单击 B、B、A、A 顺序来进行模拟。如果用其他顺序来操作，将产生错误的结果，但这不影响电路的正确性，因为其他顺序操作在实际情况下是不可能出现的。

10.3　阶梯波发生器

阶梯波发生器产生的阶梯信号在无线电遥测、调频信号磁带记录及数字电压表中较为有用，有时作为比较基准电压，产生阶梯波的方法也较多，产生阶梯波不是只有数电器件可以实现，模拟电子器件同样可以实现，阶梯波电路设计中采用模拟器件的实现原理是在方波发生器之后，通过微分电路、限幅电路，最后积分累加及比较器电路便可产生阶梯波。

　　现要求电路设计中均采用模拟器件，不可以选用计数器、555 定时器、D/A 转换器等数字器件。要求阶梯波周期在 10 ms 左右，输出电压范围 10 V，阶梯个数 5 个。改变电路元器件参数，观察输出波形的变化，确定影响阶梯波电压范围和周期的元器件。

10.3.1　阶梯波发生器原理框图

　　阶梯波发生器原理框图如图 10-6 所示。

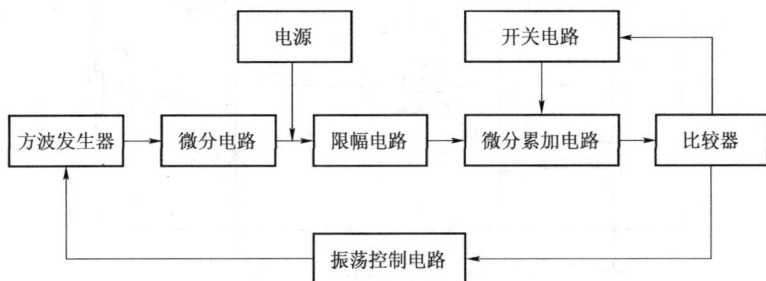

图 10-6　阶梯波发生器原理框图

10.3.2　阶梯波发生器原理图

　　（1）方波发生器电路如图 10-7 所示。

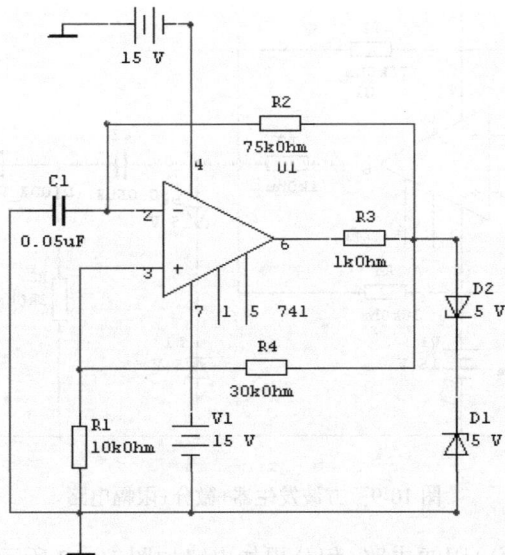

图 10-7　方波发生器电路

（2）方波发生器+微分电路如图 10-8 所示。

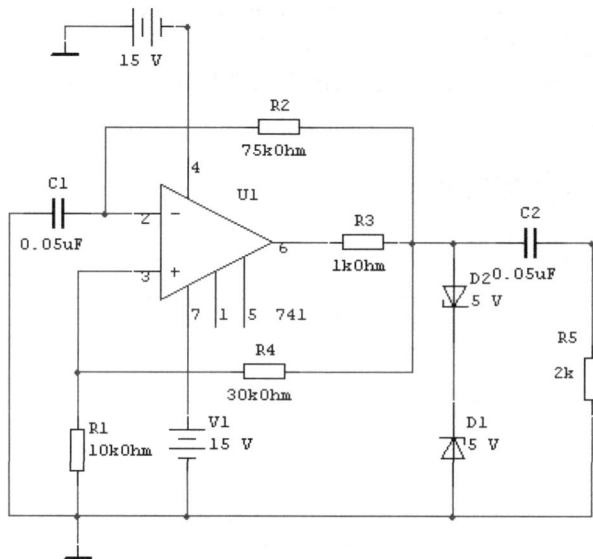

图 10-8　方波发生器+微分电路

（3）方波发生器+微分+限幅电路如图 10-9 所示。

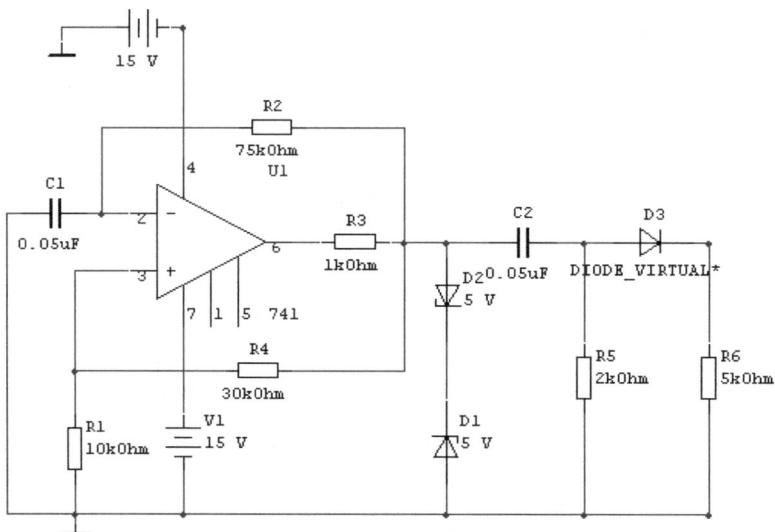

图 10-9　方波发生器+微分+限幅电路

（4）方波发生器+微分+限幅电路+积分累加电路如图 10-10 所示。

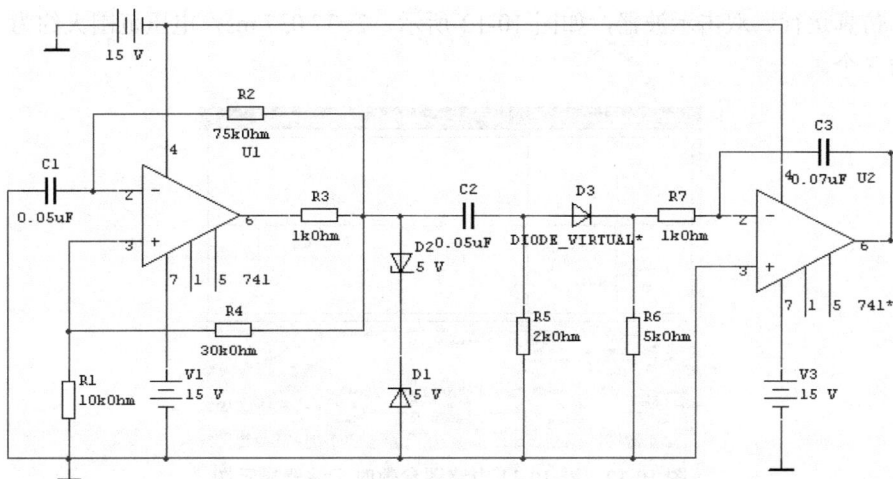

图 10-10　方波发生器+微分+限幅电路+积分累加电路

10.3.3　阶梯波发生器仿真设计

（1）将 10.3.2 节分电路汇总起来，连接成一个阶梯波发生器的总电路，如图 10-11 所示。

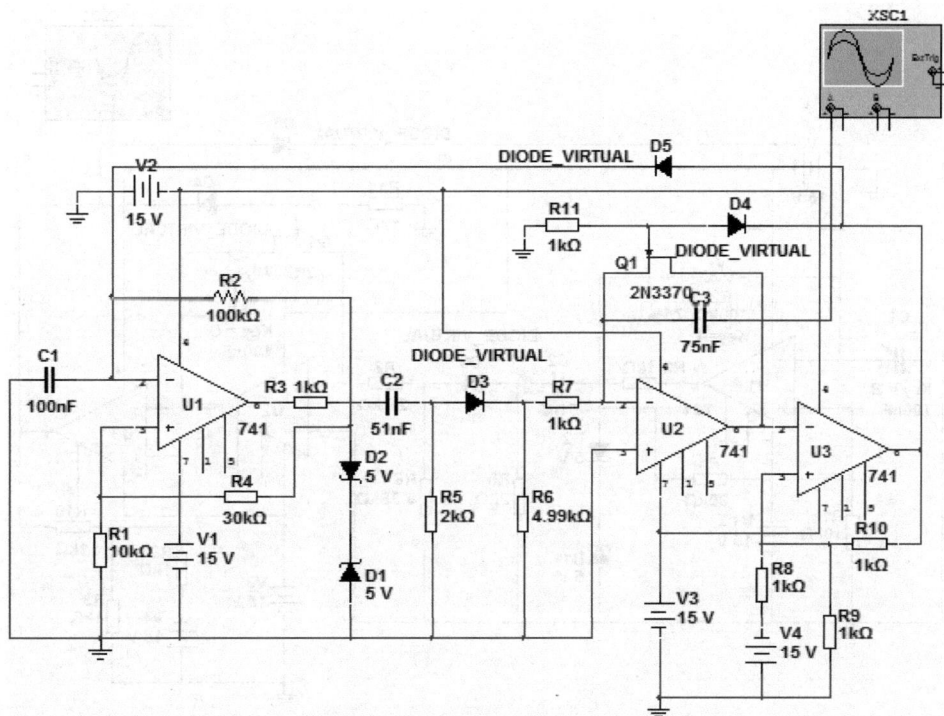

图 10-11　阶梯波发生器总电路

（2）仿真运行。双击示波器，如图 10-12 所示，T=37.037 ms，电压范围大约为 8 V，阶梯个数为 3 个。

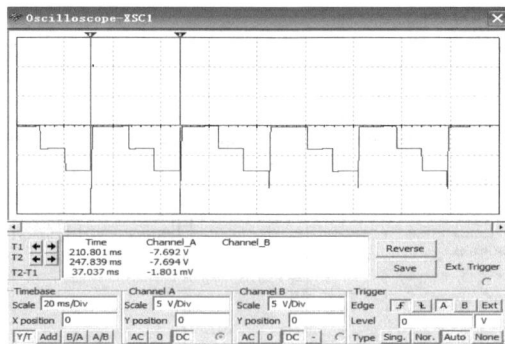

图 10-12　图 10-11 电路图参数时示波器显示图

（3）阶梯波发生器分析调节过程。由图 10-12 所示，T=37.037 ms，电压范围大约为 8 V，阶梯个数为 3 个，为了达到设计要求，需要改变一些参数值来实现要求。

改变 R_2，从 100 kΩ 减小到 75.0 kΩ，C_1 从 100 nF 减小到 43 nF，R_7 从 1.0 kΩ 增大到 2.1 kΩ，C_3 从 75 nF 增大到 100 nF。电路如图 10-13 所示，所对应的波形图如图 10-14 所示。

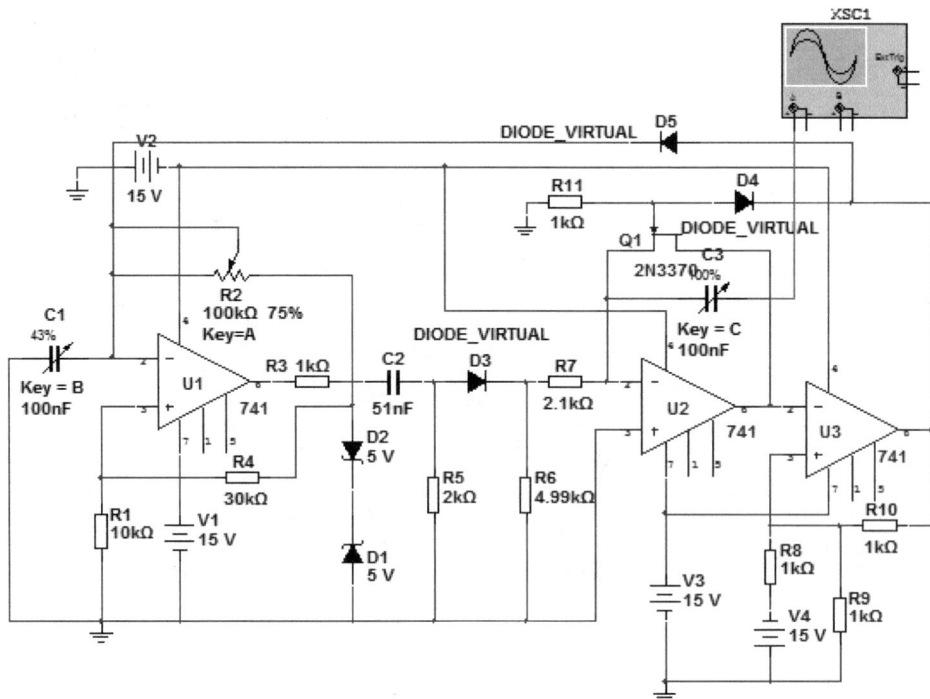

图 10-13　阶梯波发生器总电路

可见 T=7.797 ms，在 10 ms 左右；输出电压范围约为 2 Div×5 V/Div=10 V；阶梯个数为 5 个；满足实验要求。

为方便今后的现实研究，把电路里面的虚拟电阻、电容改为实际器件。

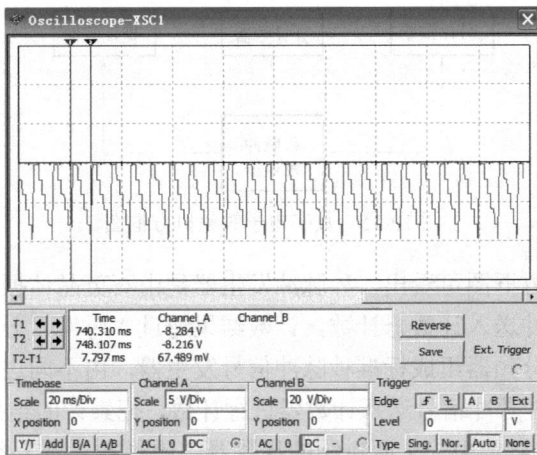

图 10-14　图 10-13 电路图参数时示波器显示图

10.4　数字电子钟的设计

数字电子钟是用数字集成电路构成并有数字显示特点的一种现代计数器，由于采用纯数字硬件设计制作，与传统机械表相比，它具有走时准确，显示直观，无机械传动装置、无机械磨损等特点。因而广泛应用于车站、码头、商店等公共场所。目前，数字电子钟的设计主要是采用计数器等集成电路构成，由于所用集成电路多，连线杂乱，不便阅读。本节采用层次电路设计，将各单元电路设计成层次电路，这样每个单元电路和整体电路连线一目了然，既美观也便于阅读，还有利于团队设计，因每一层次电路为一独立电路，便于独立设计和修改。

设计任务：（1）电子钟能显示"时"、"分"、"秒"；（2）能够实现对"时"、"分"、"秒"的校时。

10.4.1　数字电子钟的电路结构

数字电子钟是用数字集成电路组成的，是用数码显示的一种现代化计数器，由振荡器、分频器、校时电路、计数器、译码器和显示器 6 部分组成。振荡器和分频器组成标准秒信号发生器，不同进制的计数器、译码器和显示器组成计时系统，通过校时电路实现对时、分的校准。其整机框图如图 10-15 所示。

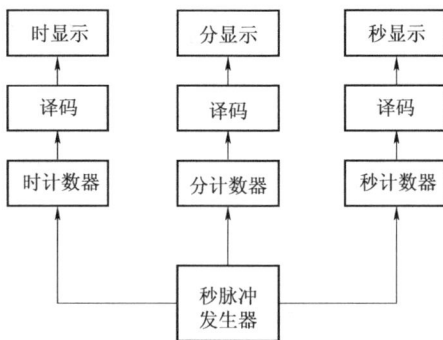

图 10-15　数字电子钟整机方框图

　　由数字电子钟整机方框图可看出，秒脉冲发生器是由石英晶体振荡器产生的信号经过分频器作为秒脉冲，秒脉冲送入计数器计数，计数结果通过"时"、"分"、"秒"译码器显示时间。其中晶体振荡器和分频器组成标准秒脉冲信号发生器，由不同进制的计数器、译码器和显示器组成计时系统。秒脉冲信号送入计数器进行计数，把累计的结果以"时"、"分"、"秒"的数字显示出来。"时"显示由二十四进制的计数器、译码器、显示器构成，"分"、"秒"显示分别由六十进制的计数器、译码器、显示器构成。

10.4.2　计数器电路的设计

　　根据图 10-15 所示数字电子钟的整机方框图可知，显示"时"、"分"、"秒"需要 6 片中规模计数器。其中，"秒"、"分"计时均各为六十进制计数器，"时"位计时为二十四进制计数器，六十进制计数器和二十四进制计数器都选用 7490N 集成块来实现。实现的方法都采用反馈清零法。

1. 六十进制计数

　　"秒"计数器电路与"分"计数器电路均是六十进制，它们由一级十进制计数器和一级六进制计数器连接构成，如图 10-16 所示，采用两片中规模集成电路 7490N 串接起来构成的"秒"、"分"计数器。

　　由图 10-16 可知，U7 是十进制计数器，U7 的 QD 作为十进制的进位信号，7490N 计数器是十进制异步计数器，用反馈归零方法实现十进制计数，U8 和与非门组成六进制计数。7490N 是在 CP 信号的下降沿翻转计数，U8 的 QA 和 QC 相与 0101 的下降沿，作为"分"（"时"）计数器的输入信号。U8 的输出 0110 高电平 1 分别送到计数器的 R01、R02 端清零，7490N 内部的 R01 和 R02 与非后清零而使计数器归零，完成六进制计数。由此可见 U7 和 U8 串联实现了六十进制计数。

　　六十进制计数器子电路的创建。其具体的操作如下。

　　（1）在 Multisin 10 平台上按住鼠标左键，拖曳出一个长方形，把用来组成子电路的那一部分全部选定。

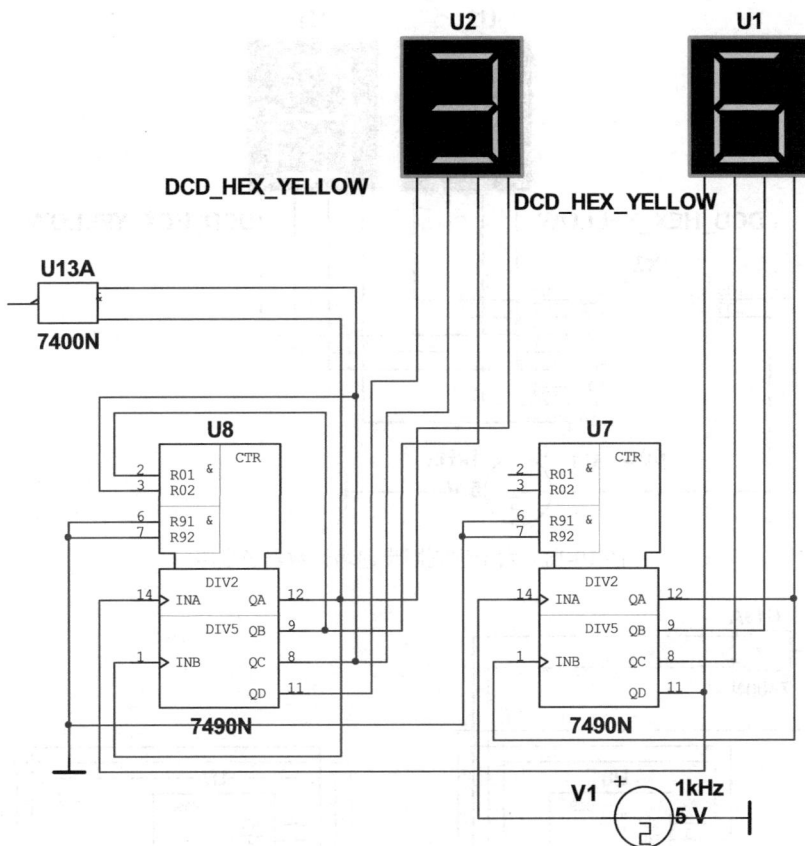

图 10-16　六十进制同步递增计数器

（2）启动 Place | Replace by Subcircuit，打开图 10-17 所示的对话框，在其编辑栏内输入子电路名称，如 60C，单击 OK 按钮即得到图 10-18 所示的子电路。其内部电路如图 10-19 所示。

图 10-17　Subcircuit Name 对话框

2. 二十四进制计数器

时计数电路是由 U12 和 U11 组成的二十四进制计数电路，如图 10-20 所示。

由图 10-20 可看出，当"时"个位 U12 计数输入端 U12 来到第 10 个触发信号时，U2 计数器复零，进位端 QD 向 U11"时"十位计数器输出进位信号，当第 24 个"时"（来自"分"

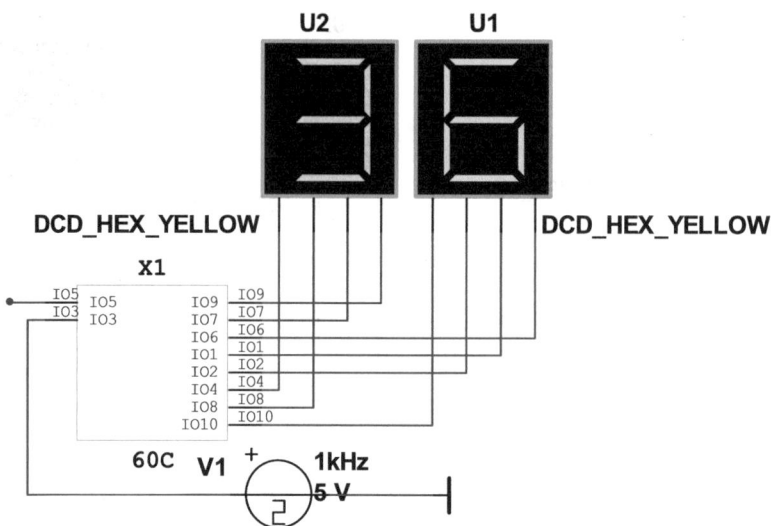

图 10-18　六十进制同步递增计数器子电路

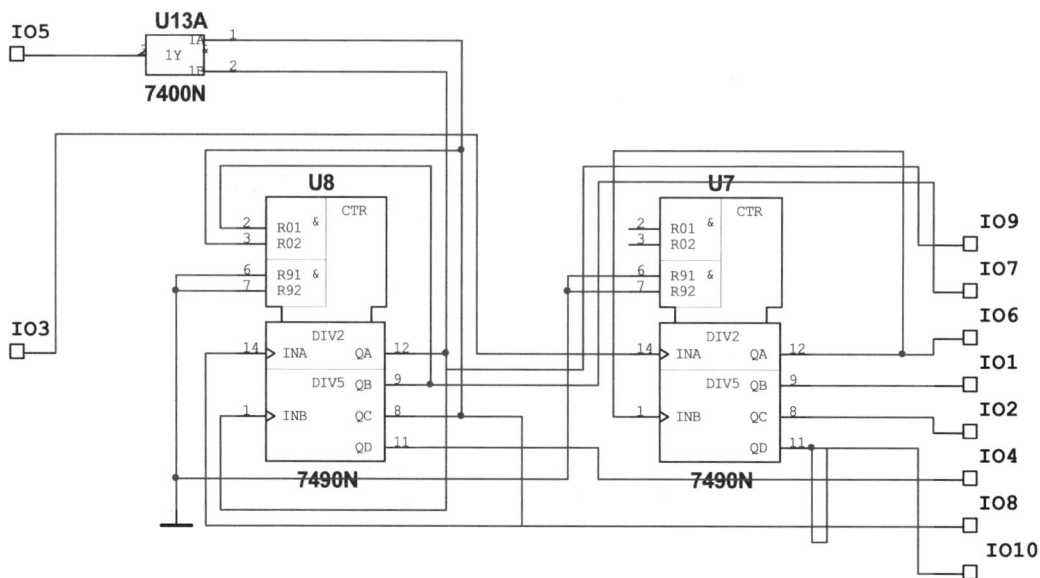

图 10-19　六十进制计数器子电路对应的内部电路

计数器输出的进位信号）脉冲到达时 U12 计数器的状态为 "0100"，U11 计数器的状态为 "0010"，此时 "时" 个位计数器的 QC 与 "时" 十位计数器的 QB 输出为 "1"。把它们分别送到 U11 和 U12 计数器的清零端 R01 和 R02，通过 7490N 内部的 R01 和 R02 与非后清零，计数器复零，完成二十四进制计数。子电路的创建方法与六十进制计数器子电路的创建方法相同，其电路如图 10-21 所示。其内部电路如图 10-22 所示。

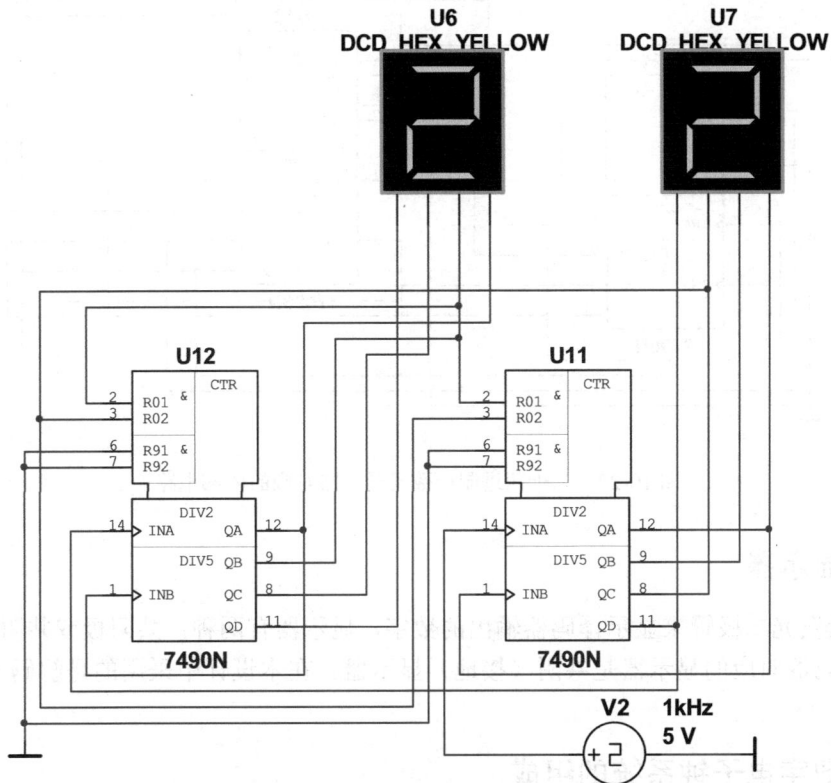

图 10-20 二十四进制同步递增计数器

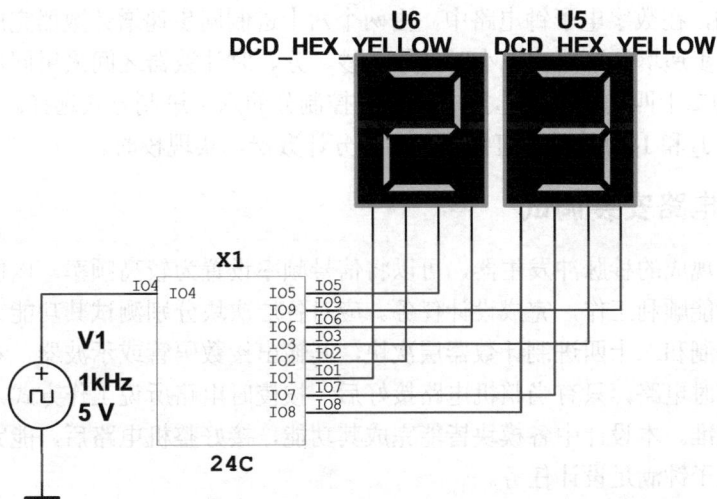

图 10-21 二十四进制同步递增计数器子电路

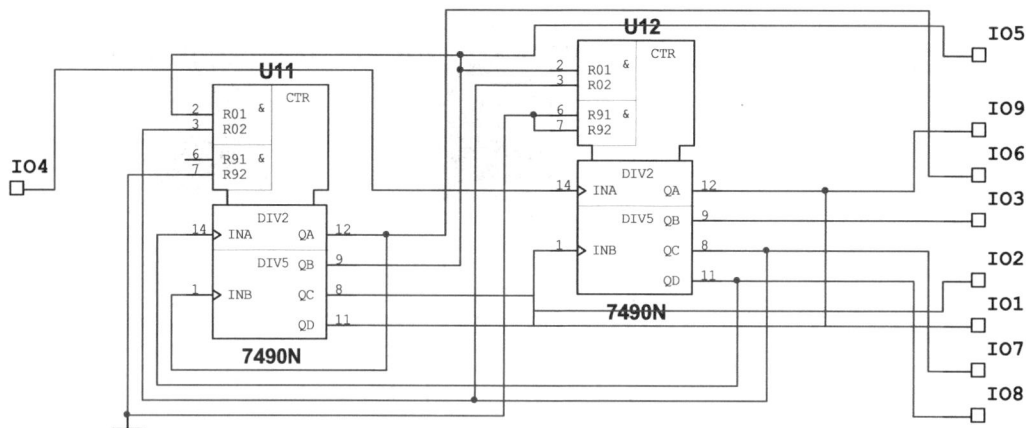

图 10-22　二十四进制计数器子电路对应的内部电路

10.4.3　显示器

用七段发光二极管来显示译码器输出的数字，显示器有两种：共阳极或共阴极显示器。74LS48 译码器对应的显示器是共阴（接地）显示器。在本设计中采用的是解码七段排列显示器。

10.4.4　数字电子钟系统的组成

利用六十进制和二十四进制递增计数器子电路构成数字电子钟系统，如图 10-23 所示。由图 10-23 可知，在数字电子钟电路中，由两个六十进制同步递增计数器完成秒、分计数，由二十四进制同步递增计数器实现小时计数。秒、分、时计数器之间采用同步级连方式。开关 J_2 控制小时的二十四进制方式选择，开关 J_1 控制分的六十进制方式选择。单击 A 和 B 按钮，可控制开关 J_2 和 J_1 将秒脉冲直接引入时、分计数器，实现校时。

10.4.5　整机电路安装调试

本例中采用现成的秒脉冲发生器，可以将信号频率设置为较高频率，以便快速调节。为使各电路接线后能顺利工作，完成设计任务。应对各层次块分别测试其功能。将信号发生器分别接入六十进制和二十四进制计数器层次块，其输出接数码管或示波器，看其是否能完成其功能。对其校时电路，只有当整机电路接好后，按校时电路所说工作方式，看是否能起到时、分、秒的校准。本设计中各模块皆能完成其功能，接好整机电路后，能完成所需功能，故本设计数字电子钟满足设计任务。

本设计采用了层次电路设计方法，对数字电子钟进行了设计，较好地完成了数字电子钟的设计任务。整机电路连线美观，各部分电路功能明确，更便于理解整体电路的构成、工作

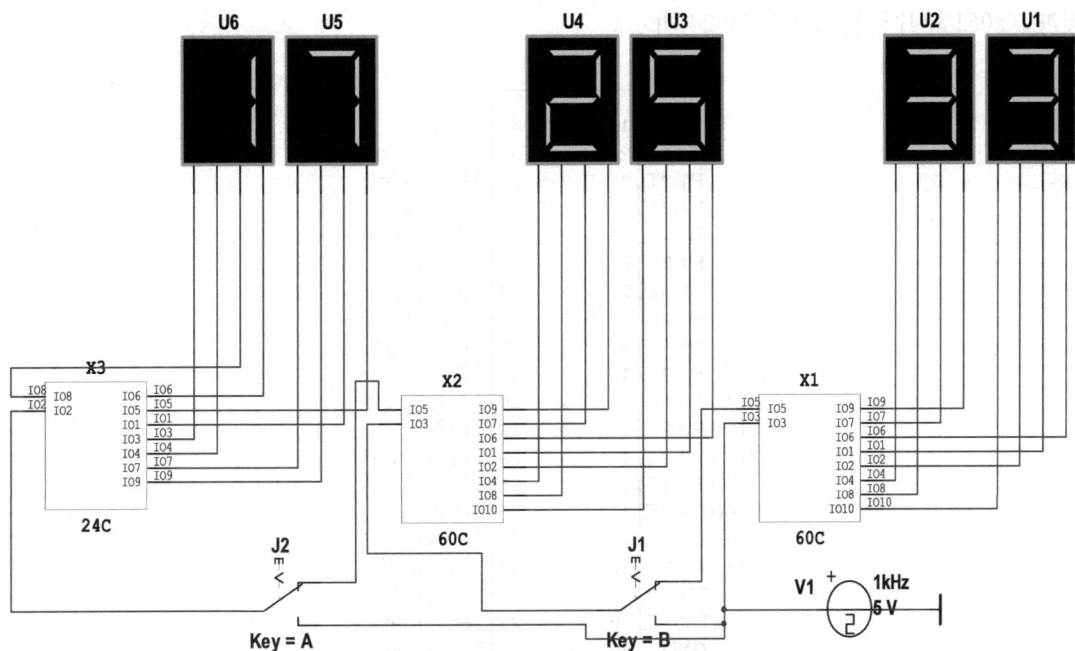

图 10-23　数字电子钟系统电路

原理等。在综合设计中都涉及较复杂的电路设计，若是采用层次电路设计方法，既便于对电路的理解，也便于团队协作，共同完成设计任务，故而层次电路设计方法将会广泛地应用在大型复杂电路系统的设计中。

10.5　单片机仿真电路设计

中央处理器 CPU、随机存取存储器 RAM、只读存储器 ROM、I/O 接口、定时器/计数器及串行通信接口等集成在一块芯片上，构成了一个单片微型计算机，简称为单片机。在 Multisim 10 中，支持的单片机有 Intel/Atmel 的 8051、8052 及 Microchip 的 PIC16F84、PIC16F84A，可扩展数据存储器 RAM、程序存储器 ROM，支持 C 语言和汇编语言编程。本例选用 8051 单片机，通过具有复位功能的液晶显示来说明在 Multisim 10 中如何进行单片机开发。

10.5.1　8051 单片机的结构

8051 有 4 个 8 位并行接口 $P_0 \sim P_3$，共有 32 根 I/O 线。它们都具有双向 I/O 功能，均可以作为数据输入/输出使用。每个接口内部都有一个 8 位数据输出锁存器、一个输出驱动器和一个数据输入缓冲器，因此，CPU 数据从并行 I/O 接口输出时可以得到锁存，输入时可以得到缓冲。8051 单片机管脚如图 10-24 所示。

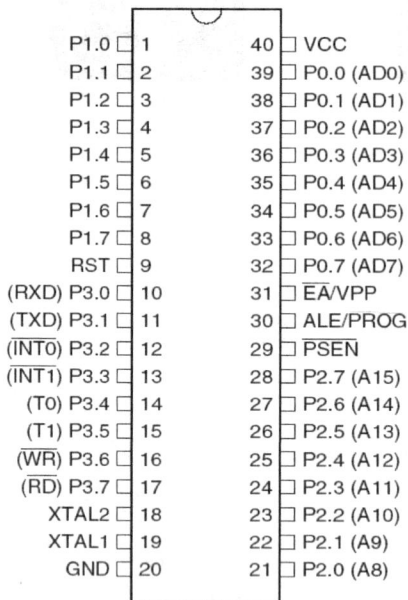

```
                    ┌──────∪──────┐
            P1.0 ┤ 1          40 ├ VCC
            P1.1 ┤ 2          39 ├ P0.0 (AD0)
            P1.2 ┤ 3          38 ├ P0.1 (AD1)
            P1.3 ┤ 4          37 ├ P0.2 (AD2)
            P1.4 ┤ 5          36 ├ P0.3 (AD3)
            P1.5 ┤ 6          35 ├ P0.4 (AD4)
            P1.6 ┤ 7          34 ├ P0.5 (AD5)
            P1.7 ┤ 8          33 ├ P0.6 (AD6)
             RST ┤ 9          32 ├ P0.7 (AD7)
      (RXD) P3.0 ┤ 10         31 ├ EA/VPP
      (TXD) P3.1 ┤ 11         30 ├ ALE/PROG
     (INT0) P3.2 ┤ 12         29 ├ PSEN
     (INT1) P3.3 ┤ 13         28 ├ P2.7 (A15)
       (T0) P3.4 ┤ 14         27 ├ P2.6 (A14)
       (T1) P3.5 ┤ 15         26 ├ P2.5 (A13)
      (WR) P3.6  ┤ 16         25 ├ P2.4 (A12)
      (RD) P3.7  ┤ 17         24 ├ P2.3 (A11)
           XTAL2 ┤ 18         23 ├ P2.2 (A10)
           XTAL1 ┤ 19         22 ├ P2.1 (A9)
             GND ┤ 20         21 ├ P2.0 (A8)
                    └─────────────┘
```

图 10-24 8051 单片机管脚图

本实例中使用的主要管脚如下。

RST：RST 是复位信号输入端，高电平有效。当此输入端保持两个机器周期（24 个时钟振荡周期）的高电平时，就可以完成复位操作。RST 引脚的第二功能是 V_p，即备用电源。

VCC：电源+5 V 输入。

$P_0 \sim P_3$ 口：双向口线。

XTAL1 和 XTAL2：外接晶振引脚。当使用芯片内部时钟时，此二引脚用于外接石英晶体和微调电容；当使用外部时钟时，用于接外部时钟脉冲信号。

10.5.2 单片机仿真电路设计

在 Multisim 10 主界面中单击 Place MCU Module 按钮，会出现图 10-25 所示元器件选择对话框，在 Group 中选择 MCU Module，在 Family 中选择 805X，在 Component 中选择 8051，单击 "OK" 按钮将单片机 U1 放入电路图中，会出现 MCU 向导，如图 10-26 所示。

（1）分别输入工作区路径和工作区名称。工作区名称输入 lession。单击 Next 按钮。

（2）在出现的对话框的项目类型（Project type）下拉栏里选标准（Standard），在 Programming language 下拉栏里选择汇编（Assembly），在项目名称（Project name）下拉栏里输入名称 Project1。如图 10-27 所示。

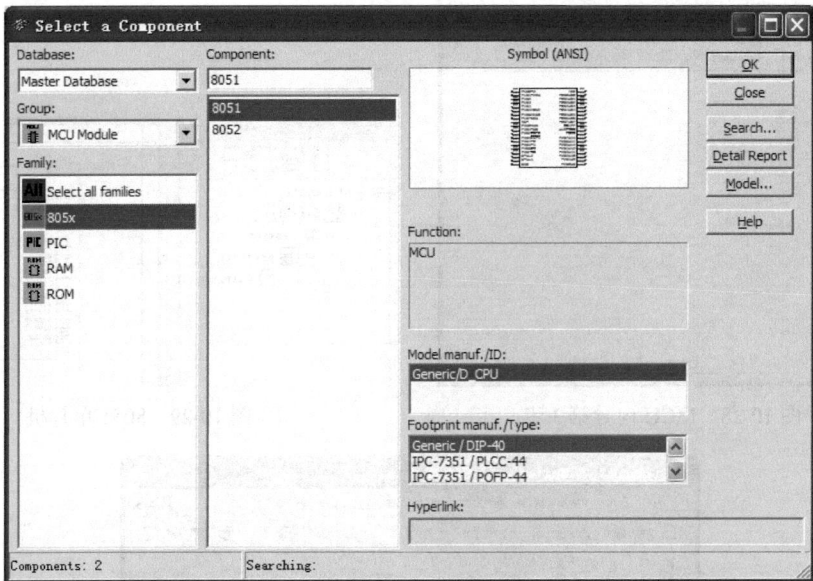

图 10-25　Multisim 10 支持的单片机

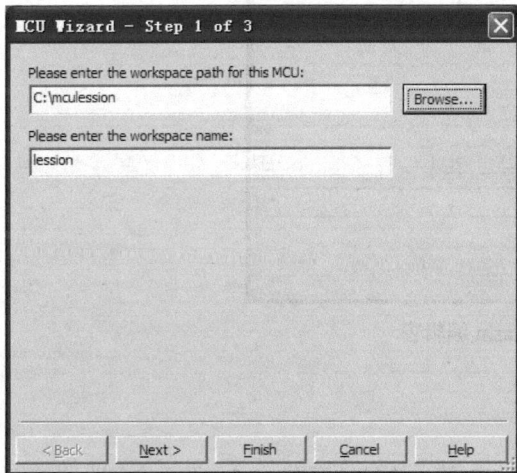

图 10-26　MCU 向导第 1 步

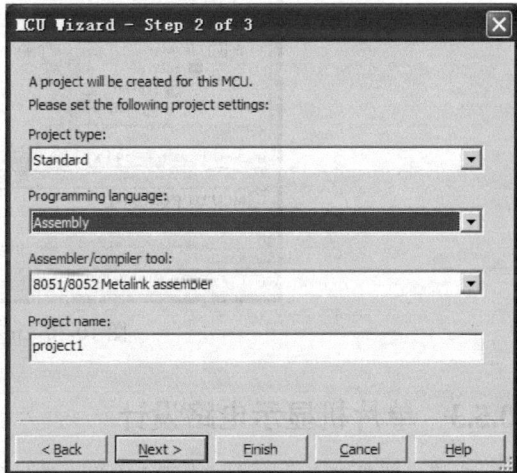

图 10-27　MCU 向导第 2 步

（3）在出现的对话框里有两个选项：Create empty project 和 Add source file。如图 10-28 所示，选择 Add source file，单击 Finish 按钮，完成了对单片机的设置。

在图 10-29 所示对话框中，双击 main.asm，项目窗口中显示编程窗口，如图 10-30 所示，编辑汇编程序，单击"保存"按钮保存文件。

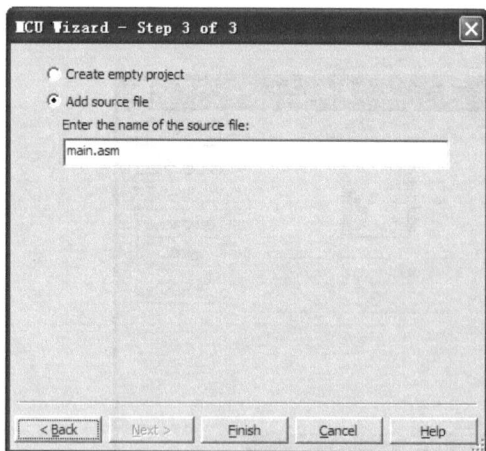

图 10-28　MCU 向导第 3 步

图 10-29　8051 单片机

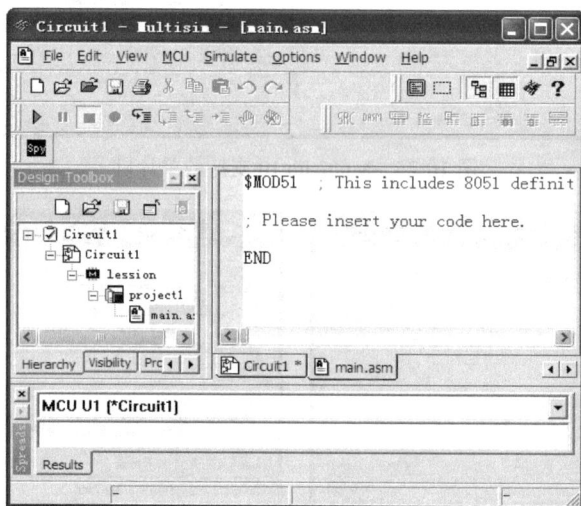

图 10-30　main.asm 编辑窗

10.5.3　单片机显示电路设计

选择元器件开关、电容、电阻、电源、接地及 LCD 等，并且按照图 10-31 所示将电路连接好。

连好电路图以后，双击 main.asm 来到编程窗口进行程序的编写，在"$MOD51"和"END"之间编辑程序，程序编辑完成后，右击 Design Toolbox 栏里的 main.asm，选择 Build，然后在软件最下方的 Spreedsheet View 栏中会显示编程的错误和警告，如果出现错误会在该栏中显示出错的具体位置，找到错误并修改，一直修改到 0 错误和 0 警告为止，如图 10-32 所示。

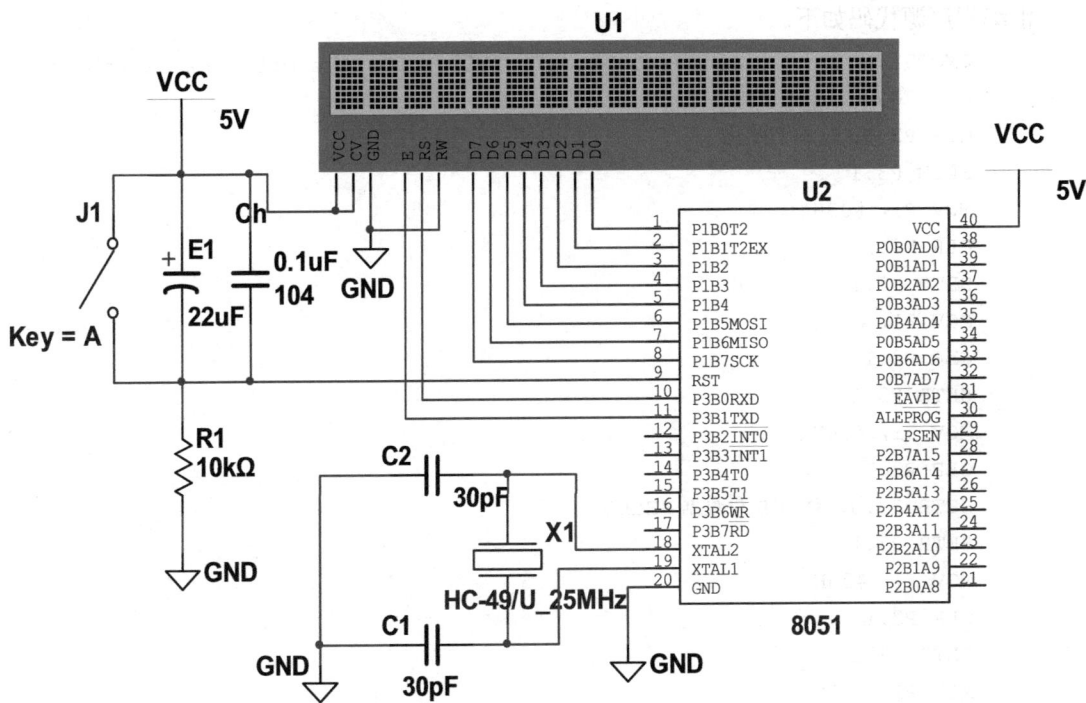

图 10-31　单片机显示电路

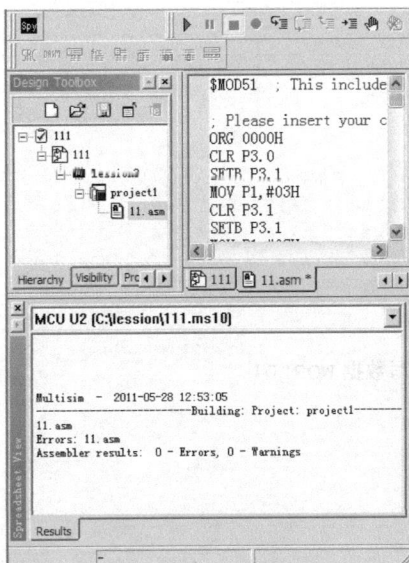

图 10-32　程序编译窗口

汇编程序源代码如下。

```
$MOD51 ; This includes 8051 definitions for the metalink assembler
ORG 0000H
CLR P3.0；LCD初始化
SETB P3.1
MOV P1，#03H
CLR P3.1
SETB P3.1
MOV P1，#0CH
CLR P3.1
SETB P3.1
MOV P1，#06H
CLR P3.1
SETB P3.0；对LCD写数据HELLO,
SETB P3.1
MOV P1，#30H
CLR P3.1
SETB P3.1
MOV P1，#31H
CLR P3.1
SETB P3.1
MOV P1，#32H
CLR P3.1
SETB P3.1
MOV P1，#33H
CLR P3.1
CLR P3.0；LCD清屏
SETB P3.1
MOV P1，#01H
CLR P3.1
SETB P3.0
SETB P3.1；对LCD写数据WORLD!
MOV P1，#34H
CLR P3.1
SETB P3.1
MOV P1，#35H
CLR P3.1
SETB P3.1
MOV P1，#36H
```

```
CLR P3.1
SETB P3.1
MOV P1, #37H
CLR P3.1
SETB P3.1
MOV P1, #38H
CLR P3.1
SETB P3.1
MOV P1, #39H
CLR P3.1
SETB P3.1
MOV P1, #41H
CLR P3.1
SJMP $
END
```

10.5.4　单片机显示电路仿真过程

在电路图窗口，单击快捷工具栏中的"RUN"按钮，在电路窗口中的 LCDXIAN 先显示 "HEELO"，然后显示"WORLD!"，如图 10-33 所示，开关 K₁ 可以重新启动单片机。

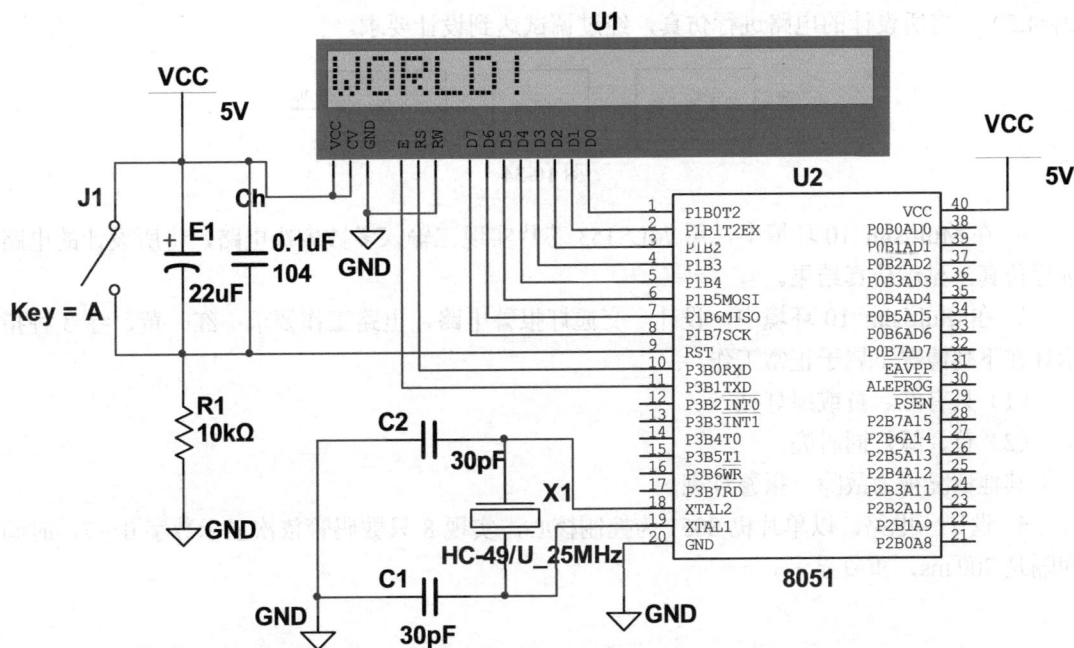

图 10-33　显示 WORLD

本 章 小 结

本章介绍 Multisim 10 的应用实例设计，以病房呼叫系统的设计、平交道口交通控制器的设计、阶梯波发生器的设计、数字时钟的设计、单片机的应用为例。进行原理电路的设计，包括总体电路设计和单元电路设计，需要的给出总体电路结构图和单元电路图；最后用 Multisim 10 对所涉及的电路进行仿真分析。通过本章的学习，提高动手实践能力，使所学的知识规范化、系统化。

习　题

1. 简述应用实例设计的一般方法和系统设计的一般步骤。

2. 在 Multisim 10 环境中，设计一波形发生器与变换电路，第一级由运算放大器设计一个正弦波振荡器，第二级设计一个由正弦波变成矩形波的电路。电路设计条件，振荡频率：$f_0=1\ 500$ Hz。输出电压稳定且 $U_{01}=9$ V（峰—峰值），输出电压稳定且 $U_{02}=9$ V（峰—峰值），将所设计的电路进行仿真，经过调试达到设计要求。

3. 在 Multisim 10 环境中，设计一个 OTL 音频功率放大电路，放大电路的框图如图 10-34 所示。电路设计条件为：电压放大倍数 $A_{uf}=101$，最大输出功率 $P_0=0.6$ W，最大输出电压 $U_0=4.5$ V。将所设计的电路进行仿真，经过调试达到设计要求。

$$u_i \rightarrow \boxed{前置放大级} \rightarrow \boxed{中间级} \rightarrow \boxed{功率输出级} \rightarrow u_o$$

图 10-34

4. 在 Multisim 10 环境中，用 74LS153 芯片实现三输入多数表决电路，将所设计的电路进行仿真，显示仿真结果。

5. 在 Multisim 10 环境中，设计一交通灯报警电路，电路工作要求：红、黄、绿 3 种指示灯在下列情况下属于正常工作。

（1）只有红、黄或绿灯亮。

（2）黄、绿灯同时亮。

其他情况视为故障，报警灯亮。

6. 设计一电路，以单片机 8051 为控制核心，实现 8 只数码管依次显示数字 0~7，时间间隔是 200 ms，重复显示。

参 考 文 献

[1] 胡宴如. 模拟电子技术. 3 版. 北京：高等教育出版社，2008.

[2] 唐延彩，常明兰，刘玉明. 模拟电子技术学习指导. 北京：机械工业出版社，1997.

[3] 胡宴如. 高频电子线路. 4 版. 北京：高等教育出版社，2008.

[4] 胡宴如. 高频电子线路学习指导. 4 版. 北京：高等教育出版社，2011.

[5] 胡宴如. 高频电子线路实验与仿真. 北京：高等教育出版社，2009.

[6] 杨欣. 电路设计与仿真：基于 Multisim8 与 Protel 2004. 北京：清华大学出版社，2006.

[7] 从宏寿. Multisim8 仿真与应用实例开发. 北京：清华大学出版社，2007.

[8] 邱关源. 电路. 4 版. 北京：高等教育出版社，1999.

[9] 童诗白，华成英. 模拟电子技术基础. 3 版. 北京：高等教育出版社，2001.

[10] 阎石. 数字电子技术基础. 4 版. 北京：高等教育出版社，2009.